普通高等教育“十一五”国家级规划教材

自动控制系统

（第3版）

Control Systems of Electric Drives
(3rd Edition)

廖晓钟　刘向东　毛雪飞　陈　振 ◎ 编著

北京理工大学出版社
BEIJING INSTITUTE OF TECHNOLOGY PRESS

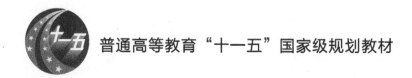

内 容 简 介

本书理论联系实际，系统地介绍了典型自动控制系统的构建原理、分析方法和设计方法。内容包括直流电动机调速系统、异步电动机调速系统和同步电动机调速系统。

直流电动机调速系统以调压调速为主线，侧重介绍闭环自动控制系统的构建思想、分析和设计方法。异步电动机调速系统和同步电动机调速系统以变频调速为主线，侧重介绍基于多变量数学模型的调速系统构建思想和分析方法。本书选材既考虑基础理论又注重工程实用性，叙述力求深入浅出，通俗易懂。

本书可作为高等学校自动控制类专业、机电类专业、电气工程类专业等相关专业的本科生、研究生的教材或参考书，也可供从事科学研究与工程设计人员参考。

图书在版编目（CIP）数据

自动控制系统 / 廖晓钟等编著. —3 版. —北京：北京理工大学出版社，2018.12（2023.1 重印）
ISBN 978-7-5682-6542-3

Ⅰ. ①自…　Ⅱ. ①廖…　Ⅲ. ①自动控制系统　Ⅳ. ①TP273

中国版本图书馆 CIP 数据核字（2018）第 291623 号

出版发行 / 北京理工大学出版社有限责任公司
社　　址 / 北京市海淀区中关村南大街 5 号
邮　　编 / 100081
电　　话 /（010）68914775（总编室）
（010）82562903（教材售后服务热线）
（010）68944723（其他图书服务热线）
网　　址 / http://www.bitpress.com.cn
经　　销 / 全国各地新华书店
印　　刷 / 北京虎彩文化传播有限公司
开　　本 / 787 毫米×1092 毫米　1/16
印　　张 / 11.5
字　　数 / 270 千字
版　　次 / 2018 年 12 月第 3 版　2023 年 1 月第 3 次印刷
定　　价 / 48.00 元

责任编辑 / 张鑫星
文案编辑 / 张鑫星
责任校对 / 周瑞红
责任印制 / 李志强

前言（第3版）

PREFACE (Third Edition)

由廖晓钟、刘向东编著的《自动控制系统》第2版是普通高等教育“十一五”国家级规划教材，该书自2011年出版以来，先后印刷7次，得到了广大读者的充分肯定。几年来，电气自动控制系统不断发展，特别是随着电力电子技术和自动控制技术的发展，交流电动机控制的理论和技术日趋完善，使得交流电动机控制系统的性能越来越高，应用越来越广。同时，作者一直围绕着交流电动机控制系统，开展基于不同应用背景的科学研究，并对交流电动机控制系统的理论进行了深入系统的梳理，取得了一系列的研究成果。另外，作者每年讲授电气自动控制系统课程，授课思路和授课内容也在不断更新和完善。本书第3版正是在这样的背景下问世的。

本书第3版，对原书内容和阐述思路做了较多的修改，增加了从控制系统实现的功能角度来阐述控制系统的构建思路和实现原理，重新梳理了异步电动机变频控制系统和同步电动机变频控制系统的内容，特别是交流电动机的多变量数学模型的构建、矢量变换控制和直接转矩控制等。直流电动机控制以调压调速为主线，侧重介绍控制系统的构建思想、分析和设计方法。异步电动机控制和同步电动机控制以变频调速为主线，侧重介绍基于多变量数学模型的控制系统的构建思想和分析方法。

全书分为3章。第1章直流电动机调速系统，第2章异步电动机变频调速系统，第3章同步电动机变频调速系统。本书第1、2章由廖晓钟编写，第3章由刘向东、毛雪飞、陈振编写。全书由廖晓钟统稿。王亚楠、朱文俊、刘训、袁赛璐、林达、郝颖、王浩宇、杜婧、李敬敬等参加了部分文字的录入和插图的整理绘制工作。

由于编著者学识所限，书中难免有错误和不当之处，殷切希望读者批评指正。

编著者

2018年9月

前言（第2版）

PREFACE (Second Edition)

由廖晓钟、刘向东编著的《自动化控制系统》，作为原国防科工委“十五”规划教材于 2005 年出版，先后印制两次，得到了广大教师、学生和科研人员的充分肯定，也提出了不少宝贵的意见，该书于 2006 年被评为“北京市精品教材”。

由于电气自动控制系统发展迅速，交流调速控制技术日趋成熟，原教材中有些内容描述已陈旧，需要更新。本教材第 2 版就是在这样的背景下问世的，由于本教材鲜明的基础和理论与实际紧密结合的特色，本教材第 2 版被教育部列为普通高等教育“十一五”国家级规划教材和面向 21 世纪高等院校规划教材。本教材第 2 版继承了第 1 版的特点，结合作者研究成果和讲课思路的不断完善，对原书中内容的描述方法做了较多的修改。重新编著了第 1.3 节和第 2.1 节，使内容更简洁。重新编著了第 3 章异步电动机变频调速系统和第 4 章同步电机变频调速系统，以清晰的思路介绍电机多变量数学模型、矢量变换控制思想和直接转矩控制思想。

本书由廖晓钟、刘向东编著，高营、王丽婕参加了部分文学的录入和插图的整理工作。

由于编著者知识所限，书中难免有错误和不当之处，殷切希望读者批评指正。

编著者

前言（第1版）

PREFACE (First Edition)

自动控制系统在国防工业和一般工业中有着广泛的运用。随着电力电子技术、计算机技术和控制技术的发展，自动控制系统也得到了迅猛发展。自动控制系统的新的控制方法、新的设计思想和新的控制线路不断出现，促进了自动控制学科的发展。教学上应将这些发展与进步及时总结，使学生既掌握本学科的传统的控制方法、又掌握最新的控制方法、设计思想和先进的实际线路。另外，由于计算机和信息技术的迅猛发展，加快了社会信息化的进程，提高了现代化的水平，以信息化带动产业化成为发展工业的一种策略，因此拓宽了自动化类专业的发展空间。自动化类专业的整体教学计划在不断优化，课程设置更加合理、课程内容更加先进、课程体系更加科学。自动化类专业的人才培养正向着加强基本理论、工程技能和专业素质，拓宽专业口径，增强人才的适应性等目标发展。因此，作者结合多年来的教学和科研体会编写了本教材。本教材在内容上既有传统典型实用方法，又有一些最新的设计技术和方法；既考虑基础理论又注重工程实用性；强调了实用的和方向性的内容，简化了不常用的内容。体现了先进性、实用性、时代性、紧密和科研与生产实际相结合的特点和适应教学改革的需要。

本书具有如下特色：

本书培养学生综合运用自动控制理论、自动控制元件、电子技术、电力电子技术等专业基础理论知识于自动控制系统的能力，使学生熟练掌握自动控制系统构成原理、分析方法和设计方法。

教材既有科研和生产中行之有效的传统典型实用方法，又有一些最新的设计技术和方法。对伺服系统的非线性，例如干摩擦、机械谐振、传动间隙等进行了分析，并给出了改善及补偿方法。书中还包括了伺服系统的鲁棒性、可靠性和电磁兼容性分析。结合伺服系统介绍了自动控制系统的数字控制原理、分析和设计方法。

在交流调速系统中，以调速性能好且具有广泛运用前景的变频调速为主线进行分析。内容包括转差频率控制、矢量变换控制、直接转矩控制。在分析中力求从物理概念出发，而尽量避免复杂的数学推导，用较少的篇幅介绍矢量变换控制和直接转矩控制的基本控制思想，从而使内容简明易读。

在教材的取材上，以实用的和方向性的内容为主，力求少而精，深入浅出便于自学。能使在规定的有限学时内掌握基本理论和方法，培养和提高独立分析问题和解决问题的能力。

全书共分七章。第一章介绍电气传动基础，包括电气传动的动力学基础、直流他励电机和交流异步电机的特性及运行方式。第二章介绍直流调速系统，包括脉冲相位控制和脉冲宽度调制调速系统的特点，直流调速系统的各种闭环控制方法和分析设计方法。第三章介绍异步电动机的变频调速系统，包括交流电机的数学模型、变频器，并重点介绍转差频率控制、矢量变换控制、直接转矩控制的控制思想。第四章介绍同步电机的变频调速，包括同步电机的运行特性、它控变频和自控变频调速系统。第五章介绍位置伺服系统，包括高精度位置伺服系统的分析、设计、调试和故障诊断等。特别介绍了非线性补偿，干摩擦、机械谐振、传动间歇对伺服系统的影响及其补偿方法，伺服系统的鲁棒性、可靠性和电磁兼容性等，第七章介绍全数字伺服控制系统的组成原理及分析和设计方法。

全书语言通俗、论述清楚、层次分明、内容简洁、重点突出。书中配以适当的例题，每章均附有习题和思考题。既适合课堂教学，也适合自学。

本书的第一、二、三章由廖晓钟编写，第四、五、六、七章由刘向东编写。全书由廖晓钟统稿。宫明玉、王波、靳永强和吴继轩参加了部分文字的录入和插图的整理工作。

本书在编写过程中得到北京理工大学的胡佑德教授、马东升教授、李庆常教授、陈杰教授等的热情关怀和支持，他们对本书的编写提出了许多宝贵的意见。本书承蒙两位匿名的评审专家认真审阅，并提出了宝贵的修改意见和建议，在此一并表示衷心的感谢。

由于编著者学识所限和时间紧迫，书中内容难免有不妥和错误之处，欢迎读者批评指正。

作　者

2004年5月

目 录

CONTENTS

第1章 直流电动机调速系统

电气传动自动控制系统是以机械运动的驱动设备——电动机为控制对象，以控制器为核心，以电力电子功率变换装置为驱动执行机构的控制系统。电气传动自动控制系统是最常见的一种典型自动控制系统，这类系统控制电动机的转矩、转速或转角，将电能转换为机械能，实现工作机械运动的要求。

电气传动自动控制系统的种类很多。按驱动电动机的类型分：由直流电动机驱动工作机械的称为直流电气传动自动控制系统；由交流电动机驱动工作机械的称为交流电气传动自动控制系统。按被控制物理量分：以转速为被控量的系统称为调速系统；以角位移或直线位移为被控量的系统称为位置随动系统，也称伺服系统。按控制器的类型分：以模拟方式实现控制的系统称为模拟控制系统；以数字方式实现控制的系统称为数字控制系统。

虽然电气传动自动控制系统种类很多，但它们的基本结构主要由三部分组成：控制器、功率驱动装置和电动机。图 1.1 所示为电气传动自动控制系统的基本结构。控制器按照给定值和实际运行值的差值调节控制量；功率驱动装置一方面把恒压恒频的电网供电转换成电动机要求的直流电或交流电，另一方面按照控制量的大小将电网中的电能作用于电动机上，调节电动机转矩的大小，使电动机按照要求拖动工作机械运转。

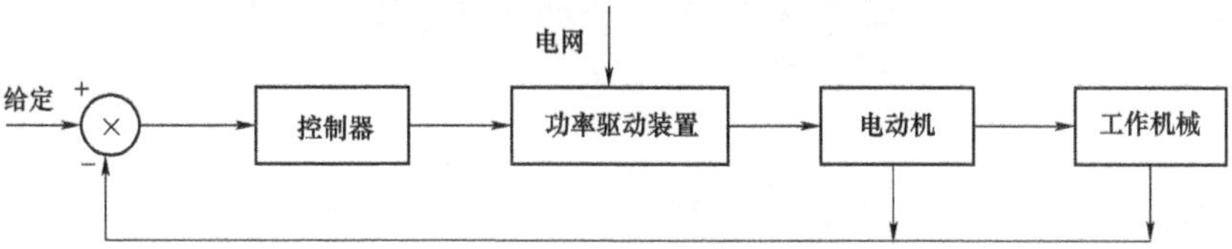

图 1.1　电气传动自动控制系统的基本结构

不管是哪种电气传动自动控制系统，都必须具有电动机驱动工作机械的基本结构，如图 1.2 所示。为了分析电气传动系统，首先要讨论电气传动的动力学基础。

1.1　电气传动的动力学基础

1.1.1　基本运动方程式

电动机带动工作机械的电气传动系统的运动规律取决于电动机的输出转矩 T_M 和负载转矩 T_L 之间的关系，并符合刚体旋转的运动定律，即

$$T_M - T_L = \mathrm{d}(J\omega)/\mathrm{d}t$$

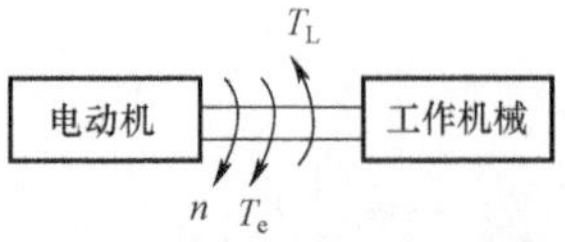

图 1.2　电气传动自动控制系统

稳态时电动机的电磁转矩 T_e 等于电动机输出转矩 T_M 和空载转矩 T_0 之和。由于一般情况下空载转矩占电磁转矩 T_e 或输出转矩 T_M 的比例较小，在一般工程计算中可省略空载转矩，而粗略地认为电磁转矩 T_e 与电动机轴上的输出转矩 T_M 相等，那么就有下面的旋转运动方程式

$$T_e - T_L = d(J\omega)/dt = J\,d\omega/dt + \omega\,dJ/dt \tag{1.1}$$

式中　T_e——电动机的电磁转矩（N • m）；

T_L——负载转矩（N • m）；

J——传动系统折算到电动机轴上的总转动惯量（kg • m^2）；

ω——电动机的角速度（rad/s）。

$d(J\omega)/dt$ 表示动量矩，它包括两部分，其中 $\omega\,dJ/dt$ 对转动惯量可变的对象是有意义的。例如离心机和卷取机传动，或者具有可变形体的工业机器人传动等，大多数情况下可以认为总转动惯量为常数，因此式（1.1）可以简化为

$$T_e - T_L = J d\omega/dt \tag{1.2}$$

式（1.2）表明，电气传动系统的运动状态是由作用在轴上的所有转矩的代数和决定的。

工程计算中，往往不用转动惯量 J，而用飞轮惯量 GD^2，两者的关系为

$$J = m\rho^2 = mD^2/4 = GD^2/4g \tag{1.3}$$

式中　ρ，D——分别为惯性半径与直径（m）；

m——旋转部分的质量（kg）；

G——旋转部分的重量（N）；

g——重力加速度，$g = 9.81\ \text{m/s}^2$。

在式（1.2）中，如将角速度 ω（rad/s）化为每分钟转数 n（r/min）表示，即 $\omega=2\pi n/60$，并将式（1.3）代入式（1.2），即可得式（1.2）的实用表达形式，即

$$T_e - T_L = \frac{GD^2}{375} \cdot \frac{dn}{dt} \tag{1.4}$$

式（1.4）中数字 375 是具有加速度量纲的数，$GD^2=4gJ$ 称为飞轮惯量或飞轮矩（N • m^2）。

分析式（1.2）可以看出：当 $T_e > T_L$ 时，$d\omega/dt > 0$，系统加速；当 $T_e < T_L$ 时，$d\omega/dt < 0$，系统减速。当 $T_e \neq T_L$ 时，系统处于加速或减速的运动状态，称动态。当 $T_e = T_L$ 时，系统以恒速运动，即稳态。稳态时，电动机的电磁转矩大小由工作机械即电动机的负载转矩所决定。

由于电动机转矩性质及运行状态的不同，以及工作机械负载性质的不同，电磁转矩 T_e 和负载转矩 T_L 不仅大小不同，方向也是变化的。为了定量分析，需要规定各个物理量的正方向。通常以电动机轴的旋转方向为参考来确定转矩的正负。设电动机某一旋转方向为正，则规定电动机电磁转矩 T_e 的方向与所设定电动机旋转的正方向相同时为正，相反时为负。负载转矩 T_L 的规定符号与电磁转矩 T_e 的规定符号相反，即 T_L 与所设定电动机旋转的正方向相同时为负，相反时为正。以上符号关系可以用图 1.3 所示轴端图来表示，图中选择逆时针旋转方向为电动机旋转的正方向。

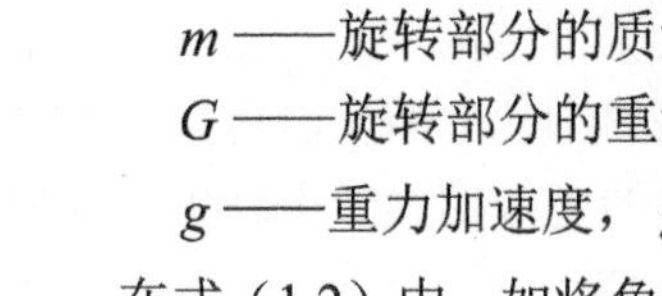

图 1.3　轴端图

1.1.2　转矩、飞轮矩的折算

实际的电气传动自动控制系统中，在电动机与工作机械之间往往要经过齿轮减速箱、皮带、联轴节等，这就是常见的多轴传动。在多轴传动系统中，各轴的转速和飞轮矩各不相同，因此分析和计算这类传动系统时，必须将所有轴的转矩和飞轮矩折算到同一根轴上（通常折算到电动机轴上），将系统等效为单轴传动系统（图 1.2），然后才能使用基本运动方程式（1.2）和式（1.4）。

图 1.4（a）所示为带减速器的双轴传动系统，图 1.4（b）所示为带减速器的起重传动系统，其中直线运动的重物质量为 m 、重量为 G ，$G=m\times g$ ，卷筒的半径为 R 、惯量为 J_L 。

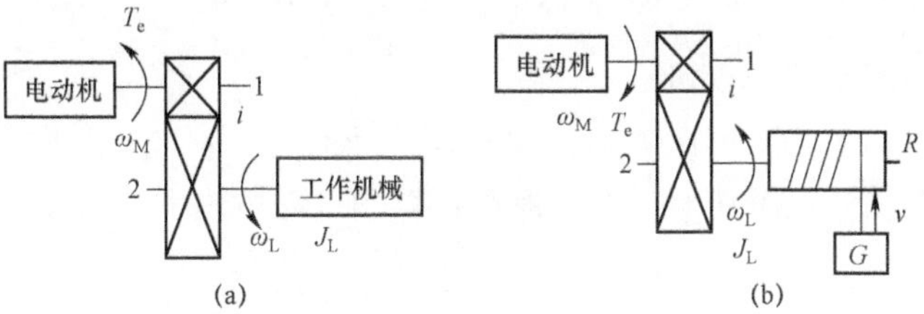

图 1.4　带减速器的多轴传动系统

（a）双轴传动系统；（b）起重传动系统

1. 转矩的折算

按照能量守恒定律，折算至电动机轴上的负载功率应等于工作机械的负载功率加上传动机构中的损耗。设 T_L 表示负载轴上的负载转矩，T_L' 表示折算到电动机轴上的负载转矩，则

$$T_L'\omega_M=T_L\omega_L/\eta \quad（用于旋转运动负载）$$

和

$$T_L'\omega_M=GR\omega_L/\eta \quad（用于直线运动负载）$$

式中　η——传动效率，$\eta<1$。

两种运动负载折算到电动机轴上的转矩分别为

$$T_L'=T_L/i\eta \tag{1.5}$$

和

$$T_L'=GR/i\eta \tag{1.6}$$

式中　i——主动轴与从动轴的转速比，$i=\omega_M/\omega_L$ 。

2. 飞轮矩的折算

根据能量守恒定律，折算后等效系统储存的动能应该与实际系统储存的动能相等。设传动系统在电动机轴上的等效转动惯量为 J（飞轮矩为 GD^2），电动机轴的转动惯量为 J_M（飞轮矩为 GD_M^2），负载轴的转动惯量为 J_L（飞轮矩为 GD_L^2）。对图 1.4（a）传动系统有

$$\frac{1}{2}J\omega_M^2=\frac{1}{2}J_M\omega_M^2+\frac{1}{2}J_L\omega_L^2$$

传动系统等效转动惯量 J 为

$$J=J_M+J_L/(\omega_M/\omega_L)^2=J_M+J_L/i^2 \tag{1.7}$$

同样，等效飞轮矩 GD^2 为

$$GD^2=GD_M^2+GD_L^2/i^2 \tag{1.8}$$

对图1.4（b）传动系统有

$$\frac{1}{2}J\omega_{\mathrm{M}}^{2}=\frac{1}{2}J_{\mathrm{M}}\omega_{\mathrm{M}}^{2}+\frac{1}{2}J_{\mathrm{L}}\omega_{\mathrm{L}}^{2}+\frac{1}{2}\ mv^{2}$$

式中　v——直线运动的线速度（m/s）。

于是，传动系统等效转动惯量为

$$J=J_{\mathrm{M}}+J_{\mathrm{L}}/i^{2}+mv^{2}/\omega_{\mathrm{M}}^{2} \tag{1.9}$$

图1.4（b）传动系统等效飞轮矩为

$$GD^{2}=GD_{\mathrm{M}}^{2}+GD_{\mathrm{L}}^{2}/i^{2}+365(Gv^{2}/n_{\mathrm{M}}^{2}) \tag{1.10}$$

式中　n_{M}——电动机的转速（r/min）。

由式（1.9）和式（1.10）可以看出，对减速传动而言（$i>1$），电动机轴上的惯量是传动系统总惯量的主要成分，而其他轴上的惯量折算到电动机轴上的只是次要成分。工程上可用近似公式估算，即

$$GD^{2}=(1+\delta)GD_{\mathrm{M}}^{2} \tag{1.11}$$

常取δ=0.2～0.3。

以上介绍了两级传动时的转矩和飞轮矩的折算。对于级数更多的传动，则应按照前述原理一级一级地将转矩和飞轮矩折算到同一轴上，才能应用基本运动方程式来研究电气传动自动控制系统的运动规律。本书以后只研究等效单轴系统。

1.1.3　电动机的机械特性和负载转矩特性

1. 电动机的机械特性

电动机的机械特性是指电动机的转速n和电磁转矩T_{e}之间的关系，表示为$n=f(T_{\mathrm{e}})$，该特性反映了电动机本身的特性。不同类型的电动机有不同的机械特性，典型的机械特性如图1.5所示。特性曲线1为直流他励电动机和直流并励电动机的机械特性，特性曲线2为直流串励电动机的机械特性，特性曲线3为异步电动机的机械特性。

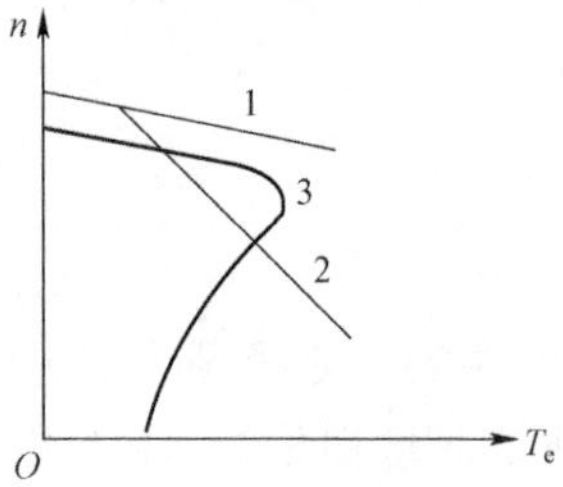

图1.5　电动机的机械特性

2. 负载转矩特性

工作机械的负载转矩T_{L}与转速n的关系表示为$n=f(T_{\mathrm{L}})$，即负载转矩特性。负载转矩特性因工作机械的不同而不同，但是负载转矩特性可归纳为下列三种类型：

（1）恒转矩负载特性。这种特性的负载转矩T_{L}与转速n无关，即当转速变化时，负载转矩T_{L}维持恒定。恒转矩负载有反抗性和位能性，如图1.6所示。

反抗性恒转矩负载特性的特点是：恒值转矩总是与运动方向相反。转速方向改变，负载转矩的方向也随之改变，特性曲线位于第一、第三象限，如图1.6（a）所示。大多数负载的摩擦阻转矩属于此类。属于此类负载的还有金属的压延、机床的平移机构等。

位能性恒转矩负载特性的特点是：负载转矩的方向不随转速的方向而改变。最典型的位能性恒转矩负载是起重机提升、下放重物以及电梯的负载，不论重物提升（n为正）或下放

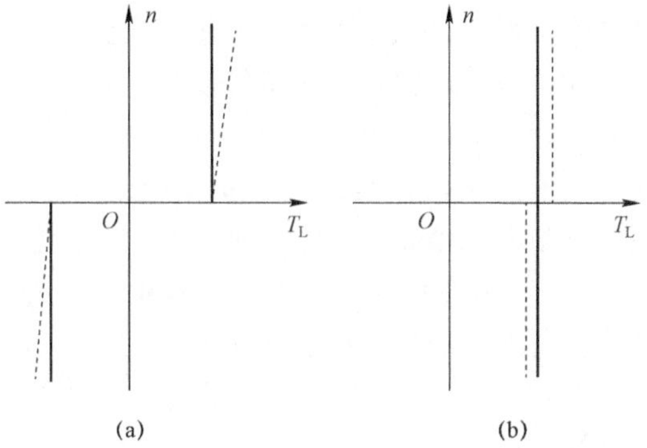

图 1.6　恒转矩负载转矩特性

（a）反抗性；（b）位能性

（n 为负），由于重力向下，负载转矩方向始终不变，特性位于第一、第四象限，如图 1.6（b）所示。

考虑到动静摩擦以及油膜的影响，实际的特性如图 1.6 中虚线所示。

（2）通风机负载特性。这种特性的负载转矩与转速的平方成正比，即 $T_L = Kn^2$，K 为比例系数。属于这类负载的有通风机、水泵、油泵等，其中空气、水、油等介质对叶片的阻力基本上和转速的平方成正比，如图 1.7 所示特性曲线 1。实际上这类负载也存在干摩擦，转速较小时的特性如图 1.7 中虚线所示。

（3）恒功率负载转矩特性。这种特性的负载转矩与转速成反比，即 $T_L = K/n$，K 为比例系数，特性如图 1.7 所示曲线 2。例如一些车床，在粗加工时往往为低速大切削量，而精加工时为高速小切削量，因此在不同转速下负载转矩基本上与转速成反比，因为负载功率 $P_L = T_L\omega$，ω 为电动机的角速率，可见，这种机床的切削功率基本不变。

必须指出的是，实际负载特性往往是几种典型特性的综合，所以具体问题应该具体分析。

3. 电力拖动系统稳定运行的条件

前面已经分析了电动机的机械特性和工作机械的负载转矩特性，在电气传动自动控制系统运行时，这两种特性是同时存在的。为了分析电气传动系统的运行问题，可以把两者画在同一个 $T_e - n$ 坐标图上，如图 1.8 所示。

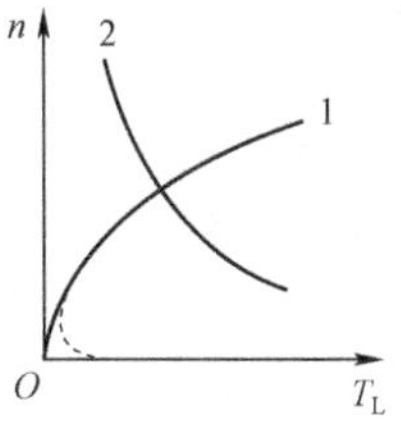

图 1.7　通风机和恒功率负载转矩特性

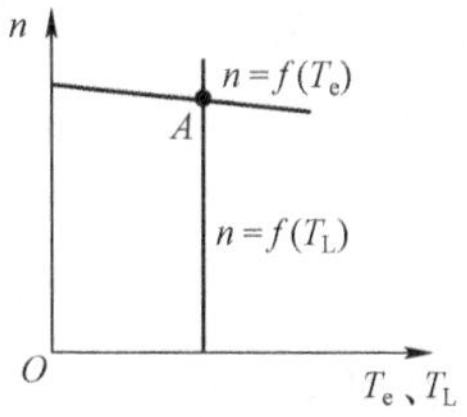

图 1.8　机械特性与负载特性的配合

在电气传动运动方程式中已指出，当电磁转矩 T_e 与负载转矩 T_L 方向相反，大小相等而相互平衡时，电动机轴的转速为某一稳定值，传动系统处于稳态，如图 1.9 所示机械特性和负载转矩特性的交点 A 点，在 A 点处 $T_L = T_e$，A 点对应的转速 n_A 为稳态转速。机械特性和负载转矩特性具有交点是电气传动系统稳定运行的必要条件，但并不是充分条件。电动机稳态运行时，若由于某种扰动作用使转速稍有变化，当扰动去除后转速仍能恢复到原来的运行点，这样的稳态运行点才是稳定的。否则，就是不稳定的运行点。

图1.9在T_e-n平面上给出了机械特性$T_e(n)$和负载特性$T_L(n)$在交点处的两种配合。现在分析一下图1.9（a）交点A的稳定运行情况。假设出现某种瞬时扰动（如电枢电压升高）使电枢电流及电磁转矩增大，而使转速稍有增大（$+\Delta n$），当扰动消除后，由于此时$T_e<T_L$，$dn/dt<0$，迫使转速下降，恢复到原值n_A；同理，如果瞬时扰动引起转速稍有下降（$-\Delta n$），当扰动消失后，则由于$T_e'>T_L'$，将使转速上升，也会恢复原值n_A，所以，系统在A点能稳定运行。用同样方法可以分析图1.9（b）中交点B是不稳定运行点。

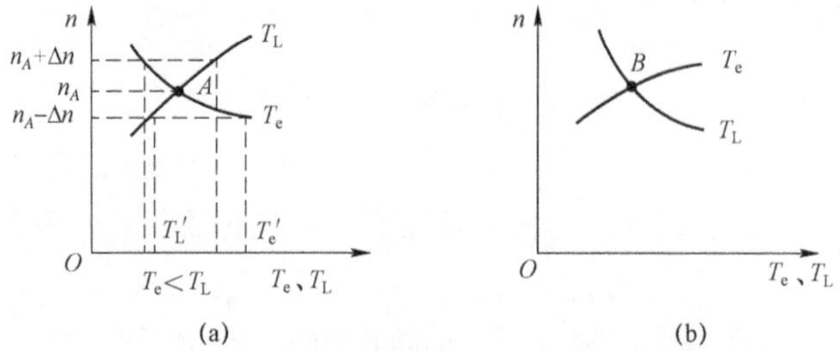

图1.9 机械特性与负载特性配合的两种情况

（a）稳定；（b）不稳定

综上所述，电气传动系统稳定运行的条件也可写成：特性$T_e(n)$和特性$T_L(n)$有交点，并且在该交点对应的转速之上保证$T_e<T_L$，而在该交点对应的转速之下则要求$T_e>T_L$。

1.2 直流他励电动机的机械特性及运行方法

1.2.1 直流他励电动机的机械特性

直流他励电动机线路如图1.10（a）所示。在稳态运行下，有下列方程式

电枢电动势　　$E=C_e\Phi n$

电磁转矩　　$T_e=C_m\Phi I$

式中　I——电枢电流。

电压平衡方程　$U=E+IR$

联立求解上述方程式，可以得到电动机的机械特性方程式为

$$n=\frac{U}{C_e\Phi}-\frac{R}{C_eC_m\Phi^2}T_e=n_0-\Delta n \qquad (1.12)$$

式中　R——电枢回路总电阻；

Φ——励磁磁通；

C_e——电动势常数，$C_e=p_n N/60a$（极对数p_n，并联支路对数a，有效导线总数N）；

C_m——转矩常数，$C_m=p_nN/2\pi a=9.55C_e$；

n_0——理想空载转速，$n_0=\dfrac{U}{C_e\Phi}$；

Δn——转速降，$\Delta n=(R/C_eC_m\Phi^2)T_e$。

图 1.10（b）所示为直流他励电动机的机械特性曲线。

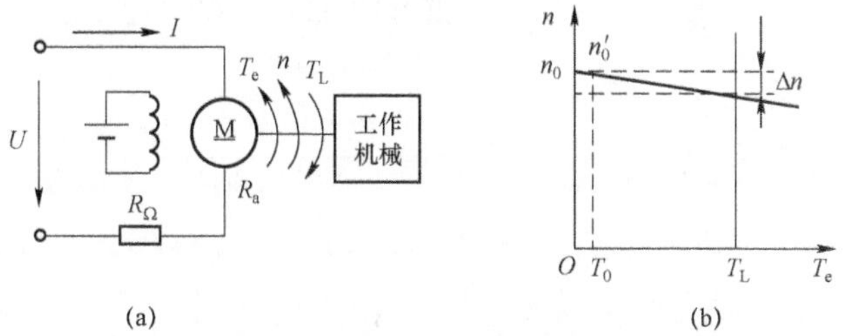

图 1.10　直流他励电动机线路及特性

（a）他励线路；（b）机械特性

在机械特性方程式（1.12）中，当电枢电压和励磁磁通分别为额定值U_{nom}和Φ_{nom}，电枢回路电阻为电枢电阻R_a时，对应的特性称为固有特性。改变电枢电压、励磁磁通、电枢附加电阻时，对应的特性为人为特性，如图 1.11 所示，其中改变电枢电压的人为特性，是一组平行的直线。

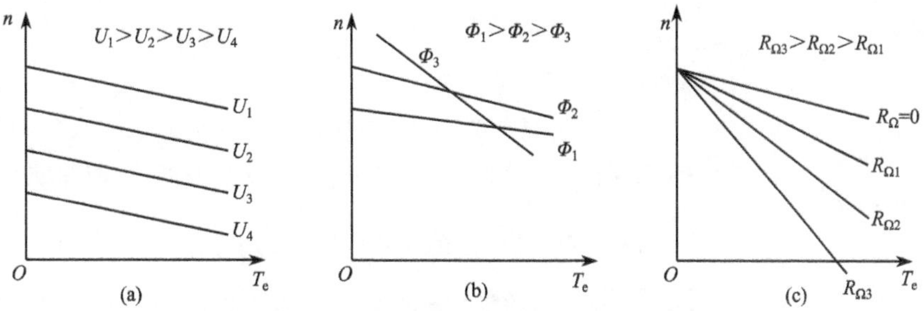

图 1.11　直流他励电动机的人为机械特性

（a）改变电枢电压；（b）改变励磁磁通；（c）改变电枢附加电阻

必须指出，电动机实际的空载转速n_0'比理想空载转速n_0略低，如图 1.10 所示，这是因为电动机空载时必须克服损耗引起的空载转矩T_0，此时实际空载转速n_0'为

$$n_0' = n_0 - \frac{R}{C_e C_m \Phi^2} T_0$$

转速降Δn可以表示为$\Delta n = \beta T_e$，其中$\beta = R / C_e C_m \Phi^2$为机械特性的斜率。$\beta$越大，机械特性越软。当转矩为额定转矩时，对应的转速降称为额定转速降Δn_{nom}。

需要指出的是，当他励电动机励磁恒定时，电枢电流I正比于电磁转矩T_e，此时可用转速特性$n = f(I)$，即

$$n = \frac{U}{C_e \Phi} - \frac{R}{C_e \Phi} I \tag{1.13}$$

表示和分析他励电动机的机械特性$n = f(T_e)$。

【例 1.1】一台直流他励电动机的铭牌数据为 2.2 kW、220 V、12.35 A、3 000 r/min。试求：

（1）电动机的固有机械特性，并绘制特性曲线；

（2）当电枢电压为 50%额定电压时的人为机械特性，并绘制特性曲线；

（3）当电枢回路串联附加电阻R_Ω=3 Ω时，求人为特性，并绘制特性曲线。

解：（1）计算固有特性

根据经验公式（认为在额定负载下，电枢铜耗约占总损耗的一半）有

$$R_a=\frac{1}{2}\cdot\frac{U_{nom}I_{nom}-P_{nom}}{I_{nom}^2}=\frac{220\times12.35-2\,200}{2\times12.35^2}=1.695\ (\Omega)$$

而

$$C_e\Phi_{nom}=\frac{U_{nom}-I_{nom}R_a}{n_{nom}}=\frac{220-12.35\times1.695}{3\,000}$$

$$=0.066\ [\text{V/(r/min)}]$$

固有特性为

$$n=\frac{U_{nom}}{C_e\Phi_{nom}}-\frac{R_a}{C_e\Phi_{nom}C_m\Phi_{nom}}T_e=3\,330-40.75T_e$$

（2）计算改变电枢电压的人为特性

$$n=\frac{50\%U_{nom}}{C_e\Phi_{nom}}-\frac{R_a}{C_e\Phi_{nom}C_m\Phi_{nom}}T_e=1\,665-40.75T_e$$

（3）计算电枢回路串接附加电阻的人为特性

$$n=\frac{U_{nom}}{C_e\Phi_{nom}}-\frac{R_a+R_\Omega}{C_e\Phi_{nom}C_m\Phi_{nom}}T_e=3\,330-112.9T_e$$

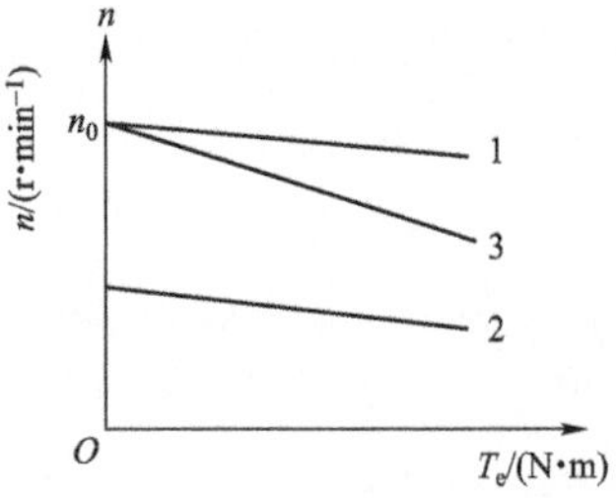

图 1.12　绘制机械特性曲线

固有特性如图 1.12 中曲线 1，改变电压的人为特性和改变电枢电阻的人为特性分别为如图 1.12 中曲线 2 和曲线 3。

1.2.2　直流他励电动机的调速

工作机械往往要求在不同的速度工作，以使工作机械工作得最合理，这就要求改变工作机械的速度，即调速。

1. 调速方法

由式（1.12）可知，直流电动机的调速方法有三种：调节电枢电压U、调节励磁磁通Φ和改变电枢附加电阻R_Ω。机械特性和负载转矩特性的交点为稳态运行转速。图 1.13 所示为电动机带恒转矩负载时三种调速方法的调速情况。

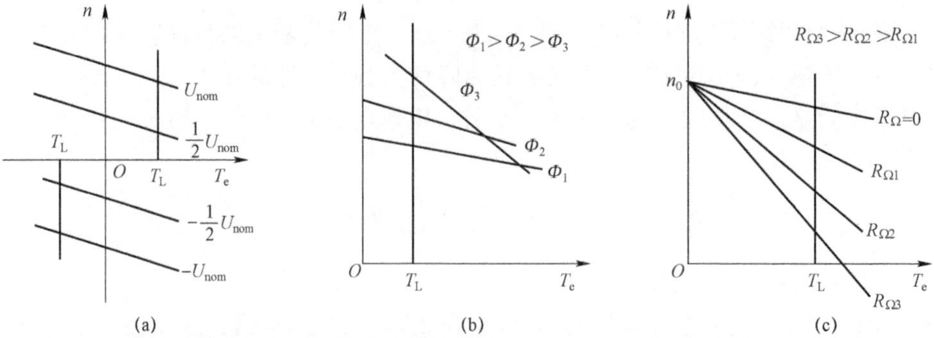

图 1.13　电动机带恒转矩负载时三种调速方法的调速情况

（a）调节电枢电压U；（b）调节励磁磁通Φ；（c）改变电枢附加电阻R_Ω

2. 调速的静态性能指标

为了从技术和经济两方面比较各种调速方法，便于工作机械选择调速方案，对调速提出

了一些技术性能指标，静态性能指标主要有：调速范围、静差率和调速的平滑性等。

1）调速范围

调速范围指工作机械要求电动机提供的最高转速 n_{max} 和最低转速 n_{min} 之比，用字母 D 表示，即

$$D = n_{max} / n_{min}$$

式中，n_{max} 和 n_{min} 一般都指电动机额定负载时的转速，对于少数轻载的工作机械，也可用实际负载时的转速。

2）静差率

电动机运行在某一机械特性上时，额定负载下转速降 Δn_{nom} 与理想空载转速 n_0 之比，称为静差率，常用百分数表示，即

$$s = \frac{\Delta n_{nom}}{n_0} \times 100\%$$

静差率表示系统运行的相对稳定性程度。显然，电动机的机械特性越硬，则静差率越小，相对稳定性就越高。静差率和机械特性硬度又是有区别的，对于两条平行的机械特性，两者的硬度相同，但由于两者的理想空载转速不同，它们的静差率是不同的。

比如改变电枢电压的调速系统，在理想空载转速为 1 000 r/min 时，若额定转速降落 10 r/min，则静差率为 1%；由于改变电枢电压时的特性为一组平行直线，在理想空载转速为 100 r/min 时，额定转速降仍为 10 r/min，此时静差率为 10%。由此可见，调速范围和静差率两个指标是有联系的。静差率和调速范围两项指标必须同时提出才能表征调速系统的静态性能。在调速过程中，若额定转速降相同，则转速越低，静差率越大。如果低速时的静差率满足设计要求，则高速时就一定满足。因此，调速系统的静差率指标应该指调速范围最低速时对应机械特性的静差率值。一个调速系统的调速范围，是指在最低速时还能满足静差率要求的调速范围。

下面分析改变电枢电压调速时，调速范围 D 和静差率 s 之间的关系。调速系统最低速时的静差率为

$$s = \Delta n_{nom} / n_{0\,min}$$

而

$$n_{min} = n_{0\,min} - \Delta n_{nom} = \Delta n_{nom} / s - \Delta n_{nom} = (1 - s)\,\Delta n_{nom} / s$$

所以

$$D = \frac{n_{max}}{n_{min}} = \frac{n_{max}\, s}{\Delta n_{nom}(1-s)} \tag{1.14}$$

式中　$n_{0\,min}$——最低速对应机械特性的理想空载转速；

Δn_{nom}——额定转速降。

式（1.14）表示了调速范围、静差率和额定转速之间应满足的关系。对于一个调速系统，由于电动机的最高转速受机械强度的限制不能太大，所以要想扩大调速范围，就要设法减小 Δn_{nom}，这将在本书以后的章节中介绍。

3）调速的平滑性

通常用两个相邻调速级的转速比来衡量。在一定调速范围内，调速级数越多，则平滑性越好；当调速级数达无穷多时，称为无级调速，即转速连续可调。

关于调速方案的经济指标，取决于调速系统的设备投资、设备的运行效率、维护费等，选择调速方案时应综合考虑。

改变电枢电压时的机械特性硬度不变，如果电源电压连续可调，转速可连续变化，因此，调压调速方法的调速范围宽，调速性能好。当电源电压反向时电动机可运行在第三象限，即反转。调压调速方法在直流电力拖动中被广泛应用。

电动机在额定磁通下运行时，磁路一般已接近饱和，所以，通常采用减弱磁通来实现升速，一般最低速为电动机的额定转速，而最高速受电动机换向条件和电枢机械强度的限制，弱磁调速范围较小。调节磁通的调速方法常与调节电枢电压的调速方法结合，以扩大调速范围。

改变电枢电阻的调速方法，低速时，机械特性斜率大，静特性差，另外，改变电枢附加电阻是有级调速，串联电阻有附加损耗，因此，该调速方法性能指标差，在实际中应用较少。

1.2.3　直流他励电动机的启动

直流他励电动机启动时应该先建立磁场，再加电枢电压。当忽略电感时，电枢电流 $I=(U-E)/R_a$。启动瞬间转速 $n=0$，电动势 $E=0$，而电枢绕组 R_a 很小，如直接加额定电压启动，电枢电流可突增到额定电流的十多倍。这不仅使换向恶化，甚至会烧坏电动机，而且与电流成比例的转矩将损坏传动系统的传动机械。

对于采用改变电枢电压的可调电气传动，可通过逐渐增加电压的方法启动。一般是在控制系统输入信号处接入给定积分器等装置以实现软启动，或者通过自动控制的方式，保持启动过程电枢电流或转矩有最大值（通过限幅装置），从而缩短启动时间。

对于不可调电源电气传动，可采用外接附加电阻 R_Ω 来限制启动电流。如图 1.14 所示，启动时逐渐切除附加电阻 $R_{\Omega3}$、$R_{\Omega2}$、$R_{\Omega1}$，即可使电动机在电枢电流不超过允许值的情况下逐渐加速，直至切除全部附加电阻，电动机启动完毕。图 1.14 中，T_2 为最大启动转矩，其值应小于电动机允许的最大转矩。T_1 为切换转矩，其值应大于负载转矩。

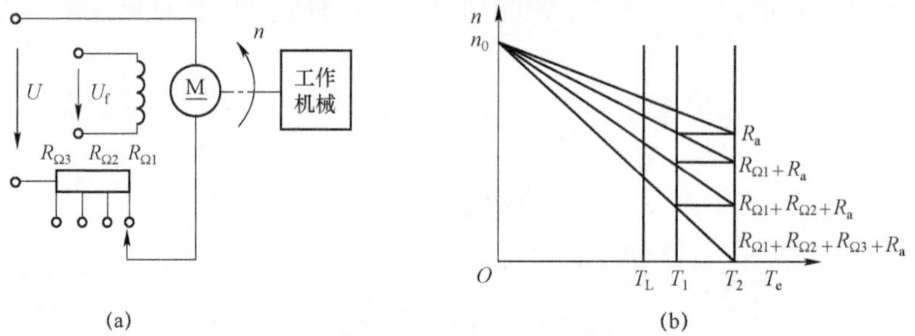

图 1.14　电枢回路串联多级电阻启动

（a）线路；（b）机械特性

1.1 节推导了电气传动的基本运动方程式为

$$T_e - T_L = \frac{GD^2}{375} \cdot \frac{dn}{dt}$$

转速变化率（dn/dt）正比于转矩差 $T_e - T_L$，启动转矩越大，启动速度越快。串联多级电阻启动的目的是加快启动过程，并且使启动平稳。

1.2.4　直流他励电动机的制动

电动机有两种运行状态：当电动机的电磁转矩 T_e 的方向与转速 n 的方向相同时是电动运

行状态，此时电网向电动机输入电能，并转变为机械能以带动负载；当电动机的电磁转矩 T_e 与转速 n 的方向相反时为制动运行状态，此时电动机吸收机械能，并转化为电能。

直流他励电动机的电气制动方法有三种，即回馈制动、电阻能耗制动和反接制动。

1. 回馈制动

为了实现电气制动就要求电动机的电磁转矩和转速两者之中有一个要与电动运行状态时相反。改变转矩方向就是改变电枢电流或励磁磁通的方向。比如突然降低电枢电压 U 使之小于电动势 E（由于机械惯性，转速 n 不能突变，而电动势 $E=C_e\Phi n$），则电流反向，电磁转矩反向，电动机运行在第二象限（图 1.15），处于发电制动状态，电流流入电枢供电电源的正极，电源吸收电能，即把系统的动能转变为电能回送电网。这种制动方法最为经济，发电制动又叫回馈制动（或再生制动）。

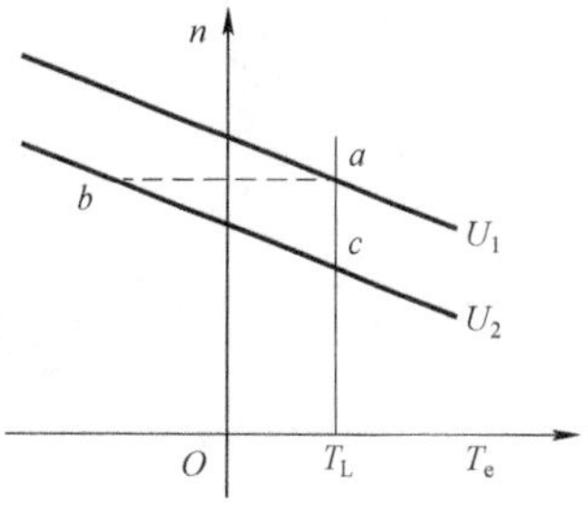

图 1.15　回馈制动特性

2. 电阻能耗制动

电阻能耗制动方法是切除外界供电电压 U 而用附加电阻 R_b 将电枢端子短接，由反电动势 E 产生的电流方向与电动状态时相反，处于制动状态。

由式（1.12）可得此时机械特性方程式为

$$n=-\frac{R_a+R_b}{C_e\Phi C_m\Phi}T_e \tag{1.15}$$

制动电阻 R_b 越小，特性斜率越小，制动转矩越大，制动过程越快，如图 1.16 所示。但制动电阻 R_b 受最大电枢电流及电磁转矩的限制，如果电动机允许的最大电枢电流为 λI_{nom}（λ 为过载系数），则 R_b 可近似选择为

$$R_b \geqslant U_{nom}/\lambda I_{nom}-R_a \tag{1.16}$$

这种制动方法只需把电源切除和接入制动电阻，简单易行，故应用广泛。其缺点是制动时能量消耗在电阻上，并且低速下制动转矩很小。

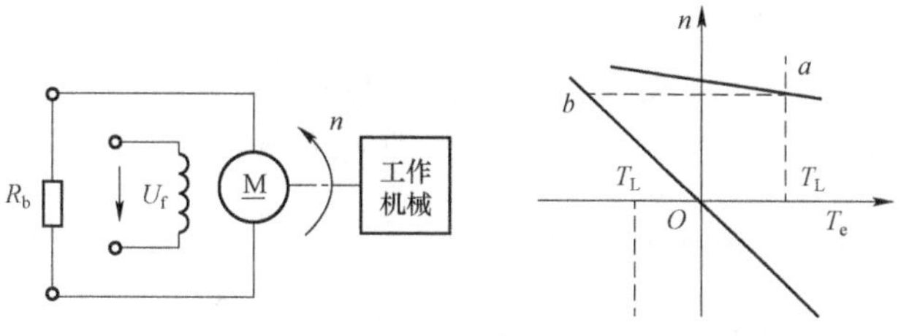

(a)　　(b)

图 1.16　电阻能耗制动

（a）线路；（b）机械特性

3. 反接制动

反接制动有电源反接的反接制动和转速反接的反接制动两种方法。电源反接的反接制动是在电动机做电动状态运行时突然将电枢电压 U 反向，即与电动势 E 的方向一致，则电流必然反向，电磁转矩反向，处于制动状态，这种制动方法制动效果很强烈，如图 1.17（a）所示。若制动的目的是为了停车，则当转速 $n=0$ 时须切断电源，否则电动机将在反向电压作用下重

新启动和进入反转状态。为了防止电枢电流超过允许值，需在电枢电路中串入制动电阻 R_r，若电动机允许的最大电枢电流为 λI_{nom}，则 R_r 可近似选为

$$R_r \geqslant \frac{2U_{nom}}{\lambda I_{nom}} - R_a \tag{1.17}$$

若电动机带位能性恒转矩负载，则电枢电压反接后，系统最终将稳定运行于第四象限的 e 点，如图 1.17（b）所示。可以分析，此时电流流入电枢供电电源正极，为回馈制动运行状态。

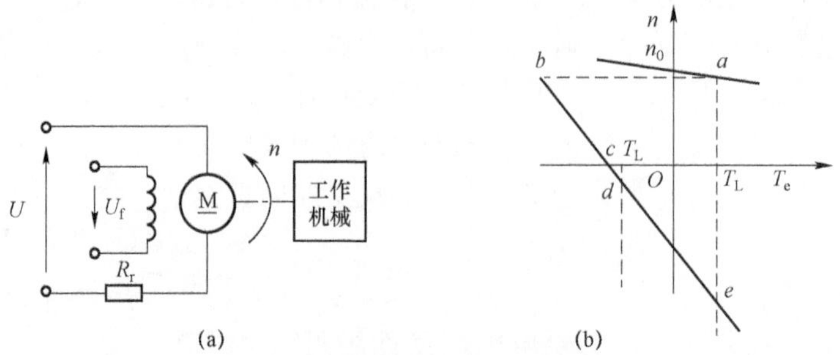

图 1.17　电源反接的反接制动

（a）线路；（b）机械特性

转速反向的反接制动出现于位能性恒转矩负载，如图 1.18（a）所示。电枢电压 U 的极性不变，由于当电枢回路串接电阻很大时，机械特性斜率很大，电动机运行在第四象限，电动机在位能性恒转矩负载重力倒拉下稳定运行在制动状态，如图 1.18（b）所示 c 点。

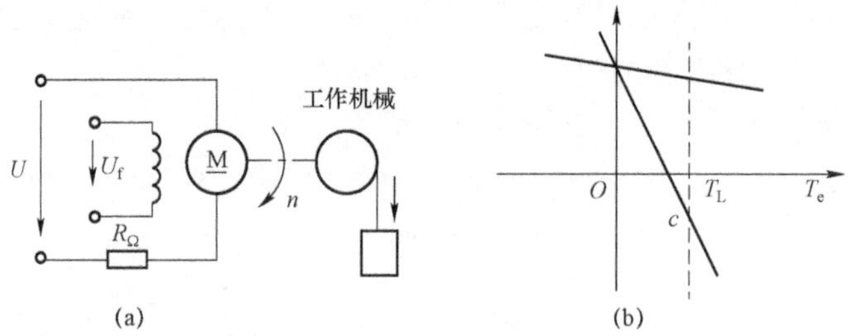

图 1.18　转速反向的反接制动

（a）线路；（b）机械特性

1.2.5　电动机的四象限运行分析

综上所述可知，电动机有电动和制动两种运行状态，它们的机械特性可用统一形式的方程式表示，即

$$n = \frac{U}{C_e\Phi} - \frac{R}{C_e\Phi C_m\Phi} T_e$$

根据上式，可在 $T_e - n$ 平面的四个象限内画出各种运行状态对应的机械特性，如图 1.19 所示。一、三象限电磁转矩与转速方向相同，为电动运行区。第一象限为正向电动运行，第三象限为反向电动运行。而二、四象限电磁转矩与转速方向相反，为制动运行区。若 $|n|>|n_0|$，则为回馈制动；若 n 与 n_0 反向，则为反接制动；若 $n_0=0$，则为能耗制动，如图 1.19 所示曲

线 3。在制动状态下，电动机实质上转化为发电机运行。在能耗制动时，电动机变为独自向电枢回路电阻供电的发电机；回馈制动时，电动机变为与电网并联的发电机，向电网回馈能量；反接制动时，电动机变为与电网串联的发电机，与电网共同对电枢回路电阻供电，这些电能都是从旋转系统的动能或位能转变而来的。

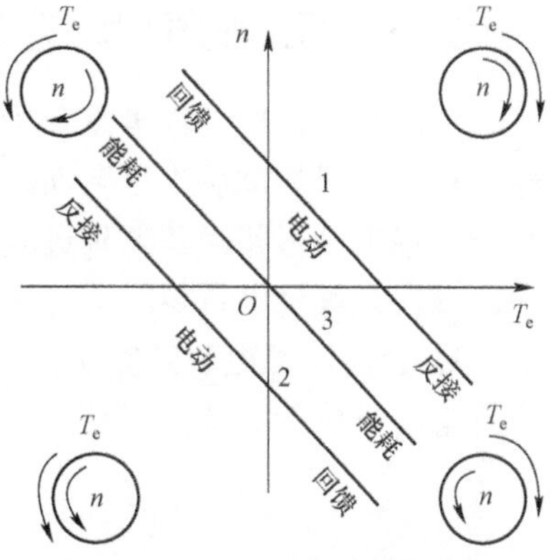

图 1.19　电动机运行状态

【例 1.2】一台直流他励电动机的数据为：P_{nom}=29 kW，U_{nom}=440 V，I_{nom}=76.2 A，n_{nom}=1 050 r/min，R_a=0.393 Ω。

（1）原为额定转速运行，若用能耗制动，最大制动电流为 $2I_{nom}$，试计算电枢回路中所接入的制动电阻最小值。

（2）电动机带位能性恒转矩负载 $T_L=0.8T_{nom}$，在固有特性上做回馈制动下放，求下放速度。

（3）电动机带位能性恒转矩负载 $T_L=0.8T_{nom}$ 做转速反向的反接制动下放，下放速度为 600 r/min，求串联在电枢回路中的电阻值。

解：（1）根据式（1.16）制动电阻最小值为

$$R_b=\frac{U_{nom}}{2I_{nom}}-R_a=\frac{440}{2\times 76.2}-0.393=2.5\text{（Ω）}$$

（2）求 $C_e\Phi_{nom}$

$$C_e\Phi_{nom}=\frac{U_{nom}-R_aI_{nom}}{n_{nom}}=\frac{400-0.393\times 76.2}{1\ 050}$$

$$=0.39\ [\text{V/（r/min）}]$$

位能性恒转矩负载重物上升转速为正，则重物下放转速为负，回馈制动下放应该运行在电枢电压反接的特性上，于是下放速度 n 为

$$n=\frac{-U_{nom}}{C_e\Phi_{nom}}-\frac{R_a\times 0.8I_{nom}}{C_e\Phi_{nom}}=\frac{-440}{0.39}-\frac{0.393\times 0.8\times 76.2}{0.39}$$

$$=-1\ 190\text{（r/min）}$$

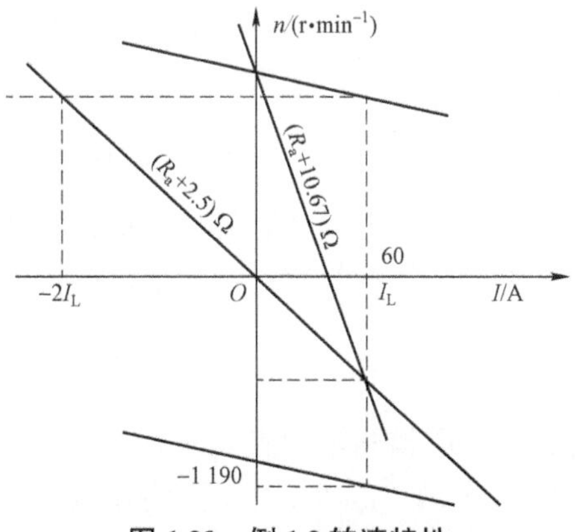

图 1.20　例 1.2 转速特性

（3）重物下放速度为 600 r/min，即 n=−600 r/min，根据转速特性

$$n=\frac{U}{C_e\Phi}-\frac{R}{C_e\Phi}I$$

得

$$R=R_a+R_r=(-C_e\Phi_{nom}\cdot n+U_{nom})/0.8I_{nom}$$

$$=(0.39\times 600+440)/(0.8\times 76.2)=11.06\text{（Ω）}$$

电枢回路应串联的电阻为

$$R_r=R-R_a=11.06-0.393=10.67\text{（Ω）}$$

三种情况的转速特性如图 1.20 所示。

1.2.6 直流他励电动机传动的动态特性

前面根据机械特性着重分析了直流他励电动机传动系统的稳态运行状态。当负载转矩发生变化，或对电动机进行启动、制动和调速时，电气传动系统将由一个稳态运行状态过渡到另一个稳态运行状态，这种过渡过程叫电气传动过渡过程。在过渡过程中，电动机的转速、电流及转矩等物理量随时间变化的规律，叫电气传动系统的动态特性。

1. 直流他励电动机传动系统动态特性的数学分析

电动机传动系统的运动方程式为

$$T_e - T_L = \frac{GD^2}{375} \cdot \frac{dn}{dt} \tag{1.18}$$

直流他励电动机机械特性方程式为

$$n = n_0 - \frac{R}{C_e\Phi C_m\Phi} T_e \tag{1.19}$$

将式（1.18）代入式（1.19）得

$$n = n_0 - \frac{R}{C_e\Phi C_m\Phi} T_L - \frac{RGD^2}{375C_e\Phi C_m\Phi} \cdot \frac{dn}{dt} \tag{1.20}$$

当 $T_e = T_L$ 时，调速系统达到稳态，系统稳态电流为 I_s，稳态转速为 n_s，即 $n_s = n_0 - (R / C_e\Phi C_m\Phi) T_L$，$I_s = T_L / C_m\Phi$，并令 $T_m = GD^2R / 375C_e\Phi C_m\Phi$，$T_m$ 称为过渡过程机电时间常数，单位为 s。这样式（1.20）可以写成

$$T_m \, dn/dt + n = n_s \tag{1.21}$$

设 $t = 0$ 时，电动机初始转速为 n_{ini}，初始电流为 I_{ini}，解微分方程式（1.21）得

$$n = n_s + (n_{ini} - n_s)e^{-t/T_m} \tag{1.22}$$

将转速方程式 $n = n_0 - (R / C_e\Phi) I$ 代入式（1.18）并除以 $C_m\Phi$ 得

$$T_m \, dI/dt + I = I_s \tag{1.23}$$

解微分方程式（1.23）得

$$I = I_s + (I_{ini} - I_s)e^{-t/T_m} \tag{1.24}$$

将式（1.24）乘以 $C_m\Phi$，并考虑初始转矩为 T_{eini}，稳态转矩为 T_{es}，即

$$T_e = T_{es} + (T_{eini} - T_{es})e^{-t/T_m} \tag{1.25}$$

式（1.22）、式（1.24）和式（1.25）分别为转速、电枢电流和电磁转矩随时间变化的规律，即动态特性。可见只要知道各物理量的初始值、稳态值和系统的机电时间常数，就可以描绘出系统的动态特性。

2. 直流他励电动机启动动态特性

直流他励电动机不能直接加额定电压启动，启动时必须采取措施限制启动电流，一般可用电枢回路串联附加电阻 R_Ω 或降低电枢电压的启动方法。为了简单起见，讨论不切除附加电阻，电枢回路串联电阻的启动过程。

电动机由静止的 a 点启动到稳态 b 点如图 1.21（a）所示。初始值为 $n_{ini} = 0$，$I_{ini} =$

$U/(R_a+R_\Omega)$，$T_{eini}=C_m\Phi I_{ini}$；稳态值为 $n_s=n_b$，$I_s=I_L$，$T_{es}=T_L$，代入式（1.22）、式（1.24）和式（1.25）得启动动态特性为

$$n(t)=n_b-n_b e^{-t/T_m} \tag{1.26}$$

$$I(t)=I_L+(I_{ini}-I_L)e^{-t/T_m} \tag{1.27}$$

$$T_e(t)=T_L+(T_{eini}-T_L)e^{-t/T_m} \tag{1.28}$$

式中　I_L——负载电流，$I_L=T_L/C_m\Phi$；

T_m——启动时机电时间常数，$T_m=(R_a+R_\Omega)GD^2/375C_e\Phi C_m\Phi$。启动时的动态特性如图 1.21（b）和图 1.21（c）所示。

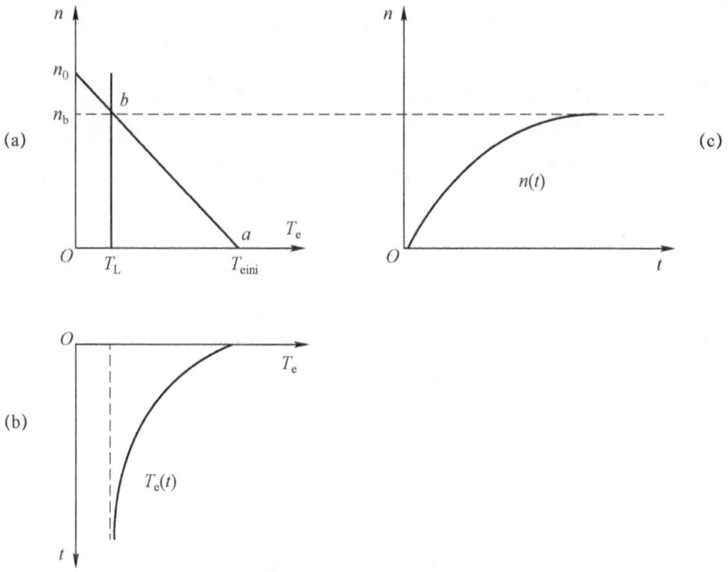

图 1.21　启动时的动态特性

（a）机械特性；（b）$T_e(t)$ 曲线；（c）$n(t)$ 曲线

按照式（1.26），电动机要经过无限长时间后转速才能达到稳态值 n_b。实际上，当 $t=4T_m$ 时，$e^{-t/T_m}=e^{-4}=0.183$，$n=0.981\,7n_b$，已经非常接近于 n_b，可以近似认为动态过程结束。

动态过程的长短取决于传动系统的机电时间常数 T_m 的大小，而 T_m 又取决于传动系统的飞轮矩 GD^2 和电枢回路总电阻 R。飞轮矩越大，表示传动系统惯性越大，加速时间就要拖长。电枢回路电阻越大，电动机产生的启动电流和启动转矩越小，加速度减小，启动过程也要拖长。

电气传动系统的机械特性和动态特性之间存在着对应的关系如图 1.21 所示，动态特性的初始值 $n=0$，$T_e=T_{eini}$ 和稳态值 $n=n_b$，$T_e=T_L$，正好对应机械特性上两个稳态点 a 和 b 的纵坐标和横坐标。分析动态特性时，可以根据相应的机械特性和负载转矩特性来确定初始值和稳态值。

对于图 1.14 的电枢回路串多级附加电阻的启动动态特性，由于每一段过程电枢回路所串电阻值不同，相应的机电时间常数 T_m 不同，转速的初始值和稳态值不同，故应该分段分析。每一段的初始值和稳态值可由相应的机械特性来求得，代入式（1.22）、式（1.24）和式（1.25）三个动态过程的通式即可得出各段的动态过程表达式，这里就不再详细分析了。

3. 直流他励电动机能耗制动动态特性

前面推得的式（1.22）、式（1.24）、式（1.25）三式，是动态过程的通式，当然也适用于制动过程。根据制动时机械特性和负载转矩特性求得初始值、稳态值，就可以分析出制动的动态过程。

图 1.22（a）所示为电动机带位能性恒转矩负载能耗制动机械特性。制动的初始点为 b 点，对应 $n_{\text{ini}}=n_b$，$I_{\text{ini}}=I_b$，$T_{\text{eini}}=T_{eb}$。机械特性与负载转矩特性的交点为稳态运行点，即 c 点，对应 $n_{\text{s}}=n_c$，$I_{\text{s}}=I_c$，$T_{\text{es}}=T_{ec}$。如果调速系统的机电时间常数是 T_{m}，则制动时转速的动态过程为

$$n(t)=n_{\text{s}}+(n_{\text{ini}}-n_{\text{s}})\text{e}^{-t/T_{\text{m}}}=n_c+(n_b-n_c)\text{e}^{-t/T_{\text{m}}}$$

制动时电流的动态过程为

$$I(t)=I_{\text{s}}+(I_{\text{ini}}-I_{\text{s}})\text{e}^{-t/T_{\text{m}}}=I_c+(I_b-I_c)\text{e}^{-t/T_{\text{m}}}$$

动态过程曲线 $n(t)$、$T_{\text{e}}(t)$ 或 $I(t)$ 分别如图 1.22（b）和图 1.22（c）所示。

这里要说明的是，如果负载为反抗性负载，当 $n<0$ 时，负载转矩 T_{L} 为负。但 bO 段动态过程的稳态值要用 $+T_{\text{L}}$ 的延长线与能耗制动特性的交点来确定，因为在 bO 这一阶段，运动方程式中的负载转矩为 $+T_{\text{L}}$ 不变。

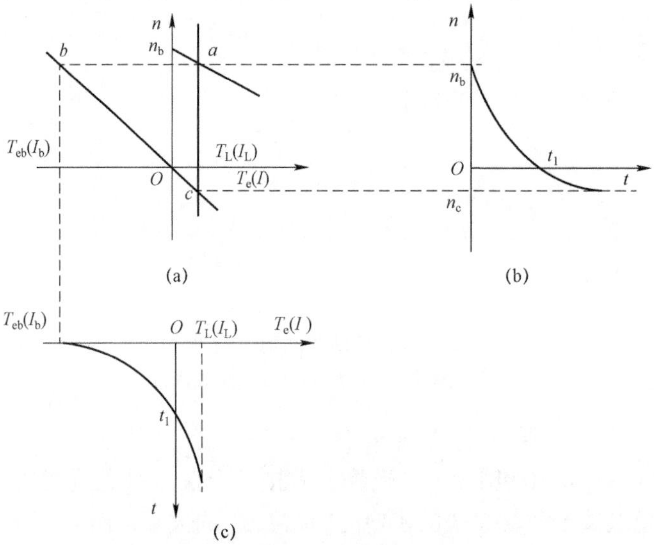

图 1.22　能耗制动机械特性和动态特性

（a）机械特性；（b）$n(t)$ 曲线；（c）$T_{\text{e}}(t)$ 或 $I(t)$ 曲线

4. 直流他励电动机电源反接的反接制动动态特性

位能性负载反接制动时机械特性如图 1.23（a）所示。

制动过程初始值为 b 点，对应的初始值 $n_{\text{ini}}=n_b=n_a$，$I_{\text{ini}}=I_b$。

稳态值由负载特性和制动机械特性的交点 c 来确定，对应的稳态值 $n_{\text{s}}=n_c$，$I_{\text{s}}=I_c=I_{\text{L}}$ 代入动态过程通式，可求得

$$n(t)=n_{\text{s}}+(n_{\text{ini}}-n_{\text{s}})\text{e}^{-t/T_{\text{m}}}=n_c+(n_b-n_c)\text{e}^{-t/T_{\text{m}}}$$

$$I(t)=I_{\text{s}}+(I_{\text{ini}}-I_{\text{s}})\text{e}^{-t/T_{\text{m}}}=I_c+(I_b-I_c)\text{e}^{-t/T_{\text{m}}}$$

特性曲线 $n(t)$ 和 $I(t)$ 分别如图 1.23（b）和图 1.23（c）所示。

反抗性负载反接制动时的机械特性如图 1.24（a）所示。制动时，先由 b 点制动到 d 点，而后由 d 点反向启动至 f 点。bd 段，负载转矩为正，与位能性负载相同，这一段的动态过程与前面分析的位能性负载的 $n(t)$、$I(t)$ 相同。到 df 段时，由于负载转矩变为负，故 $n(t)$、$I(t)$ 有变化。在 df 段内，初始转速为反向启动转速，即 $n_{\text{nin}}=n_d=0$，初始电流为 d 点电流，将 $n=0$ 代入反接制动机械特性可求得初始电流 I_d，稳态点即为 f 点，对应的稳态值 $n_s=n_f$，$I_s=I_f$。

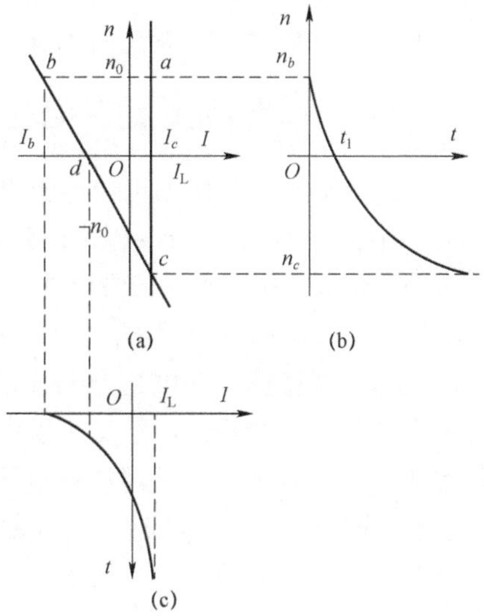

图 1.23 位能性负载反接制动特性

（a）机械特性；（b）$n(t)$ 特性曲线；（c）$I(t)$ 特性曲线

综上，反抗性负载时，反接制动的动态特性为

$$n(t)=\begin{cases} n_c+(n_b-n_c)\mathrm{e}^{-t/T_m} & (\text{当} t\leqslant t_1) \\ n_f-n_f\,\mathrm{e}^{-(t-t_1)/T_m} & (\text{当} t>t_1) \end{cases}$$

$$I(t)=\begin{cases} I_c+(I_b-I_c)\mathrm{e}^{-t/T_m} & (\text{当} t\leqslant t_1) \\ I_f+(I_d-I_f)\mathrm{e}^{-(t-t_1)/T_m} & (\text{当} t>t_1) \end{cases}$$

式中，t_1 为制动到 $n=0$ 的时间。特性曲线 $n(t)$、$I(t)$ 分别如图 1.24（b）和图 1.24（c）所示。

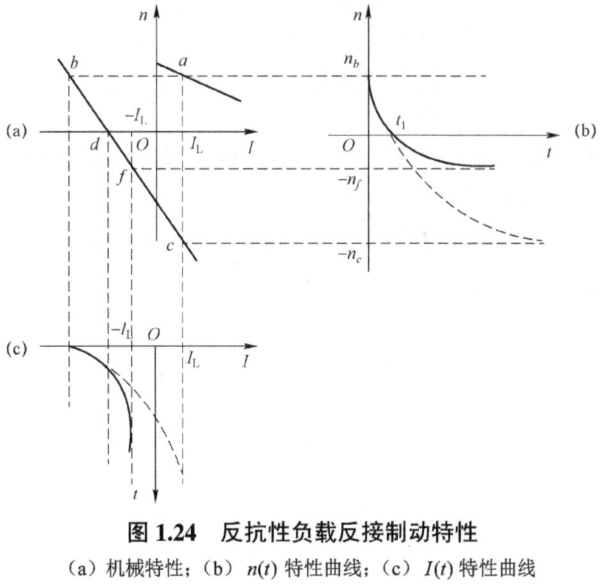

图 1.24 反抗性负载反接制动特性

（a）机械特性；（b）$n(t)$ 特性曲线；（c）$I(t)$ 特性曲线

1.3 直流电动机开环调速系统

直流电动机的调速方法有改变电枢电压调速、改变励磁磁通调速和改变电枢电阻调速三种方法，其中改变电枢电压调速方法因其良好的调速性能而广泛应用。本章将以他励直流电动机的调压调速系统为主线，介绍直流调速系统。

由可控直流电源向电动机供电即构成开环调速系统。根据可控直流电源的不同，开环调速系统又分为旋转变流机组供电的直流调速系统（G－M 系统）、脉冲宽度调制变换器供电的直流调速系统（PWM－M 系统）、晶闸管脉冲相位控制变流器供电的直流调速系统（V－M 系统）。

1.3.1 旋转变流机组供电的直流调速系统

以旋转变流机组作为可控电源供电的直流调速系统叫发电机－电动机系统，简称 G－M 系统，国际上通称为 Ward–Leonard 系统，其原理图如图 1.25 所示。该系统由交流电动机（称原动机，通常采用三相交流异步电动机）拖动直流发电机 G 实现变流，由直流发电机 G 给需要调速的直流电动机 M 供电。调节发电机的励磁电流 i_f 的大小，就能改变发电机的输出电压 U，从而实现直流电动机 M 转速 n 的调节。改变发电机的励磁电流 i_f 的方向，就能改变发电机的输出电压 U 的极性，从而实现电动机转速方向的改变。因此，G－M 系统可以实现四象限运行。图 1.26 所示为采用旋转变流机组供电时，G－M 系统的机械特性曲线，它们是平行的直线。该系统的机械特性表达式即为第一节推导的式（1.12）。

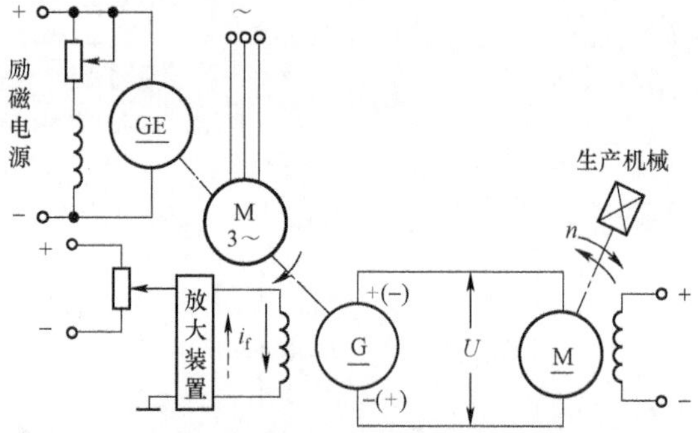

图 1.25 旋转变流机组供电的直流调速系统（G－M 系统）

$$n=\frac{U}{C_e\Phi}-\frac{R}{C_e\Phi C_m\Phi}T_e$$

式中，U 为发电机输出的可变电压。

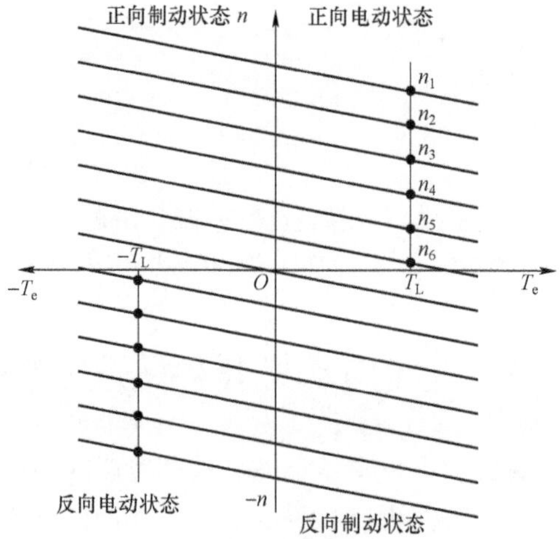

图 1.26 G－M 系统的机械特性曲线

由旋转变流机组供电的直流调速系统具有良好的调速性能，在 20 世纪 50 年代曾广泛使用。但是这种由机组供电的直流调速系统需要旋转变流机组，至少包含两组与调速系统容量相当的旋转电机（即原动机和直流发电机）和一台容量较小的励磁发电机，因而设备多、体积大、效率低、安装需打地基、运行有噪声、维护不方便。随着电力电子技术的发展，在 20 世纪 50 年代开始逐渐被静止变流装置代替，直流调速系统进入由静止变流装置供电的时代。

1.3.2　脉冲宽度调制直流调速系统

1. 脉冲宽度调制直流调速系统的原理

脉冲宽度调制（Pulse Width Modulation）简称 PWM。直流脉冲宽度调制变流装置是随着全控型电力电子器件的出现而发展的。由脉冲宽度调制变换器向电动机供电的系统称脉宽调制传动系统，简称 PWM－M 系统。图 1.27 所示为 PWM－M 系统原理框图，通过调节 PWM 信号的脉冲宽度来控制电子电力开关器件的导通和关断时间，从而改变输出电压的平均值，实现电动机的平滑调速。直流脉冲宽度调制传动系统体积小，装置效率高，功率因数高。同时由于开关频率较高，电流容易连续，谐波少，电动机损耗和发热都较小，低速性能好，稳速精度高，系统通频带宽，快速响应性能好，动态抗干扰能力强。

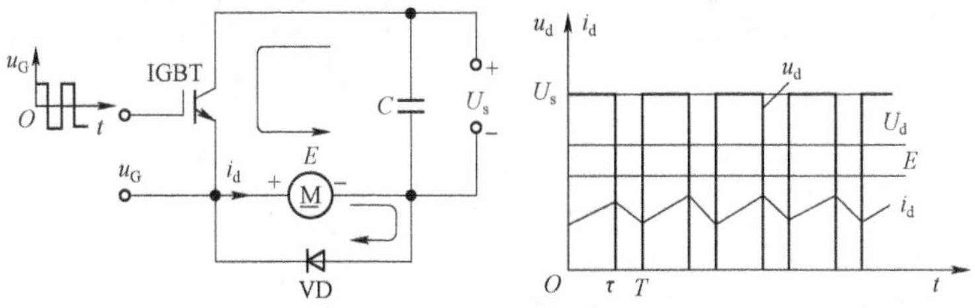

(a)　　(b)

图 1.27　PWM－M 系统原理框图

（a）原理图；（b）电压和电流波形图

图 1.28 所示为直流脉宽调制电源原理图，其中 U_s 为恒值电压源，VT 是电力电子开关器件的符号，VD 是续流二极管。VT 一般采用全控型器件，如 MOSFET、IGBT 等，其开关频率可以达到几十 kHz。

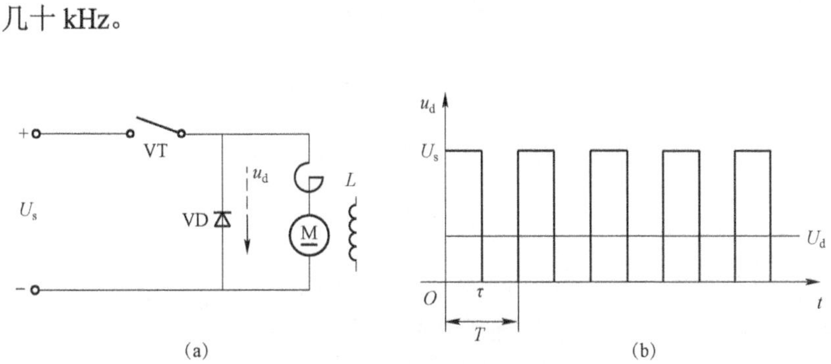

(a)　　(b)

图 1.28　直流脉宽调制电源原理图

（a）原理图；（b）输出电压波形

当 VT 导通时，直流电源 U_s 加到电动机电枢上。当 VT 关断时，直流电源与电动机脱开，电动机电枢电流经 VD 续流，电枢两端电压接近于零。如此反复，得到电枢端电压 u_d 波形如图 1.28（b）所示。电源电压 U_s 在 τ 时间内被接上，又在 $(T-\tau)$ 时间内被斩断，所以又称电源为斩波器（Chopper）。电动机电枢的平均电压为

$$U_d = \tau U_s / T$$

式中，T 为功率器件的开关周期；τ 为开通时间。

直流脉宽调制电动机调速系统分为不可逆（电动机可在两个象限运行）和可逆（电动机可在四个象限运行）。H 型脉冲宽度调制是常用的可逆线路。图 1.29（a）所示为 H 型直流脉宽调制电动机调速系统，由四个开关管和四个续流二极管组成。H 型电路常用双极性控制方法，控制原则是：VT_1 和 VT_4 同时导通或关断，VT_2 和 VT_3 同时导通或关断，而 $VT_1(VT_4)$ 和 $VT_2(VT_3)$ 的开关状态相反。当 VT_1 和 VT_4 导通时，电枢电压 $u_{AB}=U_s$，当 VT_2 和 VT_3 导通时，电枢电压 $u_{AB}=-U_s$。改变两组开关器件的导通时间，也就改变了电压的脉冲宽度，从而改变了电动机电枢两端电压的平均值，实现调速调压。

电动机工作在第 I 象限时的电压和电流波形如图 1.29（b）所示。当电动机负载较小时，电压和电流波形如图 1.29（c）所示，图中电流各个段①②③④的相关路径表示在图 1.29（a）中。

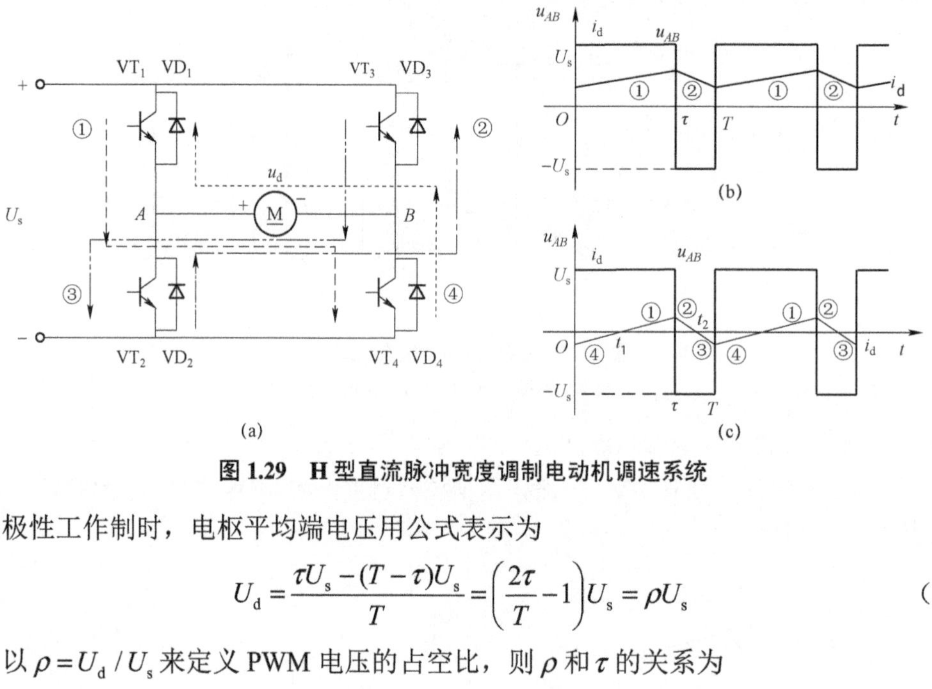

图 1.29　H 型直流脉冲宽度调制电动机调速系统

双极性工作制时，电枢平均端电压用公式表示为

$$U_d = \frac{\tau U_s - (T-\tau)U_s}{T} = \left(\frac{2\tau}{T}-1\right)U_s = \rho U_s \tag{1.29}$$

式中，以 $\rho = U_d / U_s$ 来定义 PWM 电压的占空比，则 ρ 和 τ 的关系为

$$\rho = \frac{2\tau}{T} - 1 \tag{1.30}$$

调速时，ρ 的变化范围变成 $-1 \leqslant \rho \leqslant 1$。当 ρ 为正值时（u_{AB} 正脉冲较负脉冲宽时），电动机正转；当 ρ 为负值时（u_{AB} 正脉冲较负脉冲窄时），电动机反转；当 $\rho=0$ 时（u_{AB} 正、负脉冲宽度相等时），电动机停止。当 $\rho=0$ 时，虽然电动机不动，电枢两端的瞬时电压和瞬时电流却都不为零，而是交变的，这个交变电流的平均值为零，不产生平均转矩，但增大电动

机的损耗。它的好处是使电动机带有高频的微振，起着所谓“动力润滑”作用，消除正反向时的静摩擦死区。

2. 脉宽调制直流调速系统的机械特性

脉宽调制电源输出平均电压由式（1.30）表示，根据第 1.1 节电气传动的基本知识，可以写出机械特性表达式为

$$n=\frac{\rho U_{\mathrm{s}}}{C_{\mathrm{e}}\Phi}-\frac{R}{C_{\mathrm{e}}\Phi C_{\mathrm{m}}\Phi}T_{\mathrm{e}}=n_0-\frac{R}{C_{\mathrm{e}}\Phi C_{\mathrm{m}}\Phi}T_{\mathrm{e}} \tag{1.31}$$

或用转速特性表示

$$n=\frac{\rho U_{\mathrm{s}}}{C_{\mathrm{e}}\Phi}-\frac{R}{C_{\mathrm{e}}\Phi}I_{\mathrm{d}}=n_0-\frac{R}{C_{\mathrm{e}}\Phi}I_{\mathrm{d}} \tag{1.32}$$

式中，理想空载转速 $n_0=\rho U_{\mathrm{s}}/C_{\mathrm{e}}\Phi$，与占空比 ρ 成正比。图 1.30 所示为 PWM 直流调速系统开环机械特性。

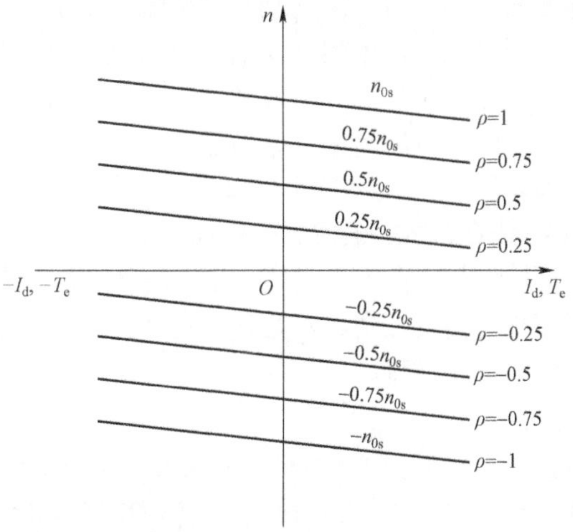

图 1.30　PWM 直流调速系统开环机械特性（$n_{0s}=U_{\mathrm{s}}/C_{\mathrm{e}}\Phi$）

1.3.3　晶闸管脉冲相位控制直流调速系统

1. 晶闸管脉冲相位控制直流调速系统介绍

汞弧整流器和闸流管是最先用来代替旋转变流机组的静止变流装置。静止变流装置传动系统克服了旋转变流机组的许多缺点，而且缩短了响应时间，但是由于汞弧整流器造价较高，体积仍然较大，维护困难，尤其是如果汞泄漏，将会污染环境。因此，应用时间不长。

1957 年大功率半导体可控整流元件晶闸管问世，使变流技术出现了根本性的变革。采用晶闸管变流装置供电的直流调速系统很快成为直流调速系统的主要形式，特别是在大功率场合。采用晶闸管变流器供电的直流调速系统叫晶闸管－电动机调速系统，简称 V－M 系统。其原理框图如图 1.31 所示，图中 V 是晶闸管变流器，它可以是任意一种整流电路。通过调节触发装置 GT 的控制电压来控制触发脉冲的相位，从而改变输出电压平均值 U_{d}，实现电动机的平滑调速。和旋转变流机组及汞弧整流器相比，晶闸管整流装置在经济性、可靠性和技术性能上都有很大的提高。晶闸管可控整流器的功率放大倍数可达 $10^4\sim10^5$，控制功率小。在

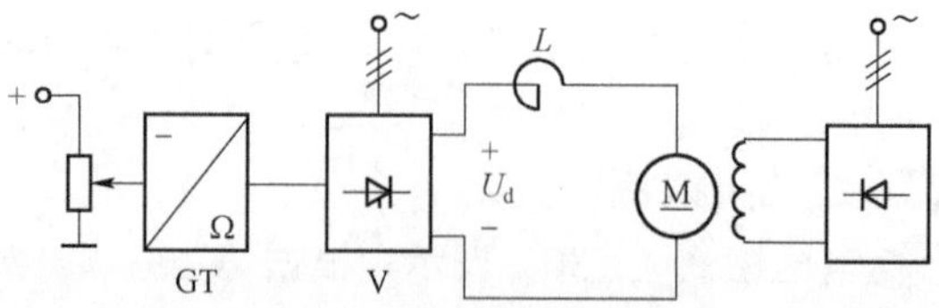

图 1.31　晶闸管–电动机调速系统原理框图（V – M 系统）

控制的快速性上也大大提高，改善了系统的动态性能。但是，晶闸管整流器也有它的缺点，主要表现在：

（1）晶闸管一般是单向导电元件，实现四象限运行需采用开关切换或正、反两组整流器供电，后者所用的变流设备要增多一倍。

（2）晶闸管元件对于过电压、过电流以及过高的 di/dt 和 du/dt 十分敏感，其中任一值超过允许值都可能在很短时间内使元件损坏。因此，必须有可靠的保护装置和符合要求的散热条件。

（3）晶闸管的控制原理决定了只能滞后触发。因此，晶闸管整流器对交流电源来说相当于一个感性负载，吸取滞后的无功电流，因此功率因数低，特别是在深调速状态，即系统在较低速运行时，晶闸管的导通角很小，使得系统的功率因数很低，并产生较大的高次谐波电流，引起电网电压波形畸变，影响附近的用电设备。如果采用晶闸管整流装置的调速系统在电网中所占容量比重较大时，将造成所谓的“电力公害”。为此，应该采取相应的无功补偿，滤波和高次谐波的抑制措施。

2. 晶闸管脉冲相位控制直流调速系统的机械特性

在介绍 V – M 系统的机械特性之前，先介绍一下晶闸管变流装置的有源逆变工作状态。

晶闸管变流装置把直流电变为交流电的过程称为逆变。若变流装置把直流电变成交流电后反送到电网，这种逆变称为有源逆变。

1）有源逆变的工作原理

为了分析晶闸管变流器的有源逆变工作情况，先来看一下直流发电机电源 E_G 向电动机供电时的功率传递情况。设电动机的反电动势为 E_M，电枢回路总电阻为 R_d，则当 $E_G > E_M$ 时，电流 $I_d = (E_G - E_M)/R_d$ 由电源 E_G 的正端输出，电源 E_G 向电动机输出功率。当 $E_G < E_M$ 时，电流 $I_d = (E_G - E_M)/R_d$ 由电源 E_G 的正端输入，电动机将机械功率转换为电功率送给发电机，电源 E_G 吸收电功率，并通过发电机的驱动电动机将能量馈还给电网，如图 1.32 所示。

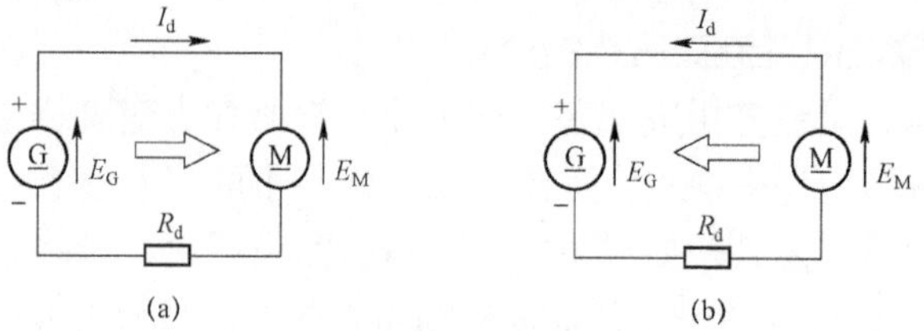

图 1.32　G–M 系统功率传送

（a）G→M；（b）G←M

对于晶闸管供电的系统，由于晶闸管的单向导电性，电流不能反向，为了让电流由晶闸管变流器电源的正端流入，电源吸收能量，必须调节控制角，使晶闸管输出的平均直流电压 U_d 反极性，同时负载电动势 E 的方向也要改变，并使 $U_d < E$，这样才能有电流 $(E - U_d)/R_d$ 流进晶闸管变流器电源电压 U_d 的正端。于是变流器电源吸收能量，而变流器另一侧接到交流电

源上，所以，变流器吸收能量并回馈到交流电网，变流器工作在有源逆变状态。问题是晶闸管变流器的输出电压 U_d 能否反向，什么情况下才能反向呢？下面以三相零式变流电路为例来分析一下。

图 1.33 所示为三相零式电路供电直流电动机带位能性负载的电路及波形图。L_p 为平波电抗器的电抗，内阻为 R_p，$L_d=L_p+L_a$ 为直流侧电感，$R_d=R_a+R_p$ 为直流侧电阻，由于电枢回路电感较大，电流连续。图 1.33（a）所示为电动机带动重物上升，反电动势 E 为上（+）下（−）。相位控制角 $\alpha=60°$ 时，输出电压波形如图 1.33（a）中 u_d，此时，平均输出电压 $U_d>0$，且 $U_d>E$，电流由晶闸管变流器电源电压 U_d 的正端流出至电动机。交流电源经变流器输出电功率，直流电动机吸收电功率转换为轴上机械功率提升重物，变流器工作于整流状态。图 1.33（b）所示为重物下降，转速反向，负载电动势变为上（−）下（+），晶闸管承受的电压为电源电压加上电动势 E。在 $\alpha=120°$ 处触发 VT_1，则 VT_1 导通，$u_d=u_A$，当 u_A 过零变负时，由于负载电动势 E 的作用，VT_1 继续导通，电感储能。在 ωt_1 处，$|u_A|>E$，由于电感储能的作用，VT_1 继续导通，直到 ωt_2 处触发 VT_2 导通，才强迫使 VT_1 关断。输出电压波形如图 1.33（b）中 u_d，显然，此时平均值 $U_d<0$，而电流方向不会变，由晶闸管变流器电源电压 U_d 的正端流入变流器，晶闸管变流器电源吸收由重物下降带动电动机所发出的直流电功率，并将直流电功率逆变为交流功率送回电网，变流器工作在有源逆变状态。

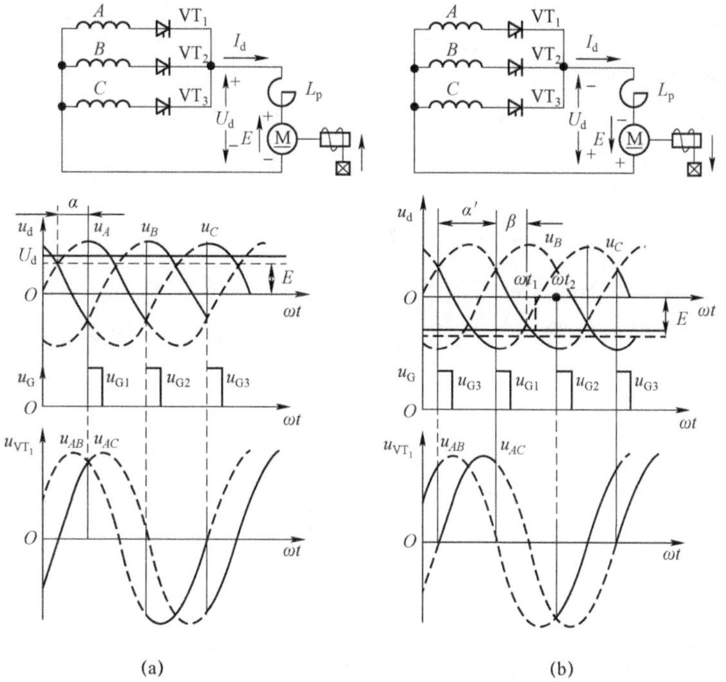

图 1.33　三相零式电路供电直流电动机带位能性负载的电路及波形图

（a）整流状态；（b）逆变状态

变流器平均输出电压 $U_d=U_{d0}\cos\alpha$，其中 U_{d0} 为 $\alpha=0°$ 时的平均输出电压。当 $\alpha<90°$ 时，U_d 为正；当 $\alpha>90°$ 时，U_d 为负，它们分别对应变流器的整流与逆变状态。变流器平均电压输出特性如图 1.34 所示。

综上所述，晶闸管变流电路有源逆变的条件如下：

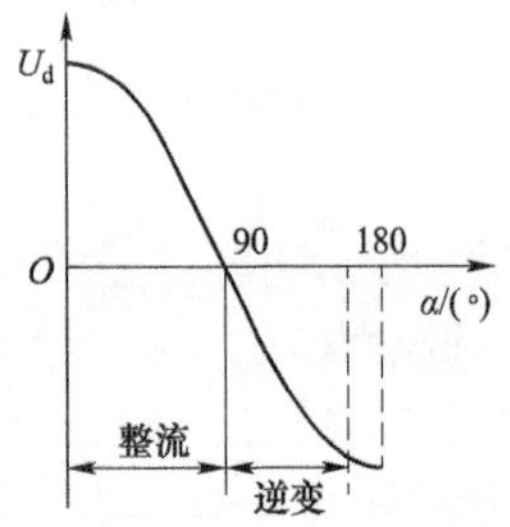

图 1.34　变流器平均电压输出特性

（1）变流器直流侧必须外接一个直流电源 E，其极性和晶闸管的导通方向一致，其值大于变流器直流侧平均电压 U_d，即 $|E|>|U_d|$。

（2）变流器直流侧应该出现一个负的直流平均电压，即 $\alpha>90°$，$U_d<0$。

定义逆变角 $\beta=180°-\alpha$，则当 $\alpha>90°$，即 $\beta<90°$ 时，变流器才能工作在逆变状态。此时，输出平均电压为

$$U_d=U_{d0}\cos\alpha=U_{d0}\cos(180°-\beta)=-U_{d0}\cos\beta$$

晶闸管变流电路工作于整流状态时，如果触发脉冲丢失，如图 1.33（a）中 u_{G2} 丢失，则原来导通的 VT_1 在电感能量放完后将承受反压而自行关断，其后果至多是出现缺相波形，直流输出电压减小。但若变流器工作在逆变状态时，情况就大不一样了。如图 1.33（b）中，u_{G2} 丢失，那么 VT_1 将继续导通，无法关断，到 ωt_1 后 $|E|>|u_A|$，晶闸管仍导通，直到 u_A 的正半周［波形如图 1.35（a）所示］，使电源瞬时电压与 E 顺极性串联，出现很大的短路电流流过晶闸管和负载，这种现象称为逆变失败。

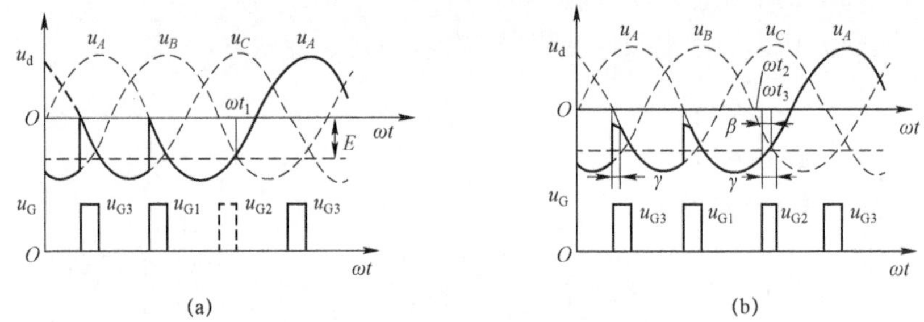

图 1.35　有源逆变换流失败波形

另一种逆变失败的原因是逆变时逆变角 β 太小。由于存在换相重叠角 γ，当 $\beta<\gamma$ 时，如图 1.35（b）中 ωt_2 时刻触发 VT_2 换相，由于 β 太小，在过 ωt_3 时刻（对应 $\beta=0°$）换流还未结束，此时 $u_A>u_B$，VT_2 承受反压而不再导通，而 VT_1 将承受正压继续导通到 u_A 的正半周，造成逆变失败。

因此为了保证逆变电路能正常工作，除了选用可靠的触发器保证不丢失脉冲外，还必须对触发脉冲的最小逆变角 β_{min} 加以限制。考虑到晶闸管换流时，电流下降到零后还必须经过关断时间（对应电角度 δ_0）才能真正关断，所以最小逆变角为

$$\beta_{min}=\gamma+\delta_0+\theta_0$$

式中，θ_0 为安全裕量角，通常取 $\beta_{min}=30°$。为了可靠防止 β 进入 β_{min} 区内，在触发电路中加一套限制保护线路，使逆变角 β 不小于 β_{min}。

2）相位控制直流调速系统的机械特性

由于电动机励磁恒定，电枢电流同电磁转矩成比例，故用转速特性来分析和表示机械特性。晶闸管相位控制传动系统工作时，电枢电流可能存在连续和断续两种情况。图 1.36 所示为由晶闸管三相零式电路供电的相位控制传动系统在电枢电流连续和断续时的工作波形。图 1.36（b）、（c）和（d）三组波形对应的触发角都是相等的。图 1.36（b）所示为负载端不加电抗器时电枢电流严重不连续的情况，此时的平均输出电压 U_d 最大。图 1.36（c）所示为

负载端串联电抗器 L_d［如图 1.36（a）中虚线所示］后电枢电流断续现象得到改善的情况，对应的平均输出电压 U_d 较图 1.36（b）情况时减少。图 1.36（d）所示为电感量较大时电流连续的波形，此时输出电压平均值 U_d 满足式 $U_d = U_{d0}\cos\alpha$。当电感量足够大时，负载电流 i_d 的波形基本平直。

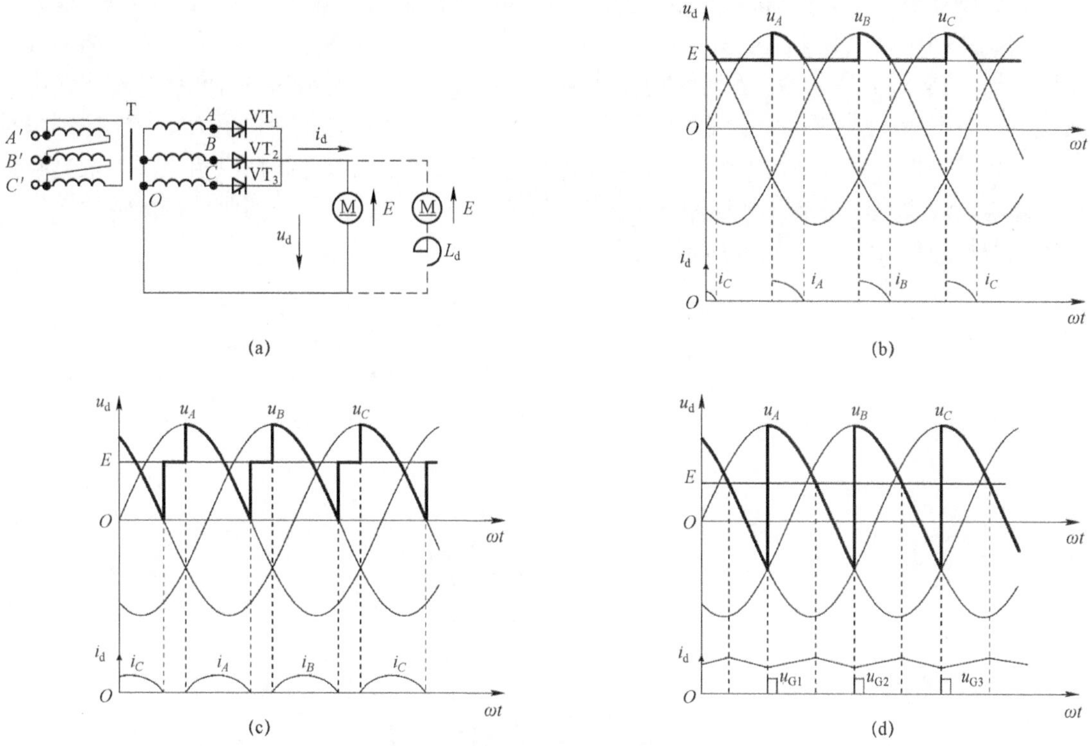

图 1.36　V－M 系统工作情况

（a）线路；（b）电流断续时工作波形；（c）电流断续状况得到改善的工作波形；（d）电流连续时工作波形

如果把变流器内部的电阻压降、晶闸管的正向压降和变流器漏抗引起的换相压降移到变流器外面，当作负载电路压降的一部分，那么变流器输出平均电压便可以用理想空载电压 U_d 来代替，相当于用图 1.37 的等效电路来代替图 1.36（a）的实际电路。于是根据图 1.37 及第 1.1 节电气传动的基础知识，可写出机械特性表达式为

$$n = \frac{1}{C_e\Phi}(U_d - RI_d) \tag{1.33}$$

式中，R 为主回路总电阻，包括变流装置总内阻、电动机电枢电阻和平波电抗器内阻。

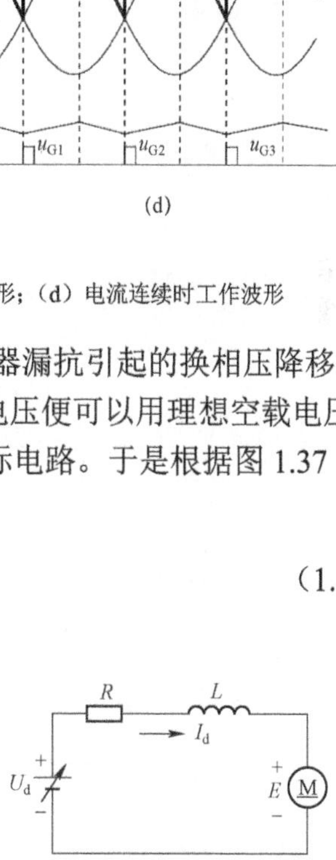

图 1.37　V－M 系统主电路等效电路

当电流连续时 $U_d = U_{d0}\cos\alpha$，其中 U_{d0} 为 $\alpha = 0°$ 时的整流电压值，其值与电路形式和供电电压有关。将 $U_d = U_{d0}\cos\alpha$ 代入式（1.33）得晶闸管相位控制传动系统在电流连续时的机械特性表达式为

$$n = \frac{1}{C_e\Phi}(U_{d0}\cos\alpha - RI_d) \tag{1.34}$$

改变控制角α得一组平行直线，如图 1.38 所示，它与由发电机向电动机供电的G－M系统的特性很相似。由于晶闸管变流器供电时存在换向等效电阻，所以机械特性要比G－M系统的特性软一些。

电流断续时机械特性方程式要复杂得多，这里只对电流断续时机械特性的变化特点做定性分析。图 1.39 所示为三相零式电路输出电压和电流波形图。图 1.39（a）、（b）和（c）的相位控制角相同，负载平均电流相同。只是由于负载中所含电感量的不同，电流断续的程度不同。图 1.39（c）所示为电流连续时工作波形，图 1.39（b）所示为电流断续时平均输出电压变大，图 1.39（a）所示为电流断续程度更严重时，平均输出电压变得更大。一个控制角对应一条机械特性，负载平均电流相同，就是横坐标相同。与电流连续情况相比，当电流断续时，随着断续程度的增加，平均输出电压变高，对应的转速就升高。因此，机械特性变软，理想空载转速变高，如图 1.38 所示。

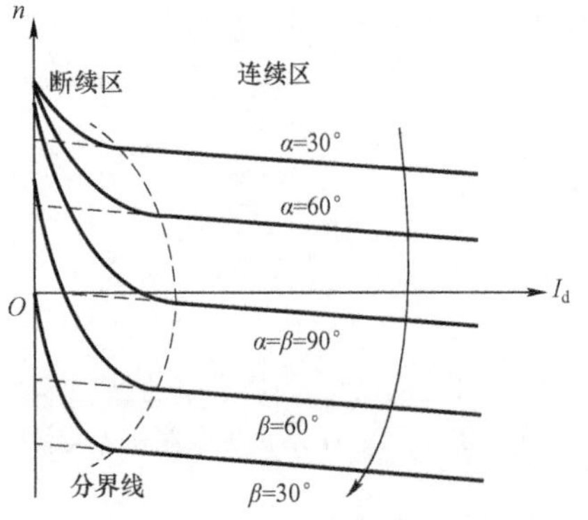

图 1.38　V－M 系统机械特性

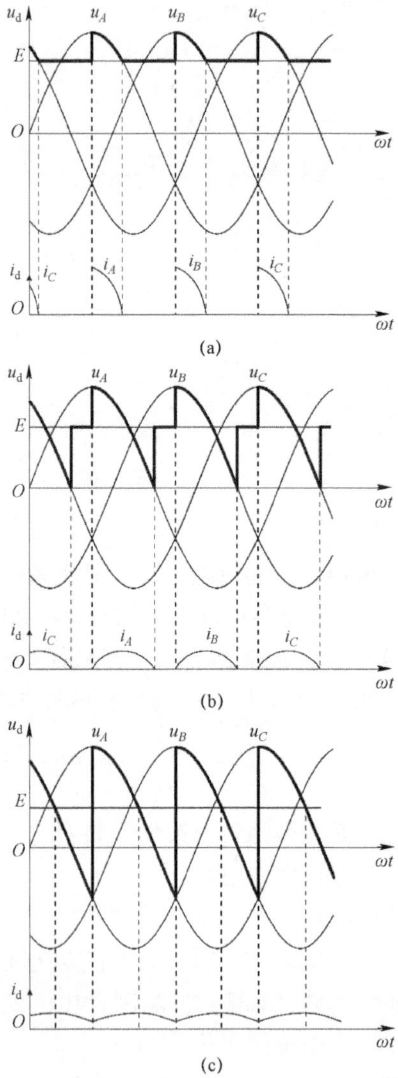

图 1.39　三相零式电路输出电压和电流波形图

（a）电流断续严重时工作波形；（b）电流断续时工作波形；（c）电流连续时工作波形

电流断续会对电动机的运行带来不利的影响，为了改善电动机的运行情况，通常在负载端串联电抗器，使电流连续区扩大。

3. 晶闸管脉冲相位控制直流可逆传动系统

电动机可逆电动运行需要电枢电流反向，电动机要快速制动也需要电枢电流反向，而晶闸管具有单向导电性，所以图 1.36（a）中只采用一组晶闸管变流器的晶闸管电动机系统不能实现可逆电动运行。若要可逆运行，必须增加切换开关，或采用两组变流器反向并联，如图 1.40 所示。电动机正转电动运行时，由正组变流器 UF 供电；电动机反转电动运行时，由反组变流器 UR 供电。另外，正转制动时 UR 工作，反转制动时 UF 工作。所以，如图 1.40 所示，V－M 系统可以在四个象限运行，即正、反向电动运行，并能在两个方向快速制动。

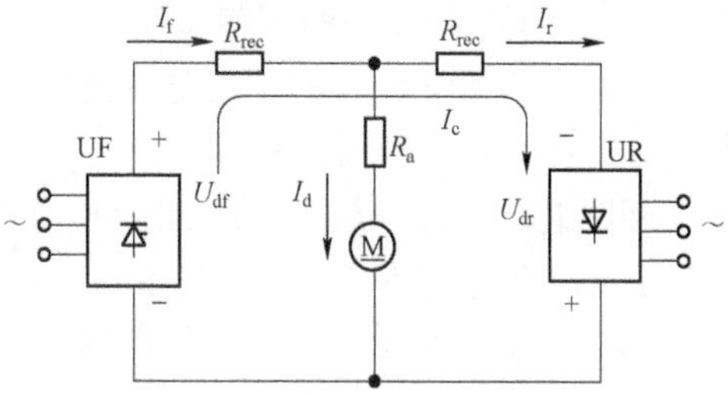

图 1.40　两组晶闸管反并联可逆线路

I_d—负载电流；I_c—环流；R_{rec}—整流装置内阻

图 1.41 所示为三相桥式反并联可逆线路。

图 1.42 所示为正组单独供电或反组单独供电的机械特性。其中第Ⅰ、Ⅳ象限为正组 UF 单独工作时的机械特性，第Ⅱ、Ⅲ象限为反组 UR 单独供电时的机械特性。

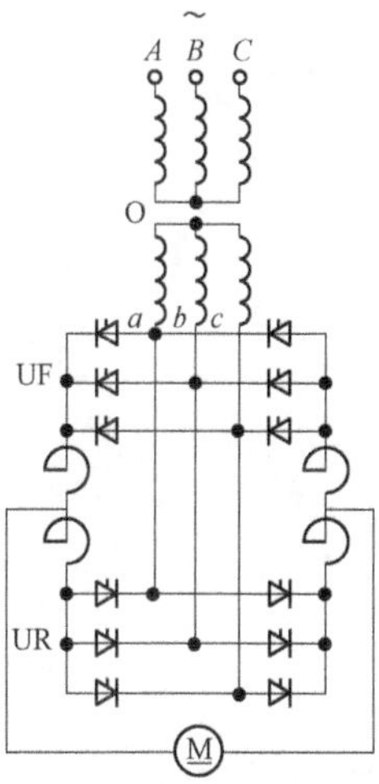

图 1.41　三相桥式反并联可逆线路

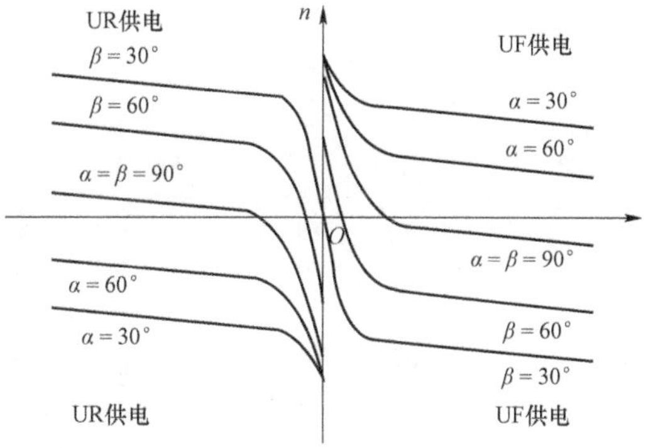

图 1.42　正组单独供电或反组单独供电的机械特性

1）两组晶闸管可逆线路中的环流问题

所谓环流，指不流过电动机或其他负载，而直接在两组变流器之间流通的短路电流，如图 1.40 所示反并联线路中的 I_c。根据环流产生的方式不同，环流又分直流环流和脉动环流。直流环流是由于正反两组变流器输出电压的平均值不同而产生。脉动环流是由于正反两组变流器输出电压的瞬时值不同而产生的。当正组 UF 和反组 UR 都处于整流状态时，两组变流器的输出电压正负顺极性相连，将造成正负电源短路，此短路电流即直流环流。短路电流往往很大，会烧坏设备，因此通常一组变流器工作在整流状态时，另一组变流器工作在逆变状态。两组变流器分别由两组独立的触发电路来控制，它们的控制角可以有不同的配合方式。当正、反两组变流器结构相同，输入的交流电压相同时，两组变流器的 U_{d0} 是相同的。如果

两组变流器的控制角相同，则它们输出的平均电压是相同的。如果整流组控制角 α 小于逆变组逆变角 β，则整流组输出电压平均值的绝对值 $|U_{d\alpha}|=|U_{d0}\cos\alpha|$ 大于逆变组输出电压平均值的绝对值 $|U_{d\beta}|=|U_{d0}\cos\beta|$，两者的差会产生直流环流。只有当 $|U_{d\beta}|\geqslant|U_{d\alpha}|$ 时，环路中的平均压差为负，由于晶闸管的单向导电性，不会有直流环流。也就是说，当整流组控制角 α 大于等于逆变组逆变角 β 时，才没有直流环流，于是消除直流环流的配合控制条件是 $\alpha\geqslant\beta$。

在 $\alpha=\beta$ 配合控制的可逆系统中，整流组输出的平均电压与逆变组输出的平均电压始终相等。但晶闸管变流器的输出电压是脉动的，整流组输出电压和逆变组输出电压的瞬时值并不相等，由此产生瞬时电压差 $\Delta u_d=u_{df}-u_{dr}$，从而产生脉动电流。图 1.43 所示为三相零式反并联可逆电路及 $\alpha=\beta=60°$ 配合控制时的波形。图 1.43（a）中虚线所示为其中的一个环流通路。由于晶闸管变流装置的内阻很小，环流回路的阻抗主要是电感，所以 i_c 不能突变，并且滞后于 Δu_d；又由于晶闸管的单向导电性，环流 i_c 只能在一个方向脉动，脉动环流存在直流分量 I_c。

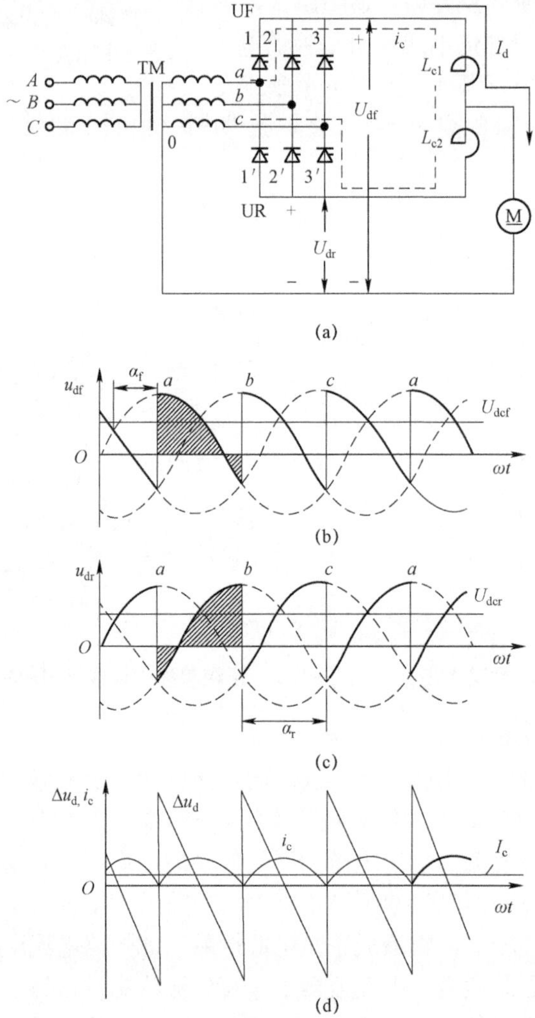

图 1.43　三相零式反并联可逆电路及 $\alpha=\beta=60°$ 配合控制时的波形

（a）主电路；（b）正组输出电压波形；（c）反组输出电压波形；（d）正反组电压差和环流波形

2）相位控制有环流可逆系统机械特性及变流组工作情况

图 1.42 所示为正反两组变流器单独向电动机供电时的机械特性。那么，正反两组变流器同时有触发控制信号时，可逆系统的机械特性是怎样的呢？现在以 $\alpha=\beta$ 配合控制为例进行分析。先分析 $\alpha_f=\beta_r=60°$ 的一条机械特性，此时，正反组分别向电动机供电时的机械特性为 $n\sim I_f$ 和 $n\sim I_r$，如图 1.44 所示，如果正反两组变流器结构相同，并且输入交流电源电压相同时，正反组变流器的 U_{d0} 是相同的。那么 $\alpha=\beta$ 配合控制时，$n\sim I_f$ 和 $n\sim I_r$ 的电流连续线性段在一条直线上。可逆系统的机械特性为转速 n 和电枢电流 I_d（或转矩）的关系，而由图 1.40 可知 I_d 是 I_f 和 I_r 的差，由此可得出合成机械特性如图 1.44 中曲线 $a-b-c$ 所示，该特性为一根穿越Ⅰ、Ⅱ象限的曲线，$\alpha=\beta$ 配合控制时，合成机械特性为一组平行的直线，与 G－M 系统类似。

$\alpha=\beta$ 配合控制的有环流可逆系统，正反两组变流器的晶闸管的门极均有触发脉冲，那么到底应该哪组变流器工作呢？

变流器有源逆变的条件为：① 变流器直流侧应该出现一个负的直流平均电压，即 $\alpha>90°$，$U_d<0$；② 变流器直流侧必须外接一个直流电源 E，其极性和晶闸管导通方向一致，其值大于变流器直流侧平均电压 U_d，即 $|E|>|U_d|$。如果 $|E|<|U_d|$，则变流器的相位控制角虽然在逆变区（$\alpha>90°$），但只处于待逆变状态。一旦条件 $|E|>|U_d|$ 满足，变流器就工作于逆变状态。同样，当变流器的相位控制角处于整流区（$\alpha<90°$），如果 $|U_d|<E$，那么变流器并不向负载提供电流，处于待整流状态。

下面分析 $\alpha=\beta$ 配合控制有环流可逆系统减速过程中，正反两组变流器的工作情况。系统原来工作在 $\alpha_f=\beta_r=30°$ 的合成机械特性的 A 点（图 1.45），正变流器组 UF 处于整流状态，其输出 $U_{df}>E$，由于 $\alpha_f=\beta_r$，$|U_{dr}|=|U_{df}|>E$，所以，反变流器组 UR 不满足逆变条件，处于待逆变状态。随着控制信号的减小，$\alpha_f=\beta_r$ 增大到 60°，正反两组变流器的输出 $|U_{df}|=|U_{dr}|$ 也相应减小。由于转速 n 不能突变，反电动势 E 也不能突变，所以就有 $|U_{df}|=|U_{dr}|<E$，反变流器组满足逆变条件，工作于逆变状态，工作点由 A 点变到 C 点，电动机处于发电制动状态，通过逆变状态的反组将能量回送电网。由于 $U_{df}<E$，正变流器组处于待整流状态，工作点位于第Ⅱ象限。随着转速 n 的减小，反电势 E 也减小，当 $U_{df}>E$ 时，正变流器组处于整流状态，反变流器组处于待逆变状态，工作点回到第Ⅰ象限，最后稳定运行于 B 点。$\alpha=\beta$ 配合控制下，负载电流可以很方便地按正反两个方向平滑过渡，在任何时侯，实际上只有一组晶闸管变流装置工作，而另一组则处于等待工作状态。

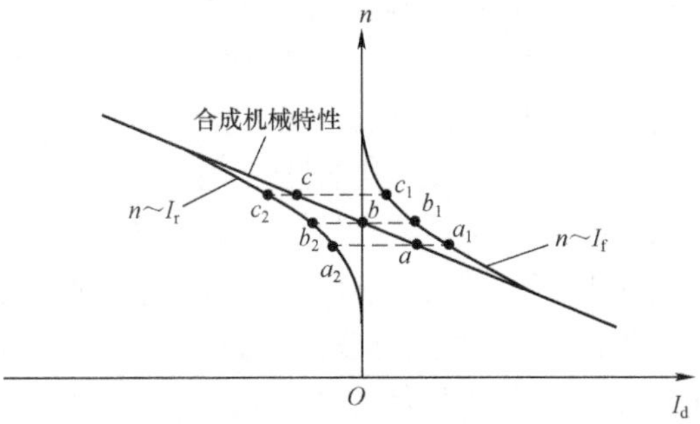

图 1.44　合成机械特性

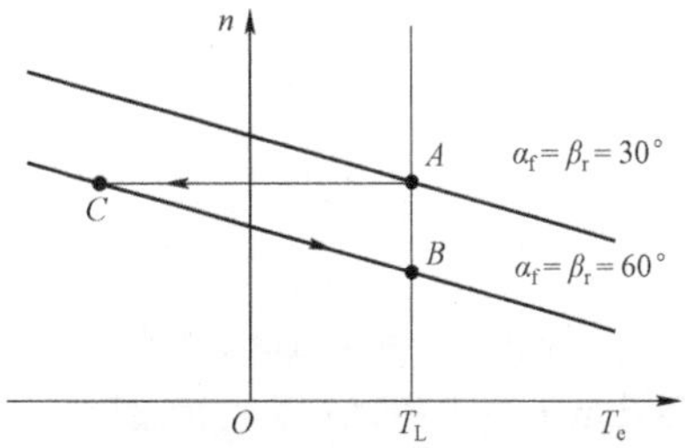

图 1.45　$\alpha=\beta$ 配合控制时可逆系统的减速制动过程

有环流可逆系统的优点是，在正反组切换时，电流能平滑连续过渡，没有动态死区，能加快过渡过程。另外，少量环流流过晶闸管作为基本负载，使电动机在空载或轻载时也能工作在电流连续区，从而避免了电流断续引起的非线性现象对系统静、动态性能的影响。其缺点是需要添置环流电抗器，损耗增大。故该系统适用于要求反向快，过渡平滑性要求较高的中、小容量系统。

3）相位控制无环流可逆系统

环流不经过负载，使损耗增大，对于反向过程要求不很高的系统，特别是对大容量系统，从运行的可靠性出发，常采用既没有直流环流又没有脉动环流的无环流可逆系统。无环流可逆系统有两类，即逻辑无环流系统和错位无环流系统。

逻辑无环流可逆系统中，当一组变流器工作时，用逻辑电路封锁另一组变流器中晶闸管的触发脉冲，确保两组变流器不同时工作，从根本上切断了环流的回路。

在分析有环流可逆系统中，脉动环流的大小将随 $\alpha > \beta$ 的程度加大而减少。实际上当 α 和 β 错开到一定程度时，就不会出现脉动环流。将两组触发脉冲错开得比较远，杜绝脉动环流的产生，这就是错位无环流可逆系统。

可逆系统到底工作在有环流状态还是无环流状态，无环流系统如何实现无环流，都要靠控制电路来实现。1.6 节将讨论有环流可逆电气传动系统的闭环控制问题，而逻辑无环流可逆系统和错位无环流可逆系统的闭环控制问题，可参阅参考文献[1]。

1.3.4 直流开环调速系统的传递函数和动态结构图

1. 晶闸管变流电源的传递函数

晶闸管触发变流装置的输入量是触发控制电压 U_{ct}，输出量是变流器理想空载输出电压 U_d。实际上触发电路和变流装置都是非线性的，在一定的工作范围内可近似成线性，输出和输入之间的放大系数 K_s 可用实验方法来测出。如果把放大系数 K_s 看成常数，则晶闸管触发变流装置可以看成是一个具有纯滞后的放大环节，其滞后作用是由晶闸管变流装置的失控时间引起的。

晶闸管一旦导通后就不再受控，直到该元件关断为止，因此造成整流电压滞后于控制电压的状况。图 1.46 所示为单相全波整流电路电阻负载时输出电压 u_d 及控制电压 U_{ct} 的波形。

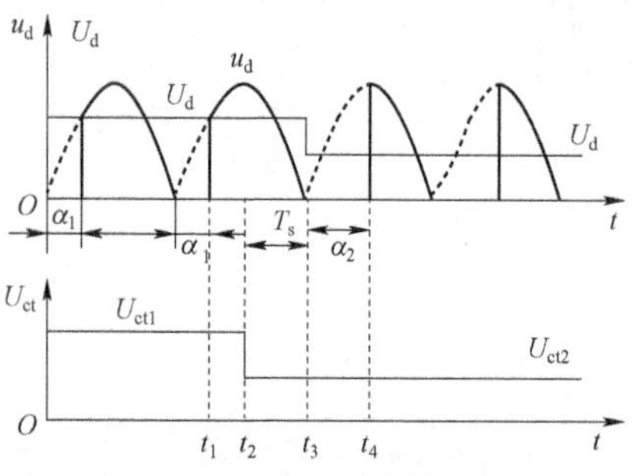

图 1.46 单相全波整流电路电阻负载时输出电压 U_d 及控制电压 U_{ct} 的波形

假设原来的控制电压为 U_{ct1}，对应控制角 α_1，如果控制电压在 t_2 时刻变为 U_{ct2}，对应控制角 α_2。但由于晶闸管已经导通，U_{ct} 的改变不能马上对它起作用。在 t_4 时刻另一对晶闸管才导通，平均整流电压 U_d 才改变。假设平均整流电压是在自然换相点变化的，则从 U_{ct} 发生变化到 U_d 发生变化之间的时间 T_s 便是失控时间。

显然失控时间 T_s 是随机的，它的大小随 U_{ct} 发生变化的时刻而改变，最大可能的失控时间就是两个自然换相点之间的时间，它与交流电源频率和整流电路形式有关，最大滞后时间为

$$T_{s\max} = 1/mf \tag{1.35}$$

式中　f——交流电源频率，Hz；

m——一周内整流电压的波头数。

一般情况下，取 $T_s = \frac{1}{2} T_{s\max}$，并认为是常数。电源频率为 50 Hz 时，单相桥式整流电路的 $T_s = 5$ ms，三相桥式整流电路的 $T_s = 1.67$ ms。

用单位阶跃函数来表示滞后，则晶闸管触发整流装置的输入输出关系为

$$U_d = K_s U_{ct} \cdot 1(t - T_s)$$

按拉氏变换的位移定理，则传递函数为

$$\frac{U_d(s)}{U_{ct}(s)} = K_s \mathrm{e}^{-T_s s} \tag{1.36}$$

按照自动控制原理，将传递函数中的 s 换成 $\mathrm{j}\omega$，即得到相应的幅相频率特性。所以

$$\frac{U_d(\mathrm{j}\omega)}{U_{ct}(\mathrm{j}\omega)} = K_s \mathrm{e}^{-\mathrm{j}\omega T_s}$$

$$= \frac{K_s}{\left(1 - \frac{1}{2}T_s^2\omega^2 + \frac{1}{24}T_s^4\omega^4 - \cdots\right) + \mathrm{j}\left(T_s\omega - \frac{1}{6}T_s^3\omega^3 + \cdots\right)}$$

若 $\frac{1}{2}T_s^2\omega^2 \ll 1$ 及 $\frac{1}{6}T_s^3\omega^3 \ll T_s\omega$，则晶闸管变流装置的传递函数可以近似看成一阶惯性环节

$$\frac{U_d(s)}{U_{ct}(s)} = \frac{K_s}{T_s s + 1} \tag{1.37}$$

从工程观点上看，只要 $A \leqslant 1/10$ 就认为 $A \ll 1$ 了，所以，当 $T_s^2\omega^2/2 \leqslant 1/10$，即 $\omega \leqslant 1/\sqrt{5}T_s = 1/2.24T_s$，亦即系统的频带 ω_b 小于 $1/2.24T_s$ 时，式（1.37）成立。

一般，系统开环频率特性的交接频率 ω_c 略低于闭环频率特性的频带 ω_b，故近似条件可写成

$$\omega_c \leqslant 1/3T_s \tag{1.38}$$

2. 电动机的动态结构图

1）电流连续时直流电动机动态结构图

直流电动机等效电路如图 1.47 所示，其中 U_d 为晶闸管变流器输出电压，I_d 为电枢电流，R 和 L 为电枢回路的总电阻和总电感，T_e 和 T_L 为电磁转矩和负载转矩，n 为电动机转速，E 为反电动势。由图 1.47 可列出微分方程式为

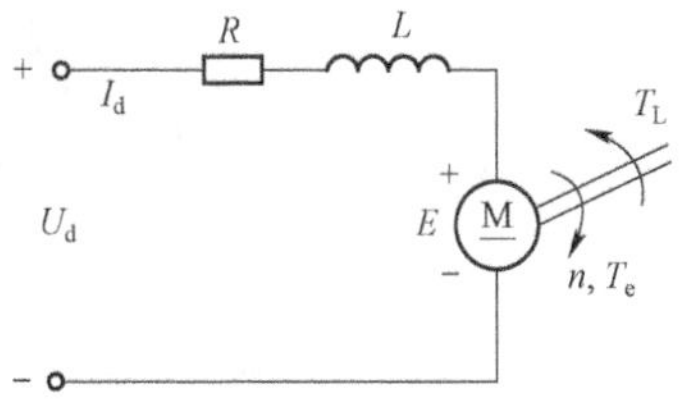

图 1.47　直流电动机等效电路

$$U_d = RI_d + L\mathrm{d}I_d/\mathrm{d}t + E$$

$$T_e - T_L = (GD^2/375)\,\mathrm{d}n/\mathrm{d}t$$

并且有

$$E = C_e\Phi n$$

$$T_e = C_m\Phi I_d$$

对上述式子做拉氏变换，得

$$\begin{cases} U_d(s)=(Ls+R)I_d(s)+E(s) \\ T_e(s)-T_L(s)=(GD^2/375)sn(s) \\ E(s)=C_e\Phi n(s) \\ T_e(s)=C_m\Phi I_d(s) \end{cases} \tag{1.39}$$

定义 $T_1=L/R$ 为电枢回路电磁时间常数，而机电时间常数 $T_m=GD^2R/375\,C_eC_m\Phi^2$，考虑负载转矩 $T_L=C_m\Phi I_{dL}$，其中 I_{dL} 是与负载转矩成比例的一个量，也称负载电流，可画出结构图如图 1.48（a）所示。该结构图可整理成图 1.48（b）的形式。

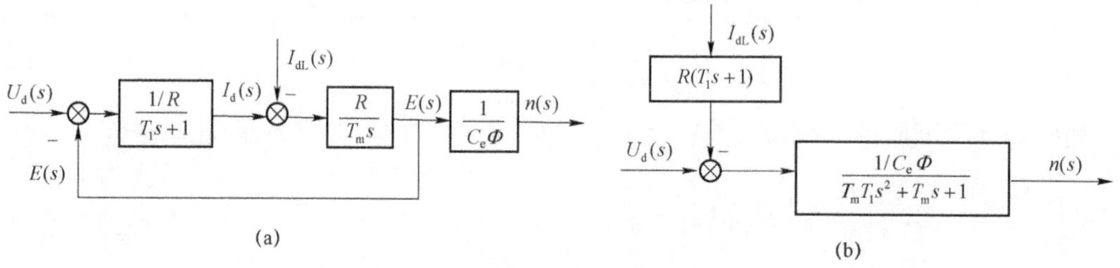

图 1.48　电流连续时电动机动态结构图

（a）结构图；（b）整理后的结构图

2）电流断续时直流电动机动态结构图

电枢电流断续时，V－M 系统的机械特性和电流连续时相比有明显的差异。电流断续时，变流装置的外特性变陡，其等效内阻增大，相当于电枢回路的总电阻由原来的 R 增大到 R'。另外，电流连续时，由于时间常数 T_1 的存在，从整流电压 U_d 突变到平均电枢电流 I_d 的响应不可瞬时完成，而是如图 1.49（a）那样按指数规律变到稳态值。而电流断续时，情况就不同了，由于电感对电流的延续作用已经在一个波头内结束，平均电压突变后，下一个波头的平均电流也立即变化，如图 1.49（b）所示。因此，从整流电压与电流平均值的关系上看，相当于 T_1=0，此时，两者之间成比例关系。图 1.48（a）的结构图变为图 1.50（a），也可简化为图 1.50（b），其中 $T_m'=GD^2R'/375C_e\Phi C_m\Phi$，$R'$ 为电流断续时电枢回路等效总电阻。

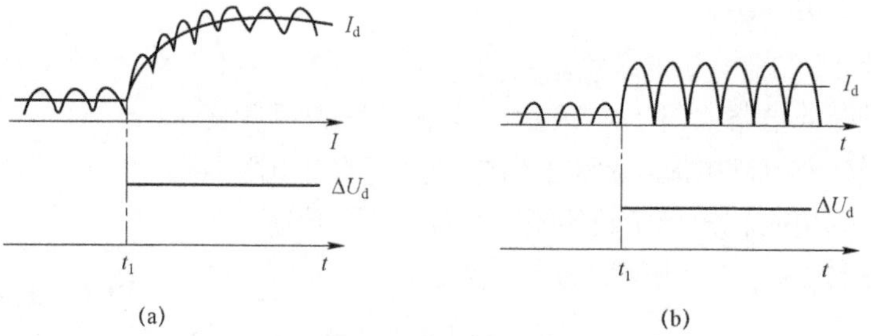

图 1.49　电流连续和断续时的电流响应

（a）电流连续时电流响应；（b）电流断续时电流响应

显然电流连续时和断续时，电动机的动态结构图差别很大。如果一个系统不是全部工作在电流连续区，那么，控制系统设计时，常采取相应的补偿措施以适应电流断续引起的结构和参数变化。

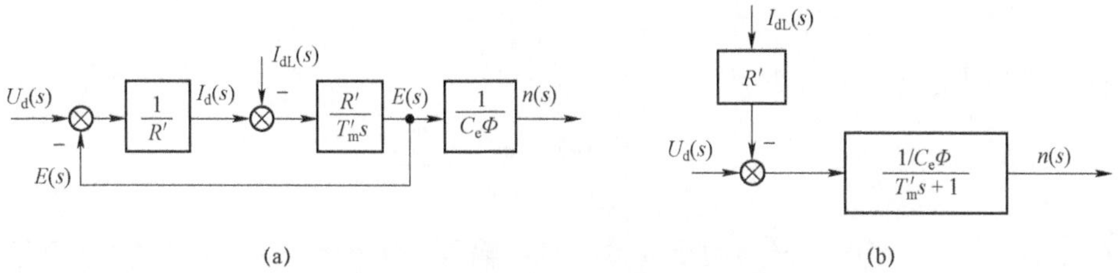

图 1.50 电流断续时电动机动态结构图

(a) 结构图；(b) 简化后的结构图

3. 脉冲宽度调制变换器的传递函数

根据脉冲宽度调制变换器的工作原理，当控制电压 U_{ct} 改变时，PWM 变换器的输出电压 U_d 要到下一个周期才能改变，它的延时最大不超过一个开关周期 T 。由于脉宽调速系统中，PWM 变换器的开关频率较高，开关周期 T 较小，常将 PWM 变换器的滞后环节看成一阶惯性环节，于是 PWM 变换器的传递函数为

$$W_{PWM}(s)=\frac{K_{PWM}}{Ts+1} \tag{1.40}$$

有时还可将它作为一个比例环节，即

$$W_{PWM}(s)=K_{PWM} \tag{1.41}$$

式中，$K_{PWM}=\frac{U_d}{U_{ct}}$ 为变换器放大系数。

1.4 单闭环直流电动机调速系统

1.4.1 闭环调速系统常用调节器

在介绍闭环调速系统之前，首先介绍电气传动控制常用调节器。

带强负反馈的集成电路运算放大器具有高稳定度的电压放大系数，它可以很方便地实现信号的叠加（综合）、微分、积分等运算，它有着很高的输入阻抗和较低的输出阻抗，容易实现线路的匹配。在模拟控制的电气传动系统中，多采用线性集成运算放大器作为系统的调节器。

1. 调节器的传递函数

运算放大器作调节器使用时，多数接成反号放大线路，如图 1.51 所示，其中 Z_0 为输入阻抗，Z_1 为反馈阻抗，Z_{bal} 为同相输入端的平衡阻抗，用以降低放大器失调电流的影响。由于运算放大器的开环放大倍数很大，不论输入和反馈阻抗为何形式，放大器的反号输入端（图 1.51 中 A 点）的电位近似于零，称 A 点为虚地点，于是

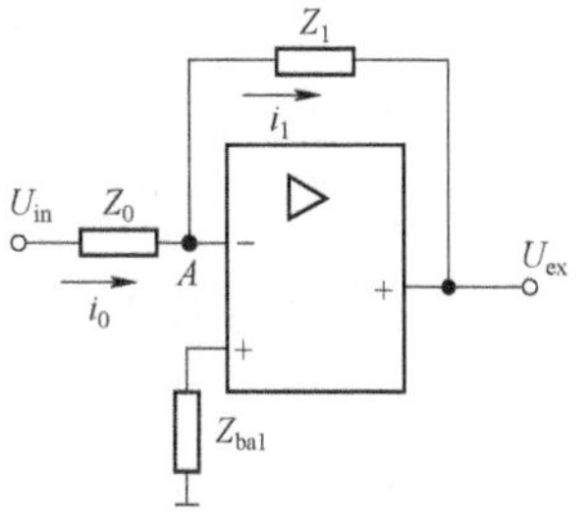

图 1.51 运算放大器构成的调节器

$$i_0=U_{in}/Z_0,\quad i_1=U_{ex}/Z_1$$

又由于放大器的输入电阻很大，经过 A 点输入放大器的电流也接近于零，因此

$$i_0 = i_1$$

所以调节器的传递函数$W(s)$可写成

$$W(s)=\frac{U_{ex}(s)}{U_{in}(s)}=\frac{i_1Z_1}{i_0Z_0}=\frac{Z_1}{Z_0} \tag{1.42}$$

应该注意的是，运算放大器使用反向输入时，输入电压U_{in}和输出电压U_{ex}的极性是相反的，在实际线路的设计中应予考虑。

当运算放大器的反向输入端有两个输入信号时［图 1.52（a）］，由于 A 点的$\Sigma i=0$，可得

$$\frac{U_{in1}(s)}{Z_{01}}+\frac{U_{in2}(s)}{Z_{02}}=\frac{U_{ex}(s)}{Z_1}$$

此时，输出

$$\begin{aligned}U_{ex}(s)&=\frac{Z_1}{Z_{01}}U_{in1}(s)+\frac{Z_1}{Z_{02}}U_{in2}(s)\\&=\frac{Z_1}{Z_{01}}\left[U_{in1}(s)+\frac{Z_{01}}{Z_{02}}U_{in2}(s)\right]\end{aligned} \tag{1.43}$$

当$Z_{01}=Z_{02}$时

$$U_{ex}(s)=\frac{Z_1}{Z_{01}}[U_{in1}(s)+U_{in2}(s)] \tag{1.44}$$

图 1.52（b）和图 1.52（c）所示为结构图。可见，运算放大器具有信号综合的作用。

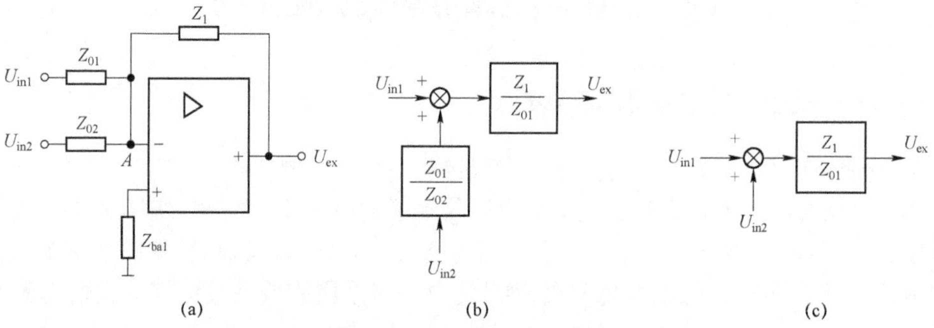

图 1.52　综合多个信号的调节器

（a）原理图；（b）结构图 $Z_{01}\neq Z_{02}$；（c）结构图 $Z_{01}=Z_{02}$

2. 常用调节器

1）比例（P）调节器

比例调节器如图 1.53（a）所示。传递函数$W_P(s)$为

$$W_P(s)=\frac{U_{ex}(s)}{U_{in}(s)}=\frac{R_1}{R_0}=K_P \tag{1.45}$$

这是一个纯比例调节器，输出信号以一定比例复现输入信号，当输入信号U_{in}为阶跃函数时，输出信号U_{ex}也是阶跃函数，其幅值是U_{in}的K_P倍，如图 1.53（b）所示。

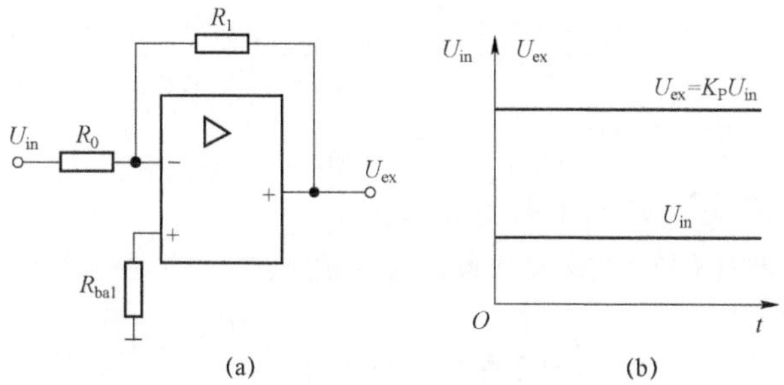

图 1.53　比例调节器

（a）原理图；（b）阶跃响应

2）积分（I）调节器

图 1.54（a）所示为积分调节器，传递函数 $W_I(s)$ 为

$$W_I(s)=\frac{U_{ex}(s)}{U_{in}(s)}=\frac{1/C_1s}{R_0}=\frac{1}{C_1R_0s}=\frac{1}{\tau_Is} \tag{1.46}$$

式中，$\tau_I=C_1R_0$ 为积分时间常数。积分调节器的输出为 $|U_{ex}|=\frac{1}{\tau_I}\int|U_{in}|\,dt$，其阶跃响应为 $U_{ex}=(t/\tau_I)\cdot U_{in}$，是一条随时间线性增长的直线。但积分调节器的输出量不可能无限制地增长，它要受到电源电压或输出限幅电路的限制，输出响应如图 1.54（b）所示。积分调节器的输出特性有以下特点：

① 在线性区，只要 $U_{in}\neq0$，U_{ex} 总要逐渐增长。

② 只有 $U_{in}=0$ 时，U_{ex} 才不增长，并保持为某一固定值。

③ 当 U_{in} 变极性后，U_{ex} 才能减小。

输出达到饱和值时，必须等输入信号 U_{in} 变极性后，输出 U_{ex} 才能减小，调节器才能退饱和，即积分调节器有积累和记忆作用。只要输入端有信号，积分就会进行，直至输出达到饱和值。在积分过程中，如果突然使输入信号为零，其输出将保持在输入信号为零瞬间前的输出值。

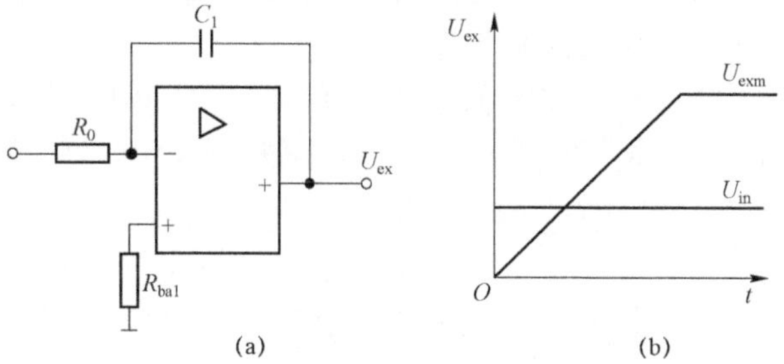

图 1.54　积分调节器

（a）原理图；（b）阶跃响应

3）比例积分（PI）调节器

比例积分调节器如图 1.55（a）所示。传递函数 $W_{PI}(s)$ 为

$$W_{PI}(s)=\frac{U_{ex}(s)}{U_{in}(s)}=\frac{R_1+1/C_1s}{R_0}=\frac{R_1}{R_0}+\frac{1}{R_0C_1s}$$

$$=K_P+\frac{1}{\tau_I s}=K_P+\frac{K_P}{\tau s}=K_P\ \frac{\tau s+1}{\tau s} \quad (1.47)$$

式中 τ_I——PI 调节器的积分时间常数，$\tau_I=C_1R_0$；

τ——PI 调节器的超前时间常数，$\tau=C_1R_1$；

K_P——PI 调节器比例部分放大系数，$K_P=R_1/R_0$。

比例积分调节器的输出为 $|U_{ex}|=K_P|U_{in}|+\frac{K_P}{\tau}\int|U_{in}|dt$，阶跃响应为 $U_{ex}=(K_P+t/\tau_I)\cdot U_{in}$，如图 1.55（b）所示。输出由比例和积分两部分组成，当加入输入信号时，调节器的输出先跳变到 K_PU_{in}，再按积分作用，随时间线性增长。同样，当调节器深饱和后，必须等输入信号变号，才能使调节器退饱和。

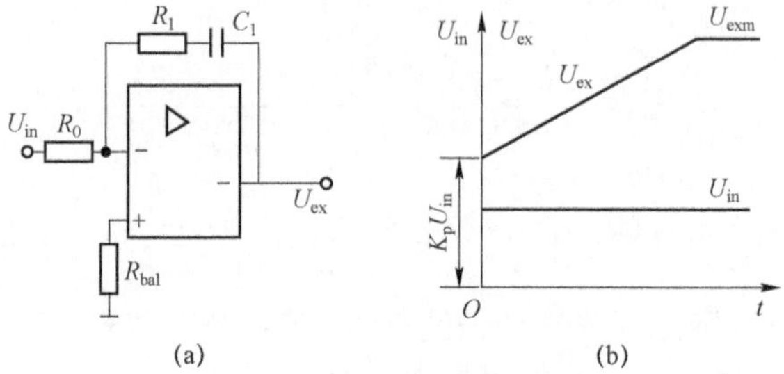

图 1.55 比例积分调节器

（a）原理图；（b）阶跃响应

在电气传动系统中，还使用比例－积分－微分（PID）调节器、比例－微分－惯性（PDT）调节器等，设计分析时可参考有关书籍，在此就不一一赘述。

3. 调节器辅助电路

1）输出限幅电路

调节器在实际应用中往往带有输出限幅电路，以满足电气传动系统的某些要求，比如，可逆控制系统中最小触发角 α_{min} 和最小逆变角 β_{min} 的限制等，这些将在本章以后各节中详细分析。输出限幅电路有外限幅和内限幅两类。

图 1.56 所示为利用二极管钳位的外限幅电路或称输出限幅电路，其中二极管 VD_1 和电位器 R_{P1} 提供正限幅，VD_2 和 R_{P2} 提供负限幅，电阻 R_{lim} 是限幅时的限流电阻。正限幅电压 $U_{exm}^+=U_M+\Delta U_{VD}$，负限幅电压 $|U_{exm}^-|=|U_N|+\Delta U_{VD}$，其中 U_M 和 U_N 分别表示电位器滑动到 M 点和 N 点的电位，ΔU_{VD} 是二极管的正向压降。调节电位器 R_{P1} 和 R_{P2} 可以任意改变正、负限幅值。

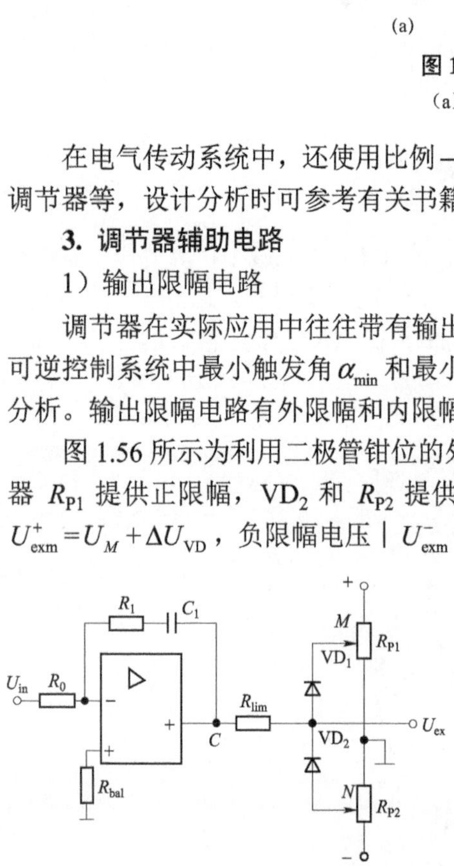

图 1.56 二极管钳位的外限幅电路

2）封锁电路

带有积分环节的调节器在实际应用中，在零输入条件下往往出现漂移，引起传动系统“爬行”。为了防止漂移输出引起传动系统的误动作，常在积分反馈支路上并联一支场效应开关管 VT。在停车状态下，栅极 G 加正信号，使源极 S 和漏极 D 沟通，将调节器封锁，使其输出为零。在工作状态下，栅极 G 加负信号，场效应管 VT 被关断，使调节器投入正常工作。

3）输入滤波电路

含输入滤波电路的 PI 调节器如图 1.57（a）所示，可以推导得到这类调节器的传递函数。

$$\frac{U_{\text{ex}}(s)}{U_{\text{in}}(s)}=K_{\text{p}}\frac{\tau s+1}{\tau s}\cdot\frac{1}{T_0 s+1} \tag{1.48}$$

式中定义了滤波时间常数

$$T_0=\frac{1}{4}R_0C_0 \tag{1.49}$$

相当于在原来 PI 调节器的基础上，串联了一个小惯性环节，结构图如图 1.57（b）所示。

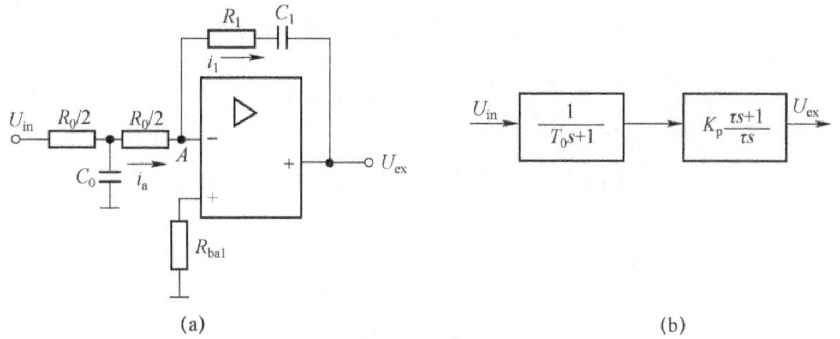

图 1.57　含滤波输入的 PI 调节器

（a）原理图；（b）结构图

1.4.2　单闭环直流调速系统

1.3 节介绍的开环调速系统可实现一定范围的无级调速，而且开环调速系统的结构简单，但实际工作机械常要求较高的调速性能指标。开环调速系统往往不能满足工作机械对性能指标的要求。例如，某龙门刨床工作台拖动系统采用 Z_2-93 型直流电动机，额定参数为 60 kW、220 V、305 A、1 000 r/min，要求调速性能指标 D=20，$s\leqslant5\%$。如果采用 V－M 系统，已知主回路总电阻 R=0.18 Ω，电动机的 $C_{\text{e}}\varPhi$=0.2 V/(r/min)，则当电流连续时，在额定负载时的转速降为

$$\Delta n_{\text{nom}}=I_{\text{dnom}}R/C_{\text{e}}\varPhi=305\times0.18/0.2=275\text{（r/min）}$$

则开环系统机械特性连续段在额定转速时的静差率为

$$\begin{aligned}s_{\text{nom}}&=\Delta n_{\text{nom}}/(n_{\text{nom}}+\Delta n_{\text{nom}})\\&=275/(1\,000+275)=0.216=21.6\%\end{aligned}$$

额定转速时的静差率已大大超过 $s\leqslant5\%$的要求，调速范围低速时就更不满足要求了。

开环系统不满足静态指标的原因是静态速降太大，即负载变化时，转速变化太大。根据反馈控制原理，要稳定哪个参数，就引哪个参数的负反馈，与恒值给定相比较，构成负反馈闭环系统，因此引入转速负反馈，构成闭环调速系统。

1. 单闭环有静差调速系统的组成及静特性

与电动机同轴安装一台测速发电机 TG，从而引出与转速成正比的负反馈电压 U_n，与转

速给定电压 U_n^* 相比较后，得到偏差电压 ΔU_n，经过比例调节器放大产生触发装置 GT 的控制电压 U_{ct}，用以控制电动机转速，这就组成了反馈控制的闭环系统，其原理图如图 1.58 所示。由于被调量是转速，所以称这种系统为调速系统。

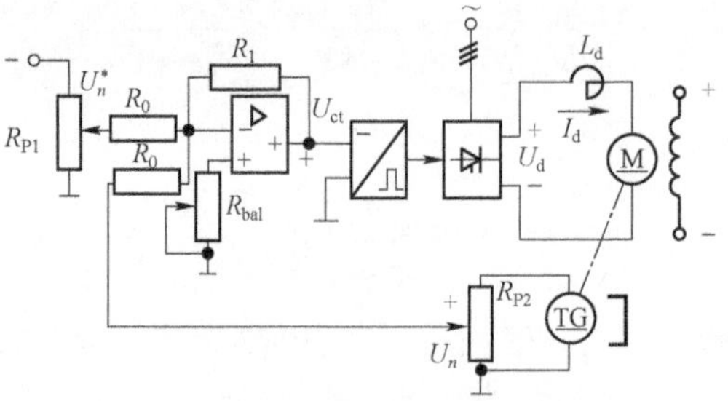

图 1.58　单闭环有静差调速系统原理图

为了突出主要矛盾，在分析系统静特性时，先做如下假定：① 忽略各种非线性因素，假定各环节的输入输出关系都是线性的；② 假定系统只工作在 V－M 系统开环机械特性的连续段；③ 忽略直流电源及电位器内阻。这样图 1.58 系统中各环节的关系如下：

电压比较环节	$\Delta U_n = U_n^* - U_n$
比例调节器	$U_{ct} = K_p \Delta U_n$
晶闸管触发整流装置	$U_d = K_s U_{ct}$
V－M 系统开环机械特性	$n = (U_d - I_d R)/C_e \Phi$
测速发电动机	$U_n = \alpha_n n$

以上各关系式中

K_p——比例调节器放大系数；

K_s——晶闸管触发–整流装置的放大系数；

α_n——测速反馈系数，单位为 V/(r/min)；

其余各量如图 1.58 所示。

由上述关系式，可得闭环系统的静态结构图如图 1.59 所示。由静态结构图可求得转速负反馈闭环调速系统的静特性方程式

$$n = \frac{K_p K_s U_n^* - I_d R}{C_e \Phi (1 + K_p K_s \alpha_n / C_e \Phi)} = \frac{K_p K_s U_n^*}{C_e \Phi (1+K)} - \frac{R I_d}{C_e \Phi (1+K)} \tag{1.50}$$

式中，$K = K_p K_s \alpha_n / C_e \Phi$ 为闭环系统的开环放大倍数，它是系统各环节放大系数的乘积。

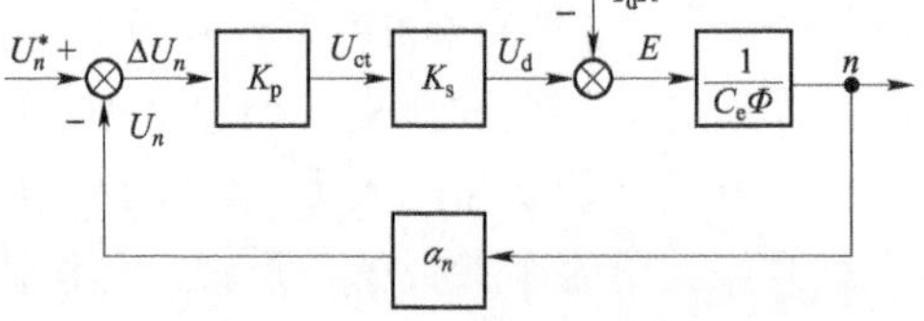

图 1.59　单闭环有静差调速系统静态结构图

下面比较一下开环系统的机械特性和闭环系统的静特性。如果断开图 1.58 系统的反馈回

路，则相应的开环机械特性为

$$n=\frac{U_d-I_dR}{C_e\Phi}=\frac{K_pK_sU_n^*}{C_e\Phi}-\frac{RI_d}{C_e\Phi}=n_{0op}-\Delta n_{op} \quad (1.51)$$

而闭环系统的静特性可写成

$$n=\frac{K_pK_sU_n^*}{C_e\Phi(1+K)}-\frac{RI_d}{C_e\Phi(1+K)}=n_{0cl}-\Delta n_{cl} \quad (1.52)$$

式中，n_{0op} 和 n_{0cl} 分别表示开环和闭环系统的理想空载转速；Δn_{op} 和 Δn_{cl} 分别表示开环和闭环系统的静态速降。比较式（1.51）和式（1.52）可以得到如下结论：

闭环系统的静特性的硬度可以比开环系统的机械特性的硬度大大提高；对于具有相同理想空载转速的开环和闭环两条特性，则闭环系统的静差率是开环系统静差率的 $1/(1+K)$倍；由于闭环系统静特性的静差率小，所以当要求的静差率指标一定时，闭环系统的调速范围提高了。

本节开始给出的例子中，要满足 $D=20$，$s\leqslant 5\%$的指标要求，须有

$$\Delta n_{cl}=\frac{n_{nom}s}{D(1-s)}\leqslant\frac{1\,000\times 0.05}{20\times(1-0.05)}=2.63\ (\text{r/min})$$

则　$K=\Delta n_{op}/\Delta n_{cl}-1\geqslant 275/2.63-1=103.6$

若已知 V－M 系统参数为 $C_e\Phi=0.2$ V/(r/min)，$K_s=30$，$\alpha_n=0.015$ V/(r/min)，则

$$K_p=\frac{K}{K_s\alpha_n/C_e\Phi}\geqslant\frac{103.6}{30\times 0.015/0.2}=46$$

即只要比例放大器的放大系数大于或等于 46，闭环系统就能满足静态性能指标。

调速系统的稳态速降是由电枢回路电阻压降引起的，系统闭环后这个电阻并没有减小，那么闭环系统静特性变硬的实质是什么呢？

闭环系统装有反馈装置，转速稍有降落，转速反馈电压就感测出来了，通过比较和放大，提高晶闸管装置的输出电压 U_d，使系统工作在新的机械特性上，因而转速又有所回升。如图 1.60 所示，设原来工作点为 A，负载电流为 I_{d1}，当负载增大到 I_{d2} 时，由于 $I_{d2}>I_{d1}$，$\mathrm{d}n/\mathrm{d}t<0$，转速要下降，转速反馈电压 U_n 也要下降，使 ΔU_n 增大，通过放大后，使 U_d 增大到 U_{d2}，电动机工作在 U_{d2} 对应的机械特性上的 B 点。而当负载电流由 I_{d1} 变为 I_{d2} 后，开环调速系统的转速却要沿电压 U_{d1} 对应的机械特性降落到 A' 点对应的转速值。显然，闭环静态速降比开环时小得多。这样，在闭环系统中，每次增加一点负载，就相应地自动提高一点整流电压，因而就改变一条机械特性，反之亦然。闭环系统的静特性就是在许多开环机械特性上各取一个相应的工作点（A、B、C、D），再由这些点连接而成的，如图 1.60 所示。所以，闭环系统静特性变硬的实质是闭环系统的自动调节作用，即闭环系统通过自动改变 U_d 的输出来补偿因负载变化引起的速降。

该转速闭环调速系统具有以下三个基本特征：

（1）具有比例调节器的负反馈闭环系统是有静差的。由于比例调节器的放大倍数不可能无穷大，比例调节器的输出是靠输入偏差来维持的，不可能消除静差。这样的调速系统叫作有静差调速系统。实际上，这种系统正是依靠被调量偏差的变化才能实现自动调节作用的。

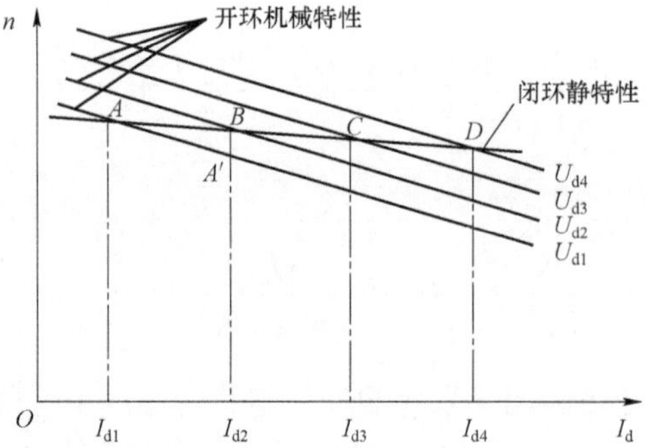

图 1.60　闭环系统静特性和开环机械特性的关系

（2）负反馈闭环控制系统具有良好的抗干扰性能，它对于被负反馈环包围的前向通道上的一切扰动作用都能有效地加以抑制。

除给定信号外，作用在控制系统上的一切会引起被调量变化的因素都叫“扰动作用”。前面分析了负载变化引起转速降这样一种扰动作用，实际上，在图 1.61 中，作用在前向通道上的任何一种扰动作用的影响都会被测速发电机测出来，通过反馈作用，减小它们对静态转速的影响。所以在设计系统时，一般只考虑一种主要扰动作用，例如在调速系统中只考虑负载扰动作用，按照克服负载扰动的要求进行设计，则其他扰动也就自然都受到抑制了。

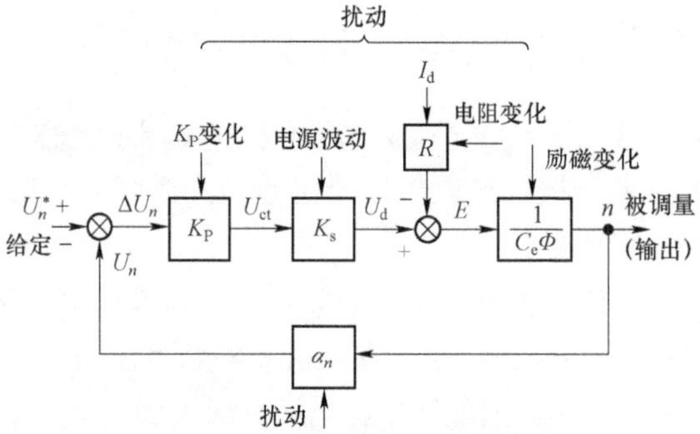

图 1.61　闭环调速控制系统的给定和扰动作用

（3）反馈闭环控制系统对给定信号和检测装置中的扰动无能为力。

如果给定信号发生了不应有波动，则被调量也要跟着变化，反馈控制系统无法判别是正常的调节给定电压还是给定信号的扰动。因此，闭环调速系统的精度依赖于给定信号的精度。另外，如果反馈检测元件本身有误差，反馈电压 U_n 也要改变，通过调节作用，会使电动机转速偏离原应保持的数值。因为实际转速变化引起的反馈电压 U_n 的变化与其他因素（如测速机励磁变化、换向纹波等）引起的反馈电压 U_n 的变化，反馈控制系统是区分不出的。因此，闭环系统的精度还依赖于反馈检测装置的精度。

2. 单闭环有静差调速系统的动态特性

1.3 节中已经分析了 V－M 开环系统的动态结构图，根据系统原理图 1.58 和静态结构图 1.59，可得出系统的动态结构图如图 1.62 所示。它是一个三阶系统，由动态结构图可求得闭环调速系统的闭环传递函数为

$$W_{\rm cl}(s)=\frac{n(s)}{U_n^*(s)}=\frac{\dfrac{K_{\rm P}K_{\rm s}/C_{\rm e}\varPhi}{1+K}}{\dfrac{T_{\rm m}T_{\rm l}T_{\rm s}}{1+K}s^3+\dfrac{T_{\rm m}(T_{\rm l}+T_{\rm s})}{1+K}s^2+\dfrac{T_{\rm m}+T_{\rm s}}{1+K}s+1} \tag{1.53}$$

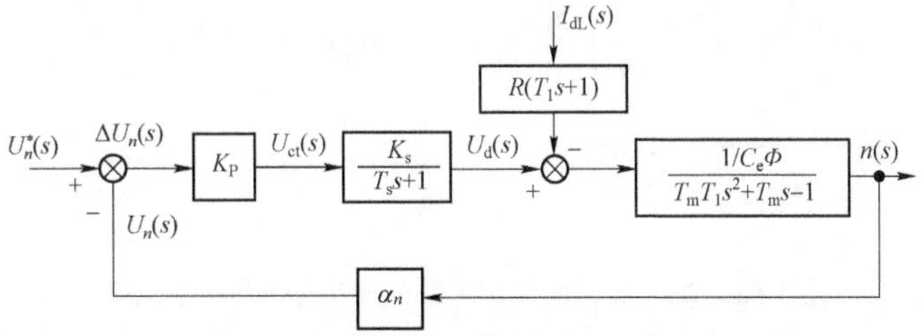

图 1.62　单闭环有静差调速系统的动态结构图

闭环调速系统的特征方程为

$$\frac{T_{\rm m}T_{\rm l}T_{\rm s}}{1+K}s^3+\frac{T_{\rm m}(T_{\rm l}+T_{\rm s})}{1+K}s^2+\frac{T_{\rm m}+T_{\rm s}}{1+K}s+1=0 \tag{1.54}$$

根据三阶系统的劳斯－古尔维茨判据，系统稳定的条件是

$$\frac{T_{\rm m}(T_{\rm l}+T_{\rm s})}{1+K}\cdot\frac{T_{\rm m}+T_{\rm s}}{1+K}-\frac{T_{\rm m}T_{\rm l}T_{\rm s}}{1+K}>0$$

整理后得

$$K<\frac{T_{\rm m}(T_{\rm l}+T_{\rm s})+T_{\rm s}^2}{T_{\rm l}T_{\rm s}} \tag{1.55}$$

对于本节最初的例子，若 $T_{\rm m}=0.075\,{\rm s}$，$T_{\rm l}=0.017\,{\rm s}$，采用三相桥式电路取 $T_{\rm s}=0.001\,67\,{\rm s}$，代入式（1.55），可得 $K<49.4$，即要保证系统动态稳定，K 必须小于 49.4。然而，根据所要求的静态性能指标计算，满足静态性能指标时 $K\geqslant 103.6$，可见静态精度和动态稳定性的要求是矛盾的，这个矛盾可以采用动态校正的方法加以解决。

现在再来分析一下单闭环有静差调速系统的启动过程。突然加转速给定电压 U_n^* 时，由于电动机惯性，转速不可能立即建立起来，转速反馈电压仍为零，相当于偏差电压 $\Delta U_n=U_n^*$，差不多是稳态工作值的（$1+K$）倍。这时，由于比例调节器和触发整流装置的惯性都很小，整流电压 $U_{\rm d}$ 马上就达到它的最高值。对电动机来说相当于全压启动，会产生很大的冲击电流，这是不允许的。

综上所述，单闭环有静差调速系统，静特性变硬，在一定静差率要求下调速范围变宽，而且系统具有良好的抗干扰性能。但该系统存在两个问题，一是系统的静态精度和动态稳定性的矛盾，二是启动时冲击电流太大。如何解决这两个问题，将在以下的章节中进一步讨论。

3. 其他单闭环有静差调速系统

被调量的负反馈是闭环控制系统的基本形式，对调速系统来说，就是要用转速负反馈，但是要实现转速负反馈必须有转速检测装置。在模拟控制中就是用测速发电机，测速发电机安装和维护都比较麻烦。我们知道，如果忽略电枢压降，则直流电动机的转速近似与电枢电压成正比，所以，对调速性能要求不高的系统来说，可以采用电压负反馈调速系统，其原理图和静态结构图如图 1.63 所示。

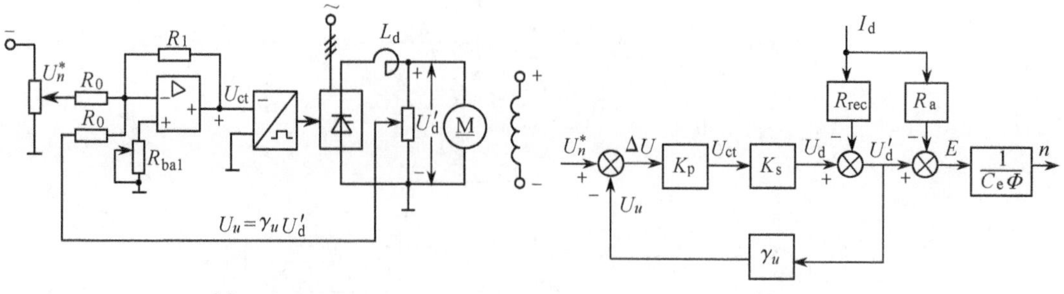

(a)　　(b)

图 1.63　电压负反馈调速系统的原理图和静态结构图

（a）原理图；（b）静态结构图

电压负反馈取自电枢端电压U'_d，为了在结构图上把U'_d显示出来，需把电枢回路总电阻R分成晶闸管整流装置内阻（含平波电抗器电阻）R_{rec}和电动机电枢电阻R_a两部分，图 1.63 中γ_u为电压反馈系数，它等于反馈电压U_u和电枢电压U'_d的比，即$\gamma_u=U_u/U'_d$。根据静态结构图 1.63（b）可以列出电压负反馈系统的静特性方程式

$$n=\frac{K_pK_sU_n^*}{(1+K)C_e\Phi}-\frac{R_{rec}I_d}{(1+K)C_e\Phi}-\frac{R_aI_d}{C_e\Phi} \tag{1.56}$$

式中，$K=K_pK_s\gamma_u$。

由静态结构图和静特性方程式可以看出，扰动量R_aI_d不在反馈环包围之内，所以，对由它引起的转速降，电压反馈是没有调节作用的。因此，电压负反馈调速系统的静态速降比同等放大系数的转速负反馈系统要大一些，静态性能要差一些。

为了弥补电压负反馈静态速降相对较大的不足，在采用电压负反馈的基础上，再增加电流正反馈，其原理图和静态结构图如图 1.64 所示。在主回路中串入采样电阻R_s，由I_dR_s取电流正反馈信号，β_i为电流反馈系数，它等于电流反馈电压U_i和电枢电流I_d的比，即$\beta_i=U_i/I_d$。

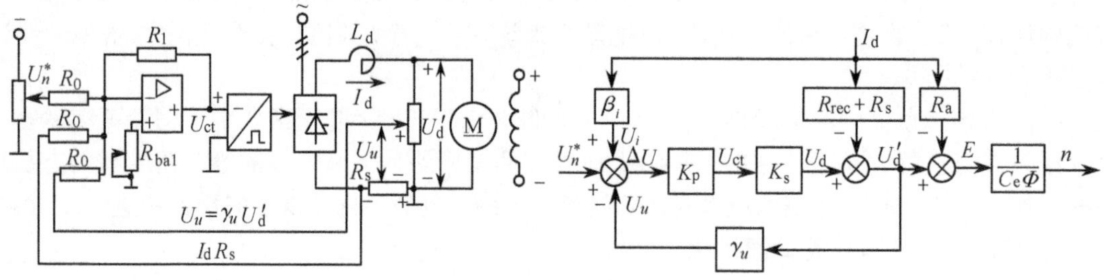

(a)　　(b)

图 1.64　带电流正反馈的电压负反馈调速系统

（a）原理图；（b）静态结构图

根据静态结构图 1.64（b）可以列出带电流正反馈的电压负反馈系统的静特性方程式

$$n=\frac{K_pK_sU_n^*}{(1+K)C_e\Phi}+\frac{K_pK_s\beta_i}{(1+K)C_e\Phi}I_d-\frac{R_{rec}+R_s}{(1+K)C_e\Phi}I_d-\frac{R_a}{C_e\Phi}I_d \tag{1.57}$$

式中，$K=K_pK_s\gamma_u$。

由式（1.57）可见，该系统多了一项电流正反馈作用的补偿项$\frac{K_pK_s\beta_i}{(1+K)C_e\Phi}I_d$。

由静态结构图和静特性方程式可以看出，当负载增大使静态速降增加时，电流反馈信号也增大，通过正反馈作用使整流电压U_d增加，从而补偿了转速的减小。如果参数选择得合适，可以使静差非常之小，甚至无差。这种控制称为“补偿控制”，由于电流的大小反映了负载扰动，又叫作负载扰动量的补偿控制。它只能补偿负载扰动，对于其他扰动，它所起的可能是坏的作用。而负反馈控制对一切被包围在负反馈环内前向通道上的扰动都能起抑制作用。另外，补偿控制完全依赖于参数的配合，当参数受温度等因素的影响而发生变化时，补偿作用就会受影响。因此在实际调速系统中，只在电压（或转速）负反馈的基础上加上电流正反馈补偿，作为减少静差的补充措施。

4. 无静差调速系统及积分控制规律

1.4.1 中曾分析了积分调节器。积分调节器的输出等于输入量的累积，当输入量等于零时，输出量维持为某一值，也就是说积分调节器的稳态输出不靠输入量来维持。如果将图 1.58 中的比例调节器改用积分调节器，其输入量为给定值与反馈值的偏差ΔU_n，输出为控制电压U_{ct}，则构成积分控制系统。由于积分控制不仅靠偏差本身，还能靠偏差的累积，只要历史上有过ΔU_n，即使现在$\Delta U_n=0$了，其积分$U_{ct}=\frac{1}{\tau_1}\int\Delta U_n\mathrm{d}t$仍存在，仍能产生控制电压，保证系统在稳态下运行，就是说稳态时控制电压可以不靠偏差来维持，因而积分控制的系统是无静差调速系统。

积分调节器固然能使系统在稳态时无静差，但它的动态响应却比较慢了。由图 1.54（b）可见，积分调节器在阶跃信号的作用下，其输出只能逐渐增长，控制作用只能逐渐表现出来。与此相反，采用比例调节器虽然有静差，动态响应却较快。如果既要静态准，又要动态响应快，可以将两者结合起来，采用比例–积分调节器。

比例–积分调节器的输出电压由比例和积分两部分相加而成，由图 1.55 可见，突加输入信号时，由于电容C_1两端电压不能突变，相当于电容两端瞬时短路，调节器变成放大系数为K_p的比例调节器，在输出端立即呈现电压K_pU_{in}，实现快速控制，发挥了比例控制的长处，而K_p的取值是保证系统稳定的。此后，随着电容C_1被充电，输出电压U_{ex}开始积分，其数值不断增长，直到稳态。稳态时，C_1两端电压等于U_{ex}，R_1已不起作用，又和积分调节器一样了，这时又能发挥积分控制的长处，实现静态无差。在动态到静态的过程中，比例–积分调节器相当于自动改变放大倍数的放大器，动态时小，静态时大，从而解决了动态稳定性、快速性和静态精度之间的矛盾。采用 PI 调节器的单闭环无静差调速系统原理图如图 1.65 所示。

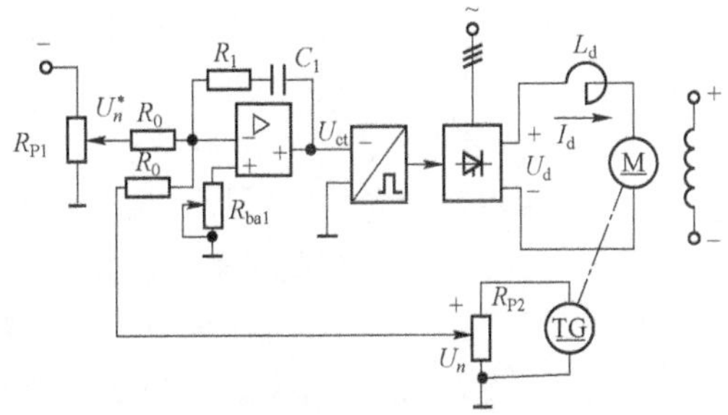

图 1.65　单闭环无静差调速系统原理图

下面分析一下比例－积分调节器构成的无静差调速系统的抗负载扰动过程。当负载突然增大时，电动机轴上转矩失去平衡，转速下降，使调节器的输入电压 $U_n^* - U_n = \Delta U_n > 0$，这时调节器的比例部分首先起作用，将整流电压 U_d 增加，阻止转速进一步减小，使转速回升。随着转速的回升，转速偏差减小，调节器的积分部分起主要作用，最后由调节器的积分作用保证转速恢复到原来的稳态转速，做到静态无差，而整流电压却提高了 ΔU_d，以补偿由于负载增加所引起的那部分主回路压降 $\Delta I_d R$。

图 1.66 所示为比例积分调节器的输入和输出动态波形。输出波形中比例部分①和输入偏差电压 ΔU_n 成正比，积分部分②是 ΔU_n 的积分曲线，而 PI 调节器输出电压 U_{ct} 是这两部分之和，即①+②。可见，U_{ct} 既具有快速响应性能，又能消除调速系统的静态误差。

图 1.67 所示为无静差系统的抗负载扰动过程。最后要说明的是，无静差调速系统动态是有差的。

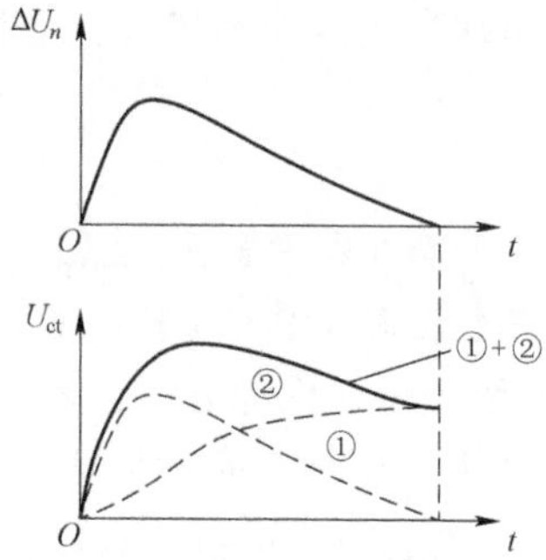

图 1.66　比例积分调节器的输入和输出动态波形

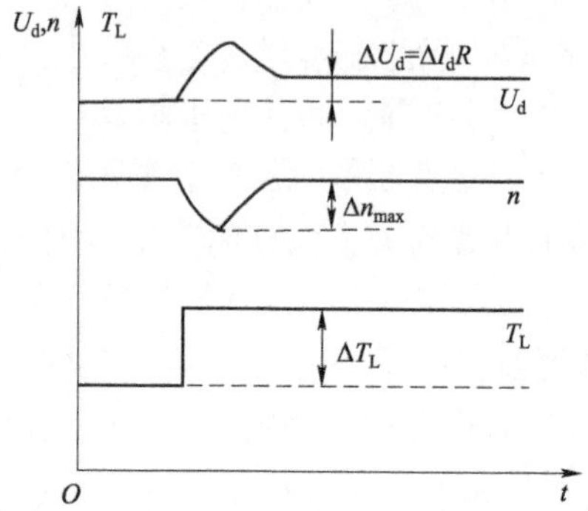

图 1.67　无静差系统的抗负载扰动过程

1.4.3　带电流截止负反馈的闭环调速系统

1. 电流截止负反馈的引入

单闭环调速系统存在的另一个问题是启动电流过大，为了解决这个问题，系统中必须有自动限制电枢电流的环节。根据反馈控制原理，要维持哪一个物理量基本不变，就应该引入哪个物理量的负反馈。那么，引入电流负反馈应该能够保持电流基本不变，使它不超过允许值，但是这种作用只应该在电流比较大时存在，在正常运行时又得取消，让电流随着负载增减。这种当电流大到一定程度时才出现的电流负反馈称为电流截止负反馈。

带电流截止负反馈的闭环调速系统如图 1.68 所示。为了引电流反馈，在主电路交流侧用电流互感器 TA 测得与 I_d 成比例的信号，再将其整流成与电流 I_d 成正比的电流反馈电压 U_i，两者关系 $U_i / I_d = \beta_i$，β_i 为电流反馈系数。电流反馈电压信号经稳压管 VS 后送入调节器的输入端，这样当电流反馈电压 U_i 小于稳压管稳压值 U_{VS} 时，电流负反馈不起作用；而当 $U_i > U_{VS}$ 时，稳压管 VS 击穿，电流负反馈起作用。临界截止电流 $I_{dcr} = U_{VS} / \beta_i$。

2. 带电流截止负反馈闭环调速系统的静特性

电流截止负反馈环节的输入输出特性如图 1.69 所示。当输入信号 $U_i - U_{VS}$ 为正时，输入和输出相等；当 $U_i - U_{VS}$ 为负值时，输出为零。这是一个由两段线性环节组成的非线性环节，将其画在方框中，再和系统其他部分连接起来，得带电流截止负反馈闭环调速系统的静态结构图，如图 1.70 所示。

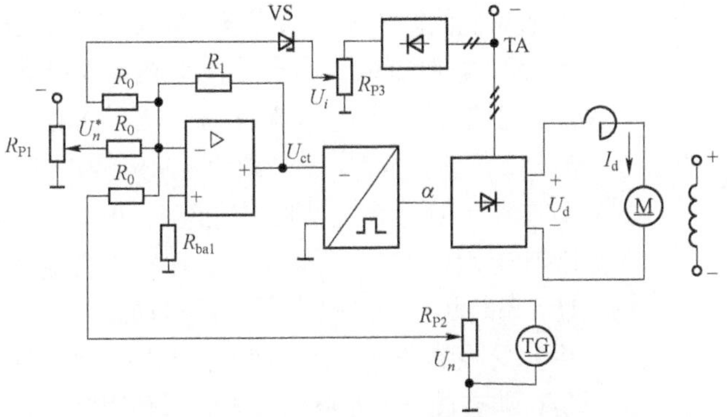

图 1.68　带电流截止负反馈的闭环调速系统

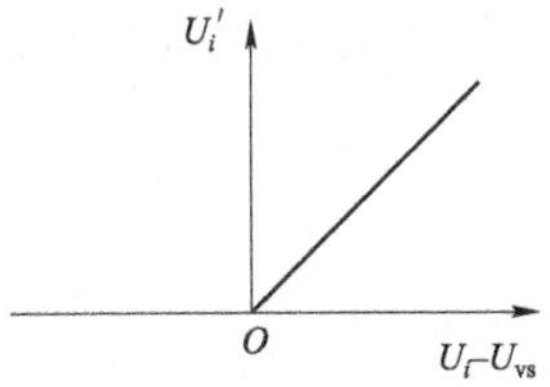

图 1.69　电流截止负反馈环节的输入输出特性

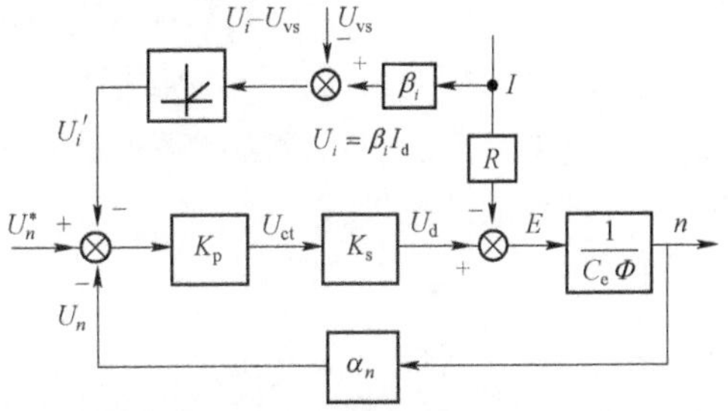

图 1.70　带电流截止负反馈闭环调速系统的静态结构图

由静态结构图可以推导出该系统的静特性方程式。当 $I_d \leqslant I_{dcr}$ 时，电流负反馈被截止，

$$n=\frac{K_pK_sU_n^*}{C_e\Phi(1+K)}-\frac{RI_d}{C_e\Phi(1+K)} \tag{1.58}$$

当 $I_d > I_{dcr}$ 时，电流负反馈起作用，

$$\begin{aligned} n &= \frac{K_pK_sU_n^*}{C_e\Phi(1+K)}-\frac{K_pK_s}{C_e\Phi(1+K)}(\beta_i I_d-U_{VS})-\frac{RI_d}{C_e\Phi(1+K)} \\ &= \frac{K_pK_s(U_n^*+U_{VS})}{C_e\Phi(1+K)}-\frac{(R+K_pK_s\beta_i)}{C_e\Phi(1+K)}I_d \end{aligned} \tag{1.59}$$

将式（1.58）和式（1.59）画成静特性，如图 1.71 所示。电流负反馈被截止的式（1.58）相当于图 1.71 中 n_0-A 段，它就是闭环调速系统本身的静特性，显然是比较硬的。电流负反馈起作用的式（1.59）相当于图 1.71 中的 $A-B$ 段，此时由于电流负反馈的作用，相当于在电枢回路中串入一个大电阻 $K_pK_s\beta_i$，因而稳态速降极大，特性急剧下垂，而电流变化却较小。这两段静特性常被称作下垂特性或挖土机特性。当挖土机遇到坚硬的石块而过载时，电动机停下来，这时的电流称为堵转电流 I_{db1}，在式（1.59）中，令 $n=0$，得

$$I_{db1}=\frac{K_pK_s(U_n^*+U_{VS})}{R+K_pK_s\beta_i} \tag{1.60}$$

一般 $K_pK_s\beta_i \gg R$，因此

$$I_{db1}\approx\frac{U_n^*+U_{VS}}{\beta_i} \tag{1.61}$$

堵转电流 I_{db1} 的取值应小于电动机允许的最大电流 $(1.5\sim2)I_{nom}$，另一方面，临界电流 I_{dcr} 应大

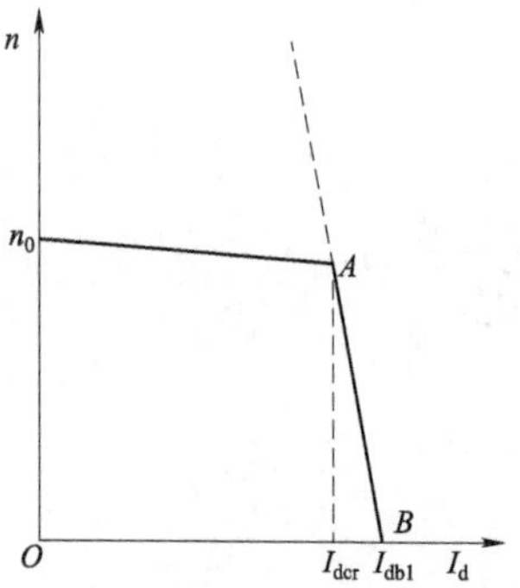

图 1.71　带电流截止负反馈的闭环调速系统静特性

于电动机的额定电流，以保证电动机在额定负载下能正常运行。

3. 带电流截止负反馈闭环调速系统启动过程

由于系统中有电流限制环节，所以可以突加给定电压U_n^*启动，启动过程如图 1.72（a）所示。启动时，转速和电流逐渐增加，当电流超过临界电流I_{dcr}值以后，电流负反馈起作用，限制电流的冲击。最后，电流为负载电流I_{dL}，转速为给定转速，系统达到稳态。为了缩短启动过程，在电动机最大电流（转矩）受限的条件下，希望充分利用电动机的允许过载能力。最好是在动态过程中始终保证电流（转矩）为允许的最大值，使传动系统尽可能用最大的加速度启动；到达稳态转速后，又让电流立即降低下来，使电磁转矩马上与负载转矩相平衡，从而转入稳态运行，这就是理想的启动过程，如图 1.72（b）所示。比较一下图 1.72（a）和图 1.72（b）可以看出，带电流截止负反馈的闭环调速系统的启动过程并不理想，它没有充分利用电动机的过载能力来完成动态过程。

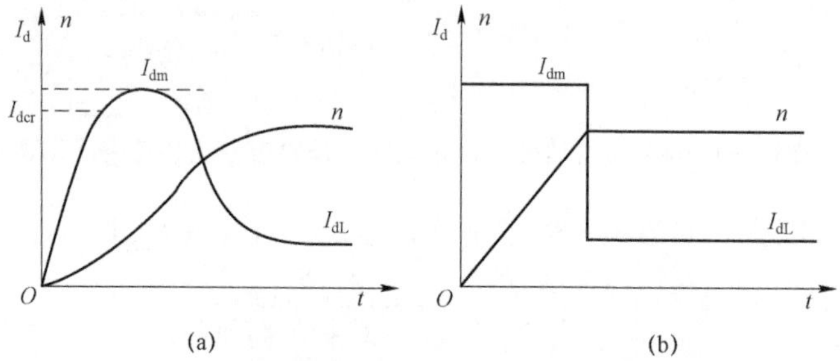

图 1.72　调速系统启动过程的电流和转速波形

（a）带电流截止负反馈的闭环调速系统启动过程；（b）理想快速启动过程

综上所述，带电流截止负反馈的闭环调速系统，具有一定的调速范围和稳态精度，同时又能限制启动电流和堵转工作，线路简单，调整方便，很有实用价值，但是系统的启动过程不理想。

1.4.4　闭环调速系统的设计

设计一个反馈控制系统，首先应该进行总体设计、基本部件选择和静态参数计算，从而形成基本的控制系统。然后，建立基本系统的动态数学模型，分析基本系统的稳定性和动态性能。如果基本系统不满足性能指标的要求，则应加入适当的动态校正装置，使校正后的系统全面地满足要求。

动态校正方法有许多种，而且对于一个系统来说能符合要求的校正方案也不是唯一的。在调速系统中常用串联校正和反馈校正，它们可以很容易地利用运算放大器构成的有源校正调节器来实现。通常采用经典控制理论中的频率特性法来设计校正环节，基本思路是：根据工作机械和工艺要求确定系统的动、静态性能指标；然后，根据性能指标求得相应的预期开环对数频率特性；最后，比较预期开环频率特性和基本系统的频率特性，从而确定校正环节的结构和参数。这里将通过一个例子介绍调速系统的常用设计方法。在介绍调速系统设计方法之前，先介绍调速系统的性能指标。前文已经介绍了调速系统的静态性能指标，下面介绍控制系统的动态性能指标。

1. 控制系统的动态性能指标

控制系统的动态性能指标包括跟随性能指标和抗扰性能指标两类。

1）跟随性能指标

在给定信号（或称参考输入信号）$R(t)$ 的作用下，系统输出量 $C(t)$ 的变化情况可用跟随性能指标来描述。通常以输出量的初始值为零时的阶跃响应过程作为典型的跟随过程，如图 1.73 所示。一般希望在阶跃响应中输出量 $C(t)$ 与其稳态值 C_∞ 的偏差越小越好，达到稳态值 C_∞ 的时间越快越好。跟随性能指标主要有下述各项：

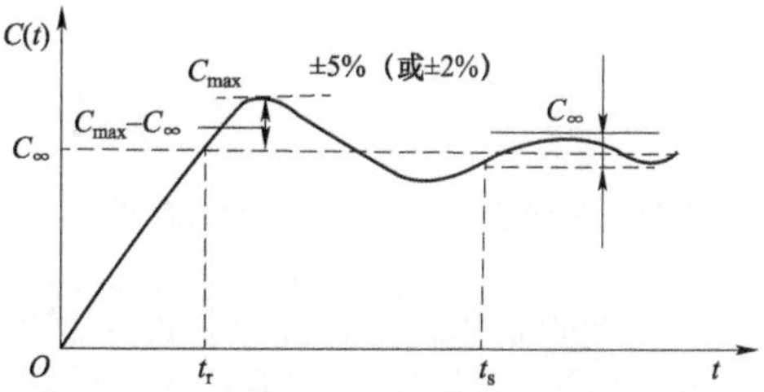

图 1.73　典型的阶跃响应曲线和跟随性能指标

（1）上升时间 t_r。输出量从零起第一次上升到稳态值 C_∞ 所经过的时间称为上升时间，它表示动态响应的快速性。

（2）超调量 σ。输出量超过其稳态值的最大偏离量与稳态值之比称为超调量，用百分数表示，即

$$\sigma = \frac{C_{max} - C_\infty}{C_\infty} \times 100\% \tag{1.62}$$

超调量反映系统的相对稳定性，超调量越小，相对稳定性越好。

（3）调节时间 t_s。输出量达到并不再超出稳态值的某个区域（通常取 ± 2%～ ± 5%）所需的最短时间，定义为调节时间，也称过渡过程时间。它用来衡量系统整个调节过程的快慢。

分析和设计系统经常在频率域进行，对最小相位系统而言，在频率域常用开环对数幅频特性和闭环幅频特性来评价系统动态性能的好坏。控制系统的幅频特性如图 1.74 所示。

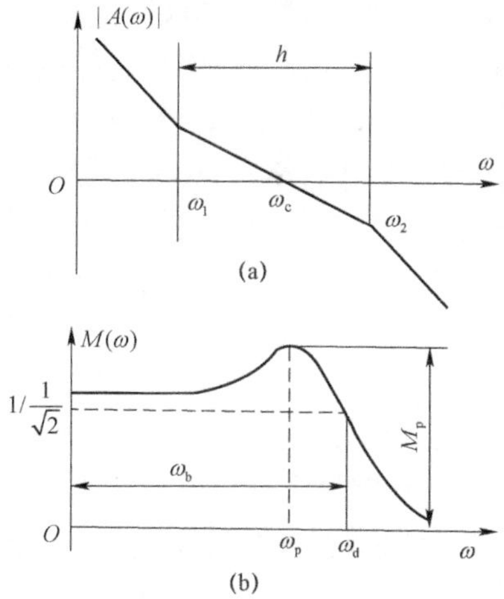

图 1.74　控制系统的幅频特性

（a）开环对数幅频特性；（b）闭环幅频特性

开环对数幅频特性通常以 −20 dB/dec 的斜率穿越零分贝线。这段特性的频域宽度 $h = \omega_2 / \omega_1$ 称为中频宽，它表明系统稳定性的好坏；而交接频率 ω_c 的大小反映了系统响应的快慢；另外，低频段的放大倍数$|A(0)|$反映了系统的稳态精度的高低。因此开环对数幅频特性通常用中频宽 h，交接频率 ω_c 和低频段放大倍数 $A(0)$ 来描述系统的动态性能（一般 h、ω_c 大些，系统就有较好的稳定性、快速性和稳态精度）。另外，相角稳定裕量 γ 也反映了系统的稳定性。

闭环幅频特性通常用谐振幅值 M_P 和截止频率 ω_d 来描述系统的动态性能。谐振幅值 M_P 的大小表示系统输出量阻尼的好坏，如振荡的趋势或稳定性的好坏、超调量的大小等。M_P 越小，系统的阻尼越强。当 $M_P = 1$ 时，系统的动态过程很平稳。一般系统要求 $M_P < 1.7$，在许

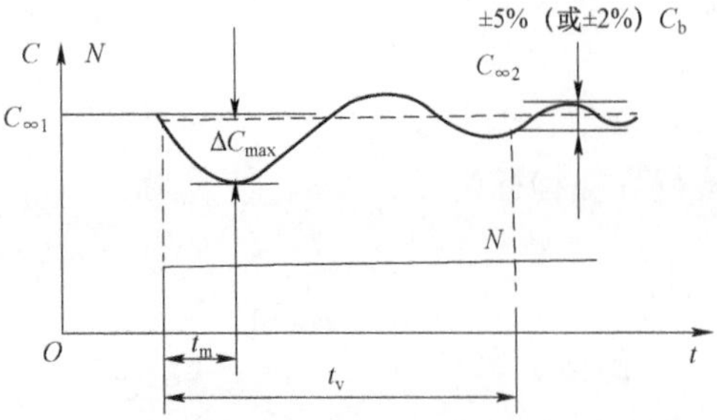

图 1.75　突加扰动的动态过程和抗扰性能制标

多调速系统中要求 $M_p < 1.1 \sim 1.2$。截止频率 ω_d 定义为在 $\omega = \omega_d$ 处，$M(\omega_d) = \sqrt{2}M(0)/2$，也可以用带宽 ω_b 来代替，它反映了系统响应的快慢。通常 ω_b 越宽，系统的快速性越好。

2）抗扰性能指标

一般以系统稳定运行中突然加一个使输出量降低的扰动 N 以后的过渡过程作典型的跟随过程，如图 1.75 所示。抗扰性能指标主要有下述两项：

（1）动态降落 $\Delta C_{max}\%$。系统稳定运行时，突然加一个约定的标准扰动量，在过渡过程中所引起的输出量最大降落值 ΔC_{max} 用输出量原稳态值 $C_{\infty 1}$ 的百分数表示，称为动态降落，即

$$\Delta C_{max}\% = \frac{\Delta C_{max}}{C_{\infty 1}} \times 100\% \tag{1.63}$$

输出量在动态降落后逐渐恢复，达到新的稳态值 $C_{\infty 2}$，差值 $C_{\infty 1} - C_{\infty 2}$ 是系统在该扰动作用下的稳态降落。

（2）恢复时间 t_v。从阶跃扰动作用开始到输出量恢复到不再超过新稳态值的某个区域（通常取 ± 2%～ ± 5%）所需的最短时间，定义为恢复时间。

动态降落 $\Delta C_{max}\%$越小，恢复时间 t_v 越短，系统的抗干扰性能越好。

2. 调速系统设计举例

某电气传动系统采用 V−M 直流调速系统。其中直流电动机的额定参数为 60 kW、220 V、305 A、1 000 r/min，电枢电阻 $R_a = 0.066\ \Omega$，电动机过载系数为 $\lambda = 1.5$。晶闸管变流装置采用三相桥式电路，其放大系数为 $K_s = U_d / U_{ct} = 30$，V−M 系统主回路总电阻为 $R = 0.18\ \Omega$，总电感为 2.16 mH。测速发电机为永磁式直流测速发电机，额定参数为 23.1 W、110 V、0.21 A、1 900 r/min。旋转系统总飞轮矩 $GD^2 = 78\ \text{N·m}^2$，控制电路采用 ± 15 V 电源。试设计闭环系统，使系统达到静态指标 $D = 20$，$s \leqslant 5\%$，动态性能指标 $\gamma = 60°$，并使系统可以在阶跃给定信号下直接启动。

1）静态设计。

系统所要求的静态性能指标为有差，系统可以在阶跃给定信号下直接启动，故先考虑采用比例调节器的带电流截止负反馈的单闭环系统。由于该系统在稳定运行时，电流负反馈不起作用，因此设计时先不考虑电流截止环节，求满足静态性能指标要求的调节器参数，再设计电流截止负反馈环节。

（1）根据性能指标要求，求系统允许的速降。

由式（1.14）知系统允许的速降为

$$\Delta n_{cl} = \frac{n_{nom}s}{D(1-s)} = \frac{1\ 000 \times 0.05}{20(1-0.05)} = 2.63\ \text{（r/min）}$$

（2）根据 Δn_{cl} 求闭环系统的开环放大倍数 K。

开环系统转速降 Δn_{op} 和闭环系统转速降 Δn_{cl} 的关系为

$$\frac{\Delta n_{op}}{\Delta n_{cl}}=1+K \tag{1.64}$$

先求 Δn_{op}，根据开环机械特性，$\Delta n_{op}=\dfrac{RI_{nom}}{C_e\Phi}$ 而

$$C_e\Phi=\frac{U_{nom}-I_{nom}R_a}{n_{nom}}=\frac{220-305\times0.066}{1000}=0.2\ [\mathrm{V/(r/min)}]$$

则

$$\Delta n_{op}=\frac{I_{nom}R}{C_e\Phi}=\frac{305\times0.18}{0.2}=275\ (\mathrm{r/min})$$

所以，

$$K=\frac{\Delta n_{op}}{\Delta n_{cl}}-1=\frac{275}{2.63}-1=103.6$$

$K=K_PK_s\alpha_n/C_e\Phi$，为了求调节器放大系数 K_P，必须先求转速反馈系数 α_n。

（3）测速反馈环节参数计算。

由图 1.68 可知，转速反馈电压 U_n 是经过测速发电机 TG 和电位器 R_{P2} 得到的，于是测速反馈系数为

$$\alpha_n=U_n/n=\alpha_{R_{P2}}\cdot K_{TG} \tag{1.65}$$

式中　α_n ——测速反馈系数；

$\alpha_{R_{P2}}$ ——电位器电阻比值；

K_{TG} ——测速发电机传递系数，它是测速发电机额定电压和额定转速的比值，即 $K_{TG}=110/1\,900=0.057\,9$ [V·(min/r)]。

若取 $\alpha_{R_{P2}}=0.5$，则电动机运行在额定转速 1 000 r/min 时，对应的转速反馈电压 U_n 为 $U_n=n_{nom}\cdot\alpha_{R_{P2}}\cdot K_{TG}=1\,000\times0.5\times0.057\,9=28.95$（V）。对于闭环系统，转速给定电压 U_n^* 应稍大于转速反馈电压 U_n。由于给定的控制电源为 ± 15 V，取 $\alpha_{R_{P2}}=0.5$ 时，不合理。

若取 $\alpha_{R_{P2}}=0.2$，则电动机运行在额定转速 1 000 r/min 时，对应的转速反馈电压 U_n 为

$$\begin{aligned}U_n&=n_{nom}\cdot\alpha_{R_{P2}}\cdot K_{TG}\\&=1\,000\times0.2\times0.057\,9\\&=11.58\ (\mathrm{V})\end{aligned}$$

因此，选 $\alpha_{R_{P2}}=0.2$，系统可在额定转速稳态运行，并在额定转速以下实现无级调速。此时，转速反馈系数为

$$\alpha_n=0.2\times0.057\,9=0.011\,6\ [\mathrm{V\cdot(min/r)}]$$

所以

$$K_P=\frac{KC_e\Phi}{K_s\alpha_n}=\frac{103.6\times0.2}{30\times0.0116}=59.5$$

取 $K_P=60$。

（4）电流截止环节设计。

根据前面对电流截止负反馈闭环系统的分析，稳压管的稳压值 U_{VS} 决定了临界截止电流对应的电流反馈电压 U_{dcr}，而 $U_{dcr}=\beta_iI_{dcr}$，取临界截止电流 $I_{dcr}=1.2\,I_{nom}$。电流反馈系数 $\beta_i=U_i/I_d$，调节电位器 R_{P3} 可以调节 β_i。由于控制电源电压为 ± 15 V，电枢电流为最大值（即堵转电流）时，电流反馈电压 U_i 应该小于控制电源电压。假设调节电位器 R_{P3} 使 $I_d=I_{dbl}$ 时，

$U_i=10\text{ V}$，则电流反馈系数为 $\beta_i=U_i/I_{\text{dbl}}=U_i/\lambda I_{\text{nom}}=10/1.5\times305=0.022$（V/A）。

于是稳压管的稳压值为

$$U_{\text{VS}}=I_{\text{dcr}}\cdot\beta_i=1.2\times305\times0.022=8\text{（V）}$$

2）动态设计。

（1）系统的稳定性分析。

考虑负反馈闭环系统的动态结构图（图 1.62），根据劳斯判据，可得闭环系统稳定的条件为式（1.55），即

$$K<\frac{T_{\text{m}}(T_1+T_{\text{s}})+T_{\text{s}}^2}{T_1T_{\text{s}}}=\frac{T_{\text{m}}}{T_{\text{s}}}+\frac{T_{\text{m}}}{T_1}+\frac{T_{\text{s}}}{T_1}$$

而所设计系统中机电时间常数 T_{m}、电枢回路电磁时间常数 T_1、晶闸管变流装置平均滞后时间 T_{s} 分别为

$$T_{\text{m}}=\frac{GD^2R}{375C_{\text{e}}\Phi C_{\text{m}}\Phi}=\frac{78\times0.18}{375\times0.2\times9.55\times0.2}=0.098\text{（s）}$$

$$T_1=\frac{L}{R}=\frac{0.002\,16}{0.18}=0.012\text{（s）}$$

$$T_{\text{s}}=0.001\,67\text{ s}$$

于是系统稳定运行的条件为

$$K<\frac{0.098}{0.001\,67}+\frac{0.098}{0.012}+\frac{0.001\,67}{0.012}=67$$

根据第一步静态设计中分析，要满足 $D=20$，$s\leqslant5\%$的静态性能指标，K 必须大于 103.6。显然静态设计中根据 $K>103.6$ 设计比例调节器所构成的系统是不稳定的，必须做动态校正。

（2）系统的动态校正。

这里将采用开环对数频率特性设计串联校正调节器。由图 1.62 可知，经过静态设计后满足静态性能指标的负反馈闭环系统的开环传递函数为

$$W(s)=\frac{K_{\text{p}}K_{\text{s}}\alpha_n/C_{\text{e}}\Phi}{(T_{\text{s}}s+1)(T_{\text{m}}T_1s^2+T_{\text{m}}s+1)}$$

$$=\frac{K}{(T_{\text{s}}s+1)(T_{\text{m}}T_1s^2+T_{\text{m}}s+1)}\tag{1.66}$$

而

$$T_{\text{m}}T_1s^2+T_{\text{m}}s+1=0.098\times0.012\,s^2+0.098\,s+1$$

$$=(0.084\,s+1)(0.014\,s+1)$$

$$=(T_1s+1)(T_2s+1)$$

于是闭环系统的开环传递函数为

$$W(s)=\frac{103.6}{(0.001\,67s+1)(0.014s+1)(0.084s+1)}$$

相应的开环对数幅频特性如图 1.76 曲线 1 所示。

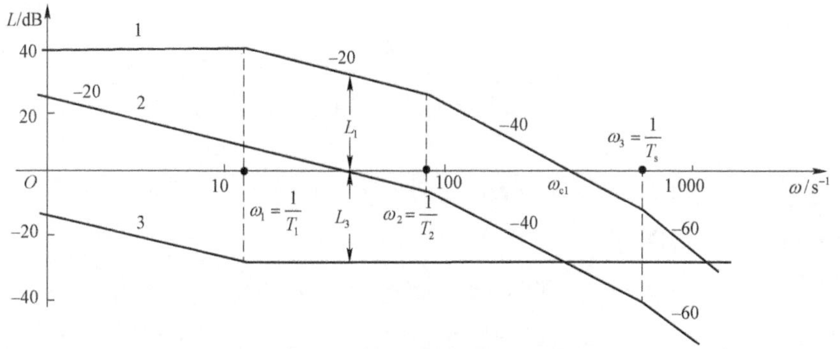

图 1.76　闭环系统的串联校正

1—被校正系统的开环对数幅频特性；2—校正后系统的开环对数幅频特性；3—校正环节的对数幅频特性

其中三个转折频率分别为

$$\omega_1 = \frac{1}{T_1} = \frac{1}{0.084\ \text{s}} = 11.9\ \text{s}^{-1}$$

$$\omega_2 = \frac{1}{T_2} = \frac{1}{0.014\ \text{s}} = 71.4\ \text{s}^{-1}$$

$$\omega_3 = \frac{1}{T_\text{s}} = \frac{1}{0.001\,67\ \text{s}} = 600\ \text{s}^{-1}$$

而 $20\lg K = 20\lg 103.6 = 40.3$ dB，由图 1.76 可以求出交接频率 $\omega_{\text{c1}} = 296.8\ \text{s}^{-1}$，相角裕量为

$$\begin{aligned}\gamma &= 180^\circ - \arctan^{-1}\omega_{\text{c1}} T_1 - \arctan\ \omega_{\text{c1}} T_2 - \arctan\ \omega_{\text{c1}} T_\text{s} \\ &= -10.6^\circ\end{aligned}$$

由此也可得出系统是不稳定的。

在负反馈闭环调速系统中实现串联校正常用 PI（滞后）、PD（超前）、PID（滞后 - 超前）之类调节器。由 PI 调节器构成滞后校正，可以保证稳态精度，但以牺牲快速性换取系统的稳定性；用 PD 调节器构成超前校正可以提高稳定裕量，并获得足够的快速性，但会影响稳态精度；用 PID 调节器实现滞后 - 超前校正则兼有二者的优点，可以全面提高系统性能，但调节器线路相对复杂，调试比较麻烦。一般的调速系统要求以稳定和准确性为主，快速性要求不高，经常采用 PI 调节器构成串联滞后校正，其传递函数为 $K_{\text{PI}}\dfrac{\tau s+1}{\tau s}$。

调节器设计方法灵活多样，有时需要反复试凑才能得到满意的结果。针对本例静态设计所得的闭环系统，由于系统不稳定，要设法将交接频率减小下来，以使系统有足够的稳定裕量。因此，将校正环节的转折频率 $1/\tau$ 设置在远小于被校正系统交接频率处，即 $1/\tau \ll \omega_{\text{c1}}$。为了方便起见，通常令 $\tau = T_1$，即在传递函数上使校正装置的比例微分项 $(\tau s+1)$ 与被校正系统中时间常数大的惯性环节 $\dfrac{1}{T_1 s+1}$ 相抵消，以此来确定校正环节的转折频率。

校正环节的比例系数 K_{PI} 可以根据所要求的系统稳定裕量来求得。为了使校正后系统具有足够的稳定裕量，校正后系统的开环幅频特性应以 -20 dB/dec 的斜率穿越零分贝线，必须将被校正系统的对数幅频特性曲线 1 压下来，使校正后系统的交接频率 $\omega_{\text{c2}} < 1/T_2$。校正后系

统的开环传递函数为

$$W_{obj}(s)=\frac{K}{(T_1s+1)(T_2s+1)(T_ss+1)}\times\frac{K_{PI}(\tau s+1)}{\tau s}$$

$$=\frac{KK_{PI}}{\tau s(T_2s+1)(T_ss+1)} \tag{1.67}$$

校正后系统的稳定裕量为

$$\gamma=180°-90°-\arctan\omega_{c2}T_2-\arctan\omega_{c2}T_s \tag{1.68}$$

式中，ω_{c2} 为校正后系统开环对数幅频特性的交接频率。若要求 $\gamma=60°$，利用式（1.68）可以求出 $\omega_{c2}=35.7\ s^{-1}$，可以取 $\omega_{c2}=35\ s^{-1}$。校正后系统的开环对数幅频特性如图 1.76 曲线 2 所示。

比较图 1.76 中曲线 1 和曲线 2，在 ω_{c2} 处，被校正系统的 $L_1=30.9$ dB，校正后系统的 $L_2=0$ dB。因此，校正环节的 L_3 应与 L_1 正负相抵，即 $L_3=-L_1=-30.9$ dB。这样确定的校正环节的对数幅频特性如图 1.76 曲线 3 所示。由图 1.76 曲线 3 可以看出

$$L_3=-20\lg\frac{1/\tau}{K_{PI}/\tau}=-20\lg\frac{1}{K_{PI}}$$

所以

$$20\lg\frac{1}{K_{PI}}=30.9\ \text{dB}$$

求得

$$K_{PI}=0.028\,5$$

于是，串联校正环节的传递函数为

$$\frac{0.028\,5(0.084s+1)}{0.084s}$$

该调节器与被校正系统中的比例系数为 $K_P=60$ 的比例调节器串联。将比例调节器的比例系数综合考虑到比例积分调节器，则调速系统中所串比例积分调节器的传递函数为

$$\frac{0.028\,5\times60(0.084s+1)}{0.084s}=\frac{1.71(0.084s+1)}{0.084s}$$

若取调节器的输入电阻 $R_0=20\ \text{k}\Omega$，则调节器反馈网络中的参数为

$$R_1=1.71\times R_0=34.2\ (\text{k}\Omega)$$

$$C_1=\tau/R_1=0.084/34.2\times10^3=2.45\ (\mu\text{F})$$

调节器的电路图如图 1.55（a）所示。

1.5 多环直流电动机调速系统

所谓多环控制系统，是按一环套一环的嵌套结构组成的具有两个或两个以上闭环系统的控制系统。本节以转速、电流双闭环调速系统为重点，分析多环控制的特点、控制规律等。

1.5.1 转速、电流双闭环调速系统及其静特性

1.4.3 节中分析的带电流截止负反馈的调速系统若采用 PI 调节器，可以在保证系统稳定性的条件下实现转速无静差，但是系统的启动特性不理想。

为了实现在允许条件下最快启动，关键是要实现恒最大值I_{dm}启动。按照反馈控制规律，采用某个物理量的负反馈就可以保持该量基本不变，那么采用电流反馈就应该得到近似的恒流过程。问题是希望在启动过程中只有电流负反馈，保持电流最大不变，恒流启动；到达稳态转速后，又希望只要转速负反馈，不再靠电流负反馈发挥主要作用。怎样才能做到这种既存在转速和电流两种负反馈作用，又使它们只能分别在不同的阶段起主要作用呢？双闭环调速系统正是用来解决这个问题的。

1. 转速、电流双闭环调速系统的组成

为了实现转速和电流两种负反馈分别起作用，在系统中设置了两个调节器，分别调节转速和电流，两者之间实行串联，如图 1.77 所示。把转速调节器的输出当作电流调节器的输入，再用电流调节器的输出去控制晶闸管整流器的触发装置。从闭环结构上看，电流调节环在里面，叫作内环；转速调节环在外边，叫作外环，这样就形成了转速、电流双闭环调速系统。

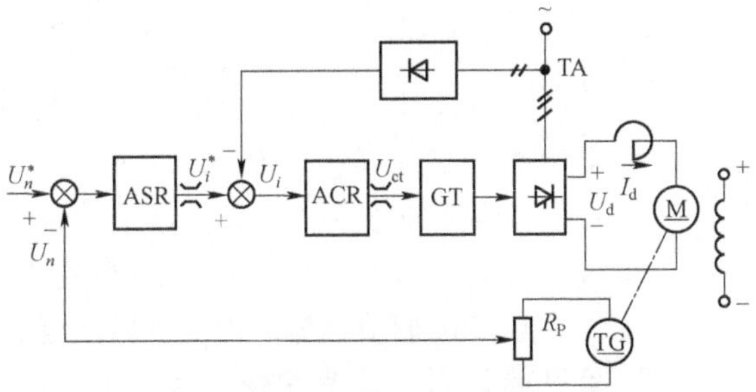

图 1.77　转速电流双闭环调速系统原理图

ASR—转速调节器；ACR—电流调节器；TG—测速发电机；TA—电流互感器；GT—触发装置；

U_n^*、U_n—转速给定电压和转速反馈电压；U_i^*、U_i—电流给定电压和电流反馈电压；—表示限幅作用

为了获得良好的静、动态性能，双闭环调速系统的两个调节器一般都采用 PI 调节器。两个调节器的输出都是带限幅的，转速调节器 ASR 的输出限幅（饱和）电压是U_{im}^*，它决定了电流调节器给定电压的最大值；电流调节器 ACR 的输出限幅电压是U_{ctm}，它决定了晶闸管整流器输出电压的最大值。

2. 转速、电流双闭环调速系统静特性分析

为了分析双闭环调速系统的静特性，先根据图 1.77 的原理图绘出静态结构图，如图 1.78 所示，这里要注意，采用 PI 调节器的转速和电流调节器是带限幅输出的。分析静特性关键要

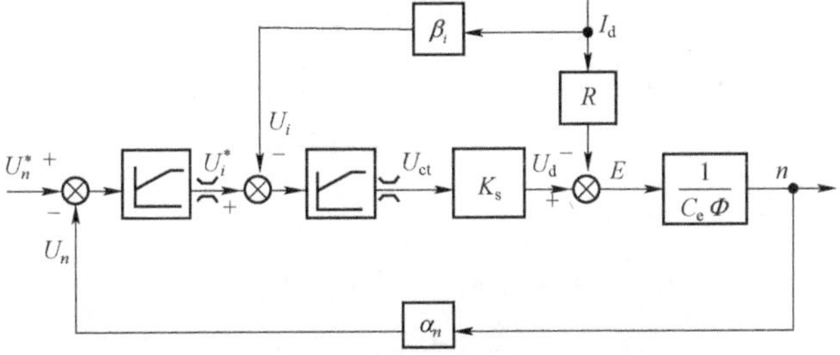

图 1.78　双闭环调速系统的静态结构图

α_n—转速反馈系数；β_i—电流反馈系数

掌握带输出限幅的 PI 调节器的稳态特性。一般存在两种情况：饱和－输出达到限幅值，不饱和－输出未达到限幅值。当调节器饱和时，输出为恒值，输入量的变化不再影响输出，除非有反向的输入信号使调节器退出饱和；换句话说，饱和调节器暂时隔离了输入和输出间的关系，相当于使调节环开环。当调节器不饱和时，PI 调节器的输入偏差电压 ΔU 在稳态时总是零。

实际上，在正常运行时，电流调节器是不会饱和的。因此，对于静特性来说，只有转速调节器有饱和与不饱和两种情况。

当转速调节器不饱和时，由于电流调节器也不饱和，稳态时，它们的输入偏差电压都是零，所以

$$U_n^* = U_n = \alpha_n n \tag{1.69}$$

和

$$U_i^* = U_i = \beta_i I_d \tag{1.70}$$

式中，α_n 为转速反馈系数；β_i 为电流反馈系数，由式（1.69）可得

$$n = U_n^* / \alpha_n = n_0 \tag{1.71}$$

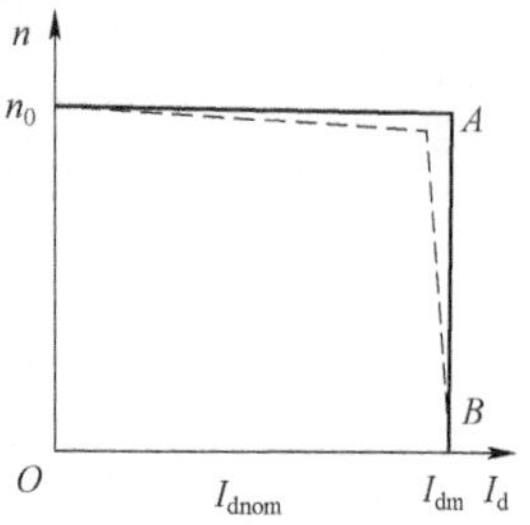

图 1.79 双闭环调速系统的静特性

从而得到图 1.79 静特性的 $n_0 - A$ 段。同时，由于转速调节器不饱和，$U_i^* < U_{im}$，从式（1.70）可知 $I_d < I_{dm}$，这就是说，$n_0 - A$ 段静特性从 $I_d = 0$ 一直延续到 $I_d = I_{dm}$，而 I_{dm} 一般都是大于额定电流 I_{dnom} 的，这就是静特性的运行段。

当转速调节器饱和时，其输出达到限幅值 U_{im}^*，转速外环呈开环状态，转速的变化对系统不再产生影响。双闭环系统变成一个电流无静差的单闭环系统。稳态时

$$I_d = U_{im}^* / \beta_i = I_{dm} \tag{1.72}$$

式中，最大电流 I_{dm} 的取值取决于电动机的容许过载能力和传动系统允许的最大加速度。式（1.72）所描述的静特性是图 1.79 中的 $A-B$ 段，当 $n \geqslant n_0$ 时，$U_n \geqslant U_n^*$，转速调节器将退出饱和状态，所以，这样的下垂特性只适合于 $n < n_0$ 的情况。

转速、电流双闭环调速系统中，虽然电流负反馈有使静特性变软的趋势，但是有转速反馈包围在外面，电流负反馈对于转速环来说相当于一种扰动作用。当转速调节器不饱和时，电流负反馈使静特性可能产生的速降完全被转速调节器的积分作用消除了，静特性表现为转速无差。一旦转速调节器饱和，转速反馈失去作用，只剩下电流环起作用，这时系统表现为电流无静差。同样，实际上运算放大器的开环放大系数并不是无穷大，两段静特性实际上都略有很小的静差，如图 1.79 所示虚线。

下面分析一下系统中各变量的稳态工作点。由图 1.78 可以看出，双闭环调速系统在稳态工作时，当两个调节器都不饱和时，各变量之间有下列关系

$$U_n^* = U_n = \alpha_n n = \alpha_n n_0 \tag{1.73}$$

$$U_i^* = U_i = \beta_i I_d = \beta_i I_{dL} \tag{1.74}$$

$$U_{ct} = \frac{U_d}{K_s} = \frac{C_e \Phi n + I_d R}{K_s} = \frac{C_e \Phi U_n^* / \alpha_n + I_{dL} R}{K_s} \tag{1.75}$$

上述关系表明，在稳态工作点上，转速 n 是由给定电压 U_n^* 决定的；转速调节器的输出量 U_i^* 是由负载电流 I_{dL} 决定的；而控制电压 U_{ct} 的大小则取决于 U_n^* 和 I_{dL}。这些关系反映了 PI

调节器不同于 P 调节器的特点。比例调节器的输出量总是正比于其输入量，而比例积分调节器则不然，其输出量的稳态值是由它后面环节的需要决定的。

1.5.2　转速、电流双闭环调速系统的动态性能

在单闭环调速系统动态结构图（图 1.62）的基础上，考虑双闭环控制的结构（图 1.77），即可绘出双闭环调速系统的动态结构图，如图 1.80 所示，图中 $W_{ASR}(s)$ 和 $W_{ACR}(s)$ 分别表示转速和电流调节器的传递函数。为了引出电流反馈，电动机的动态结构图中必须把电枢电流 I_d 显露出来，即采用图 1.48（a）的结构图。

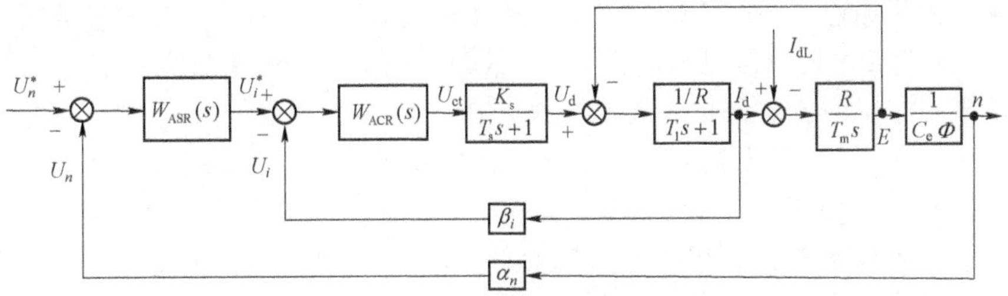

图 1.80　转速、电流双闭环系统的动态结构图

1. 启动过程分析

双闭环调速系统带恒转矩负载在阶跃给定电压 U_n^* 作用下，由静止状态启动，转速、电流的动态过程如图 1.81 所示。在启动过程中转速调节器经历了不饱和、饱和、退饱和三个阶段，于是将整个启动过程分成三个阶段，在图 1.81 中分别标以Ⅰ、Ⅱ和Ⅲ。

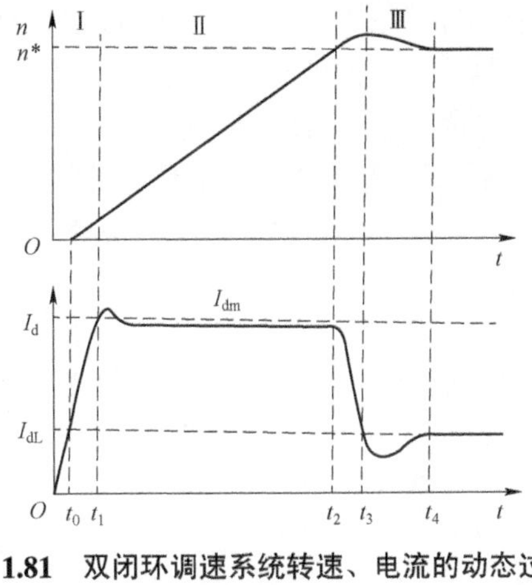

图 1.81　双闭环调速系统转速、电流的动态过程

第Ⅰ阶段——电流上升阶段。突加给定电压 U_n^* 后，一开始电动机没有转动，转速反馈电压为零，因而转速调节器的输入偏差电压 $\Delta U_n = U_n^* - U_n$ 数值较大，其输出很快达到限幅值 U_{im}^*，这个电压加在 ACR 的输入端，作为最大电流的给定值，迫使电流 I_d 迅速上升。当 $I_d \geqslant I_{dL}$ 后，电动机开始转动，电流继续上升，直到 $I_d = I_{dm}$。在这一阶段中转速调节器由不饱和很快达到饱和，而电流调节器不饱和。

第Ⅱ阶段——恒流升速阶段。在转速没有上升到给定转速期间，转速调节器一直是饱和的，转速环相当于开环状态，系统表现为恒值最大电流给定 U_{im}^* 作用下的电流调节系统，基

本上保持电流恒定，因而传动系统的加速度恒定，转速呈线性增长。与此同时，电动机的反电动势 E 也按线性增长。电流调节系统通过自动调节作用，使 U_d 和 U_{ct} 也必须按线性增长，保持 I_d 恒定，即 $I_d=\frac{U_d\uparrow-E\uparrow}{R}=\frac{K_sU_{ct}\uparrow-C_e\Phi n\uparrow}{R}=$ 常数。显然，为了保证电流环的这种调节作用，在启动过程中电流调节器是不饱和的。同时整流装置的最大电压 U_{dm} 也必须留有余量，即晶闸管装置也不应该饱和，这些都是设计中必须注意的。

第Ⅲ阶段——转速调节阶段。当转速达到给定值，转速调节器的给定与反馈电压相平衡，输入偏差电压为零，转速调节器还是处于饱和状态，其输出还维持在限幅值 U_{im}^*，所以电动机仍在最大电流下加速，必然使转速超调。转速超调后，$U_n>U_n^*$，转速调节器输入端出现负的偏差电压，使转速调节器退出饱和状态，其输出电压即电流调节器的给定电压 U_i^* 立即从限幅值降下来。主电流 I_d 也因此下降，但是，在 I_d 仍大于负载电流 I_{dL} 的时间内，转速仍继续上升。当 $I_d=I_{dL}$ 时，转矩 $T_e=T_L$，则 $dn/dt=0$，转速 n 达到峰值。此后，I_d 小于 I_{dL}，$T_e<T_L$，电动机才开始减速。经过调节，最终达到稳态。在这个阶段中转速调节器和电流调节器都不饱和，同时起调节作用。由于转速调节在外环，转速调节器处于主导地位，而电流调节器的作用则是力图使 I_d 尽快地跟随转速调节器的输出量 U_i^*，或者说电流内环是一个电流随动子系统。

系统启动进入稳态后，转速等于给定值，电流等于负载电流，两个调节器的输入偏差都等于零。

由上述启动过程可以看出，第Ⅱ阶段即恒流升速阶段是启动过程中的主要阶段。如果根据电动机允许的最大过载能力和传动系统允许的最大加速度来选取 I_{dm}，则就可以充分利用电动机的允许过载能力，在系统允许的条件下，最快地完成启动过程，得到比较理想的启动过程。而启动过程中之所以存在第Ⅱ阶段的恒流升速过程，是因为这一阶段转速调节器饱和，在启动过程结束时，必须使转速调节器退出饱和状态。根据 PI 调节器的特性，只有使转速超调，转速调节器的输入偏差电压 ΔU_n 为负值，才能使转速调节器退出饱和。所以，采用 PI 调节器的双闭环调速系统的转速动态响应必然有超调。如果工艺上不允许超调，可以采用转速微分负反馈来抑制转速超调。

2. 动态抗扰动性能

由图 1.80 可以看出，负载扰动作用在电流环之后，只能靠转速反馈来产生抗扰作用，因此，突加（减）负载时，必然会引起动态速降（升）。为了减少动态速降（升），在设计转速调节器时，要求系统具有较好的抗扰性能指标。

电网电压有扰动时，由于电网电压扰动被包围在电流环之内，可以通过电流反馈得到及时的调节，不必像单闭环调速系统那样，等影响到转速后才在系统中有所反应。因此，双闭环调速系统中，由电网电压波动引起的动态速降会比单闭环系统中小得多，对内环扰动调节起来更及时些。

综上所述，转速调节器和电流调节器在双闭环调速系统中的作用可以归纳如下。

转速调节器作用：

（1）调节和控制转速，使转速 n 跟随其给定值 U_n^* 变化，达到静态无差。

（2）对负载扰动起抑制作用。

（3）其输出限幅值决定电动机允许的最大电流。

电流调节器作用：

（1）对电网电压等内环内扰动起及时抑制作用。

（2）保证系统在允许的最大电流下恒流启动。

（3）调节和控制电流，使电流跟随其给定值 U_i^* 变化。

（4）当电动机过载甚至于堵转时，限制电枢电流的最大值，从而起到快速的安全保护作用。

（5）其输出限幅值用来限制 $\alpha_{\min}$ 和 $\beta_{\min}$，防止丢脉冲和逆变失败。

采用 PI 调节器的转速、电流双闭环调速系统，由于采用饱和非线性控制，使两个调节器充分发挥作用，系统具有很好的动态性和静态特性，是一种非常实用的系统。当系统降速或制动时，由于晶闸管的单向导电性，系统只能处于自由降速状态。要产生快速制动作用，可采用可逆系统。

1.5.3　三环控制的直流调速系统

1. 带电流变化率的三环调速系统

在双闭环调速系统中，为了提高系统的快速性，希望电流环具有尽量快的响应特性，除了在图 1.81 启动过程的第Ⅱ阶段保持恒流控制以外，在第Ⅰ和第Ⅲ阶段都希望电流尽快地上升或下降。也就是说，希望电流变化率大一些，使系统的启动过程更接近理想的启动过程。

由于晶闸管装置本身的惯性很小，由晶闸管供电的传动系统中，启动时电流变化率的瞬时值甚至高达（100～200）I_{nom}/s，这样一来，快速性是满足了，却出现了另外的问题。这样高的电流变化率使直流电动机产生很高的换向电动势，使换向器上出现不容许的火花。电动机容量越大，问题越严重。另外，过高的电流变化率还伴随着很大的转矩变化率，会在机械传动机构中产生很强的冲击，从而加快其磨损，缩短使用寿命。如果单纯延缓电流环的跟随作用以压低电流变化率，又会影响系统的快速性。最好是在电流变化过程中保持容许的最大变化率，以充分发挥其效益，这恰好是上一节引入电流内环的目的。于是，按照双环系统的结构思想，在电流环内再设置一个电流变化率环，构成了转速、电流、电流变化率三环调速系统，如图 1.82 所示。

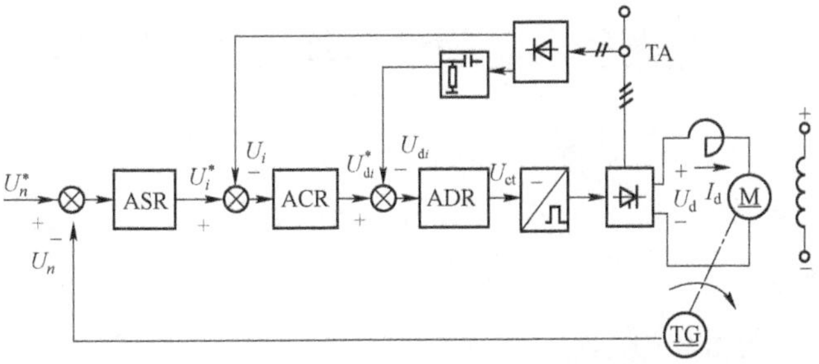

图 1.82　带电流变化率环的三环调速系统

ADR—电流变化率调节器

在带电流变化率环的三环调速系统中，ASR 的输出仍是 ACR 的给定信号，并用其限幅值 U_{im}^* 决定最大电流；ACR 的输出作为电流变化率调节器 ADR 的给定输入，ACR 的输出限幅值 U_{dim}^* 则决定最大电流变化率；ADR 的负反馈信号由电流检测信号通过微分环节得到，其输出限幅值 U_{ctm} 决定触发脉冲的最小控制角 $\alpha_{\min}$。在启动过程的第Ⅰ阶段，ASR、ACR 均饱和，电流以恒最大电流上升率上升。当电流升高到超过最大值后，ACR 退饱和，电流环投入工作，进入恒流升速阶段，以后的过程和转速、电流双闭环调速系统相同。

2. 带电压内环的三环调速系统

在实际系统中，特别是大容量的对动态性能要求较高的调速系统中，出现了转速、电流、电压三环控制的结构形式，其结构原理如图 1.83 所示。现在着重讨论电压内环的作用。

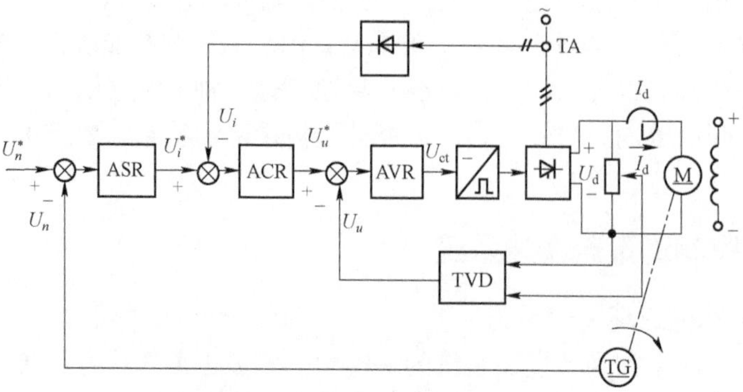

图 1.83　带电压内环的调速系统

AVR—电压调节器；TVD—直流电压隔离变换器

电压环能力图维持整流电压随给定电压成比例变化，使整流电压与电压调节器给定量呈线性关系。这就能补偿由晶闸管变流装置电流断续、触发电路的非线性等引起的晶闸管整流装置控制特性的非线性，加快系统的动态过程。例如，当电流断续，V－M 机械特性上翘时，电压控制的内环可以根据电流断续时整流电压升高的大小，自动调整控制角 α，使整流输出电压 U_d 保持为给定值，从而改善了电流断续后的特性变化。这样，对于外环来说，电压内环的等效传递系数为常数。

电压内环在抗电网扰动作用上有其优越性，对电网波动来说，电压环比电流环调节更为及时。

另外，电压内环也起着改造调节对象和加快响应的作用。

1.6　晶闸管－电动机闭环可逆调速系统

由于晶闸管的单向导电性，晶闸管－电动机可逆系统一般采用两组晶闸管变流器向电动机供电，根据两组变流器配合控制方式的不同，可逆调速系统分有环流和无环流两大类，本节着重分析这些可逆调速系统的控制问题。

1.6.1　有环流可逆调速系统

有环流可逆调速系统指的是有脉动环流。从 1.3 节的分析知道，当 $\alpha \geqslant \beta$ 配合控制时，系统只有脉动环流，这里分析 $\alpha = \beta$ 配合控制的情况。

1. $\alpha=\beta$ 配合控制的移相控制特性及实现

正组和反组实行 $\alpha = \beta$ 配合控制，即任何时刻，正组和反组变流器的相位控制角 $\alpha = \beta$。正组和反组触发控制装置实现 $\alpha = \beta$ 配合控制的移相控制特性如图 1.84 所示。当控制电压

$U_{ct}=0$ 时，两组触发装置的控制角都调整在 90°，变流器输出电压为零。当 $U_{ct}>0$ 时，正组移相角小于 90°，反组移相角大于 90°；当 U_{ct} 增大时，正组控制角 α_f 减小，反组逆变角 β_r 减小；但是，U_{ct} 变化时，始终保持 $\alpha_f=\beta_r$。当 $U_{ct}<0$ 时，正组移相角大于 90°，反组移相角小于 90°；当 U_{ct} 值增大时，正组逆变角 β_f 减小，反组控制角 α_r 减小；同样，U_{ct} 变化时，始终保持 $\beta_f=\alpha_r$。为了防止逆变失败，必须限制最小逆变角 β_{min}。如果只限制 β_{min}，而对 α_{min} 不加限制，那么处于 β_{min} 的时候，系统将会发生 $\alpha<\beta$ 的情况，从而出现整流组电压 $U_{d\alpha}$ 大于逆变组电压 $U_{d\beta}$ 的情况，即 $U_{d\alpha}>U_{d\beta}$，将产生直流环流。为了严格保持配合控制，对 α_{min} 也要加以限制，并应使 $\alpha_{min}=\beta_{min}$。图 1.84 中，$+U_{ctm}$ 对应 α_{fmin} 和 β_{rmin}，$-U_{ctm}$ 对应 β_{fmin} 和 α_{rmin}。

下面介绍图 1.84 触发控制特性的实现。先分析，正组触发控制特性。如果变流器的晶闸管采用锯齿波移相控制触发电路（或模块），当控制电压 $U_{ct}=0$ 时，使 $\alpha_0=\beta_0=90°$，则 U_{ct} 增大时，α 减小，$-U_{ct}$ 值增大时，β 减小，移相角与控制信号 U_{ct} 呈线性关系，也实现了图 1.84 中正组触发控制特性 $\alpha_f(\beta_f)\sim U_{ct}$。再分析反组触发控制特性，从图 1.84 可以看出，反组触发控制特性 $\alpha_r(\beta_r)\sim U_{ct}$，与正组触发控制特性是镜对称的，因此，反组触发器采用与正组触发器相同参数的电路，当 $U_{ct}=0$ 时，相位控制角设置为 90°，并在反组触发控制信号前加反号器，即可实现反组触发控制特性，如图 1.85 所示。控制信号的限幅值 $\pm U_{ctm}$ 可以在触发装置的前级放大器上加输出限幅电路来实现。

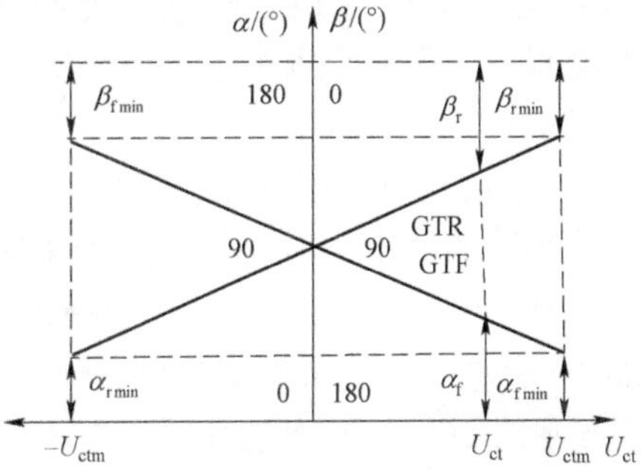

图 1.84　$\alpha=\beta$ 配合控制的移相控制特性

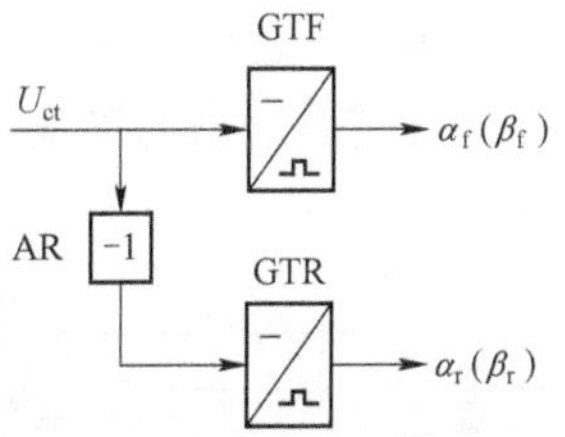

图 1.85　$\alpha=\beta$ 配合控制移相控制特性实现

2. 有环流可逆调速系统原理框图

图 1.86 所示为有环流可逆调速系统的原理框图，图中主电路采用两组三相桥式晶闸管装置反并联的线路，两组变流器采用公共的交流输入电源。因为有两条并联的环流通路，所以要用四个环流电抗器，主电路具体结构如图 1.41 所示。由于环流电抗器流过较大的负载电流就要饱和，因此在电枢回路中还要另设一个体积较大的平波电抗器 L_d。控制电路采用典型的转速电流双闭环系统。转速调节器和电流调节器都设置了双向输出限幅。如果调节器采用反向输入的运算放大器，则输出和输入是倒向的。于是，转速调节器输出正限幅 U_{im}^* 决定负最大电流 $-I_{dm}$，输出负限幅 $-U_{im}^*$ 决定正最大电流 I_{dm}。电流调节器正限幅 U_{ctm} 决定 α_{rmin} 和 β_{rmin}，负限幅 $-U_{ctm}$ 决定 β_{fmin} 和 α_{rmin}。正组触发电路 GTF 和反组触发电路 GTR 采用参数相同的电路，并且将 $U_{ct}=0$ 时的初始相位调在 90°，在反组触发电路前加反号器 AR，实现 $\alpha=\beta$ 配合控制特性。为实现可逆运行，给定电压 U_n^* 应有正负极性。为了保证转速和电流的负反馈，反馈信号必须能反映出相应的极性，所以，用霍尔电流变换器直接检测直流电流。而测速发电机产生的电压是能随电动机转向变化而改变极性的。

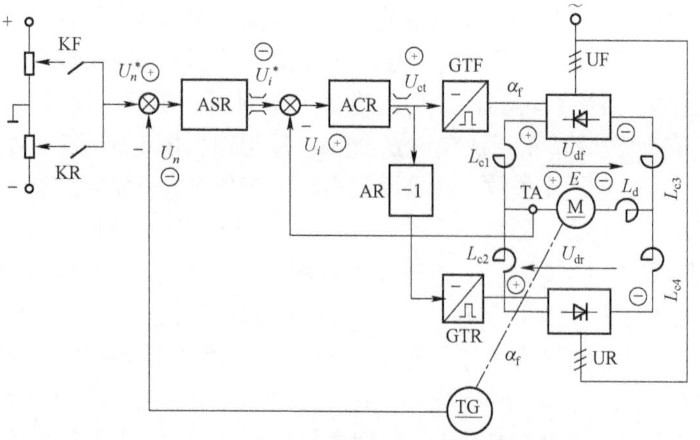

图 1.86　有环流可逆调速系统的原理框图

当$\alpha=\beta$配合控制时，正组和反组都有触发脉冲，如果正组和反组主电路结构相同，输入的交流电源相同，那么，正组和反组输出电压U_{df}和U_{dr}的值是相同的。但是它们并不都处于工作状态。当电枢反电动势$E<|U_{df}|=|U_{dr}|$时，整流组工作于整流状态，而逆变组并不满足有源逆变的条件，这时逆变组除了可能的环流外，并不流过负载电流，也没有电能回馈电网，确切地说，逆变组处于“待逆变状态”。当电枢反电动势$E>|U_{df}|=|U_{dr}|$时，逆变组就工作在逆变状态，使电动机产生回馈制动，将能量回馈电网，而整流组则处于“待整流状态”。

3. 动态过程分析

可逆系统具有可逆运行和快速制动的能力，下面通过分析系统由正转运行到反转运行的过程，来说明可逆系统是怎样实现可逆运行和快速制动的。电动机反转的过程实际上由正向制动和反向启动两个过程组成，而启动过程同转速、电流不可逆双闭环系统没有什么差别，所以这里重点分析制动过程。根据制动时电流方向的不同，制动过程可分为本桥逆变和它桥制动两个阶段。

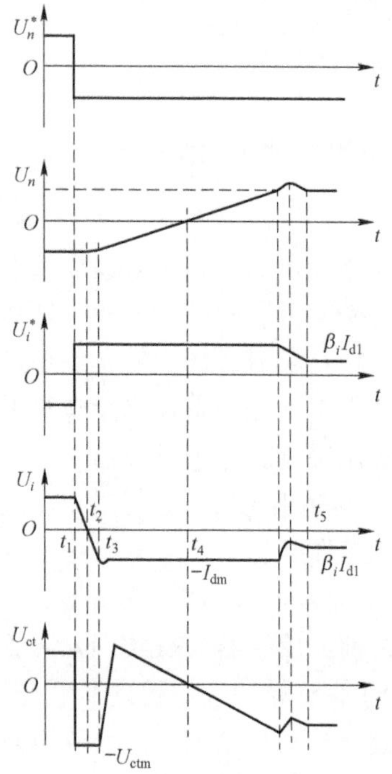

图 1.87　有环流系统速度反向过程

设系统带反抗性恒转矩负载，原来工作在正向电动运行状态，正组变流装置 UF 工作在整流状态，则系统中各量的极性如图 1.86 及图 1.87 中 0～t_1段所示。U_n^*为正，U_n为负；U_i^*为负，U_i为正；U_{ct}为正，$\alpha_f<90°$，$\beta_r<90°$。

1）本桥逆变阶段

转速给定电压U_n^*突然变为负后，由于转速反馈电压U_n极性仍为负，所以，转速调节器输入偏差为负值，其输出U_i^*跃变到正限幅U_{im}^*。也就是说有一个$-I_{dm}$的电流给定信号加在电流调节器的给定端。一开始由于电流方向还没来得及变化，电流反馈电压U_i极性仍为正，在（$U_{im}^*+U_i$）合成信号作用下，电流调节器 ACR 输出U_{ct}跃变成负的限幅值$-U_{ctm}$，使正组 UF 的相位控制角变成$\beta_f=\beta_{f\min}$，反组相位控制角变成$\alpha_r=\alpha_{r\min}$，正组处于逆变区，反组处于整流区，正组和反组的输出电压U_{df}和U_{dr}左“−”、右“+”。这段时间很短，转

速 n、反电势 E 变化很小，而电流却下降很快，在主电路电感 L_d 两端产生很大的电压 $L_d dI_d / dt$，极性与 E 反向左"－"、右"＋"。由于 $L_d dI_d / dt - E > U_{df}$，所以，逆变组 UF 工作在逆变状态，电流 i_d 流过 UF，主要把储存在电感 L_d 中的能量迅速回馈电网。而由于 $L_d dI_d / dt - E > U_{df} = U_{dr}$，所以反组 UR 并不输出整流电流，处于待整流状态，其波形如图 1.87 中 $t_1 \sim t_2$ 段所示。

2）它桥制动阶段

随着 $L_d dI_d / dt$ 的下降，当 $L_d dI_d / dt - E < U_{df} = U_{dr}$ 时，整流组 UF 工作，i_d 反向，U_i 极性变为负。此时 U_{dr} 和 E 反接，在 U_{dr} 和 E 的共同作用下，电流反向上升很快，电动机处于反接制动状态，波形如图 1.87 中 $t_2 \sim t_3$ 段所示。

当反向电流值 $I_d > I_{dm}$ 时，电流调节器 ACR 的输入 $\Delta U_i = U_{im}^* - U_i$ 变为负值，ACR 退出饱和，电压 U_{ct} 从饱和值 U_{ctm} 退出，其数值很快减小后又由负变为正。当 $U_{ct} > 0$ 时，反组 UR 回到逆变区，正组 UF 回到整流区，由于 $|U_{df}| < E$，反组 UR 处于逆变状态，正组 UF 处于待整流状态，U_{df} 和 U_{dr} 左"＋"、右"－"。由于 ACR 退出饱和，进入线性调节状态，电流调节环要调节电流，使其跟随给定信号 U_{im}^*，在电流调节器的作用下，维持接近反向最大电流 $-I_{dm}$ 下恒流制动，达到快速制动的目的。此时，系统将电动机中的动能转化为电能，通过逆变工作组送回电网。随着 n 和 E 的下降，电流调节环是通过自动调节，使 ACR 的输出 U_{ct} 也逐渐减小来保持 I_d 恒定的，其波形如图 1.87 中 $t_3 \sim t_4$ 段所示，反组逆变回馈制动是制动过程中的主要过程。

3）反向启动阶段

当转速 n 下降到零时，转速调节器仍然处于饱和状态，其输出即电流给定仍为 $+U_{im}^*$，电流调节环调节电枢电流为 $-I_{dm}$，电动机反转恒流升速。随着 n 和 E 的反向增加，电流调节环是通过自动调节，使 ACR 的输出 U_{ct} 变负并逐渐增加来保持 I_d 恒定的。当 U_{ct} 过零变负后，UR 又回到整流状态，而 UF 处于待逆变状态。只要转速没有达到给定转速，ASR 继续饱和，电动机继续在 $-I_{dm}$ 下恒流升速。当转速值超过给定值，转速调节器才退饱和，进入线性调节状态，以后的过程与转速、电流双闭环不可逆系统就相同了，其波形如图 1.87 中 $t_4 \sim t_5$ 所示。

从系统的反向过程可以看出，从正转到反转，电流和转速都是连续变化的，没有死区。整个过渡过程中，ASR 主要处于饱和状态。所以，系统能在允许的最大电枢电流下制动和反向启动，动态过程很快，这是有环流系统的最大优点。因为有环流损耗，有环流可逆系统一般用于小容量和要求快速反转的系统中。

1.6.2　可控环流可逆调速系统

为了更充分利用有环流可逆系统制动和反向过程的平滑性和连续性，最好能有电流波形连续的电流。当主回路电流可能断续时，采用 $\alpha < \beta$ 的控制方式，有意提供一个附加的直流环流，使电流连续；一旦主回路负载电流连续了，则设法形成 $\alpha > \beta$ 的控制方式，遏制环流至零。这种根据实际情况来控制环流的大小和有无，扬环流之长而避其短，称为可控环流的可逆调速系统。

那么，如何实现环流自动可控呢？先要分析一下，在图 1.40 两组晶闸管反并联可逆线路中，哪个电流是环流，以正组工作情况为例来分析。稳态时，电枢电流 I_d 等于负载电流 I_{dL}，而 $I_d = I_f - I_r$，于是，正组工作时，反组电流 I_r 即为环流。同理，反组工作时，正组电流即为环流，控制环流也就是要控制非工作组电流。随着负载的增大，控制非工作组电流逐渐减小，当负载大到一定程度时，控制非工作组电流减小到零。图 1.88 所示为可控环流可逆调速系统的原理图。主电路采用两组晶闸管交叉连接线路。控制线路仍是转速、电流双闭环系统，但电流互感器和电流调节器分别都用了两套，它们组成正、反组各自独立的电流环，并在正、反组电流调节器 ACR_1、ACR_2 输入端分别加上了控制环流的环节。控制环流环节包括环流给定电压 $-U_c^*$ 和由二极管 VD、电容 C、电阻 R 组成的环流抑制电路。为使 ACR_1 和 ACR_2 的给定信号极性相反，U_i^* 经过反号器 AR 输出 $\overline{U_i}^*$，作为 ACR_2 的电流给定。

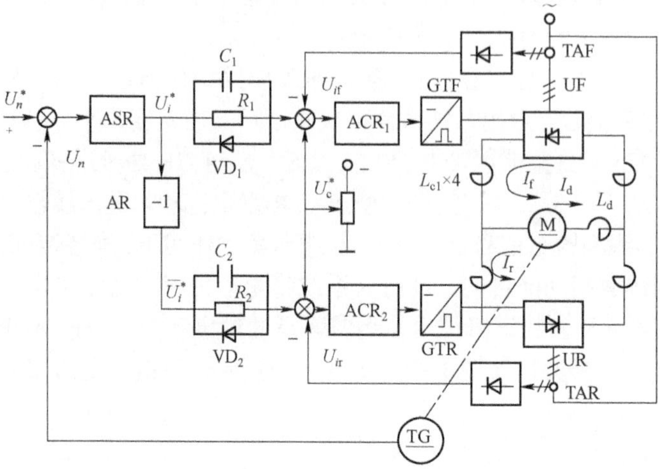

图 1.88　可控环流可逆调速系统的原理图

现在重点分析一下环流可控的原理。依然分析正组工作的情况，当速度给定电压 $U_n^*=0$ 时，转速调节器 ASR 输出电压 $U_i^*=0$，则 ACR_1 和 ACR_2 仅靠环流给定电压 $-U_c^*$，使两组变流装置处于微微导通的整流状态，输出相等的电流 $I_f=I_r=I_c^*$（给定环流）。在原有脉动环流之外，又加上恒定的直流环流，其大小可控制在额定电流的 5%～10%，由于电流环闭环控制，环流等于环流给定值，不会过流。而电动机的电枢电流 $I_d=I_f-I_r=0$。下面分析环流随着负载电流增大而自动减小的原理。正组工作时，U_i^* 为"－"直接加入 ACR_1 输入端，$\overline{U_i}^*$ 为"＋"需经过电阻 R 加到 ACR_2，相当于对 $\overline{U}_i^*$ 有了衰减，衰减的程度取决于电阻 R 与 ACR 输入电阻的比值，用小于 1 的系数 K 表示。稳态时，ACR_1 输入偏差等于零，即 $|U_{if}|=|U_i^*+U_c^*|$，负载越大，I_f 和 U_{if} 越大，U_i^* 也越大。下面分析随着 U_i^* 增大，非工作组电流，亦即反组电流 I_r 自动变小的自动控制过程。当 ACR_2 不饱和时，ACR_2 输入偏差等于零，即 $|U_{ir}|=|K\overline{U_i}^*+U_c^*|$，由于 $\overline{U_i}^*$ 为"＋"，U_c^* 为"－"，因此，$K\overline{U_i}^*$ 与 U_c^* 部分抵消，使 U_{ir} 随 I_r 减小；当 $\overline{U}_i^*$ 较大时，$K\overline{U}_i^*$ 与 U_c^* 抵消程度增大，I_r 进一步减小；当 $|K\overline{U}_i^*|>|U_c^*|$ 时，ACR_2 输出达到饱和，非工作组相位控制角处于 β_{min}，输出 $U_{dr}=U_{drmax}>U_{df}$，反组没有电流，也就没有环流了。即随着负载电流的增大，环流自动减小，当负载电流增大到一定程度时，环流自动减小到零。图 1.88 中与 R、VD_2 并联的电容 C 则是对遏制环流的过渡过程起加快作用的。同理，反向运行时，反组提供负载电流，正组用作控制环流。

可控环流系统充分利用了环流有利的一面，避开了电流断续区，使系统在正反向过渡过程中没有死区，提高了快速性；同时又克服了环流不利的一面，减少了环流损耗，所以在各种对快速性要求高的可逆调速系统中得到广泛的应用。

1.7　闭环调速系统调节器的工程设计方法

1.4.4 节中介绍了采用频率特性法进行调速系统的动态设计。这种设计方法需要设计者有扎实的理论基础、丰富的实际经验和熟练的设计技巧。在工程应用中，希望采用既便于分析计算又有明确物理意义的简便实用的工程设计法。

现代电气传动系统，除电动机外，都是由惯性很小的电力电子器件及集成电路调节器等组成。经过合理的简化处理，整个系统一般都可以用低阶系统近似。而以运算放大器为核心的有源校正网络（调节器）可以实现精确的比例、积分、微分控制规律，于是就有可能将多种多样的控制系统简化和近似成少数典型的低阶系统结构。如果事先对这些典型的低阶系统做出比较深入的研究，把它们的开环对数频率特性当作预期的特性，分析清楚它们的参数和系统性能指标的关系，写成简单的公式或制成简明的图表，那么在设计实际系统时，只要能把它们校正或简化成典型系统的形式，就可以利用现成的公式和图表来进行调节器的参数计算，设计过程就会简便得多。这就是工程设计法的思路。

电气传动系统的工程设计法主要有“调节器最佳整定法”“振荡指标法”“模型控制法”等。“调节器最佳整定法”也称作“二阶最佳”和“三阶最佳”参数设计法，其公式简明好记，便于接受和使用。“振荡指标法”在伺服系统中常用，其理论证明虽然比较麻烦，但所得结论却很简单，有其独到之处，将它引入电气传动控制系统工程设计后，获得了良好的效果。对动态性能要求较精确时，可采用“模型控制法”，它用中频宽度 a、中衰宽度 b 和控制信号滤波时间常数相对值 c 三个变数来概括系统中各参数的变化，得到了比较完整的结果。对于更复杂的系统可采用高阶或多变量系统的计算机辅助分析和设计方法。本节重点介绍“振荡指标法”，并以转速、电流双闭环系统为例介绍调节器的具体设计方法。

1.7.1　典型系统及性能分析

1. 典型系统描述

一般来说，许多控制系统的开环传递函数都可用式（1.76）来表示

$$W(s)=\frac{K(\tau_1 s+1)(\tau_2 s+1)\cdots}{s^r(T_1 s+1)(T_2 s+1)\cdots} \tag{1.76}$$

根据系统含有的积分环节 $r=0$，1，2…的不同数值，分别称为 0 型系统、Ⅰ型系统、Ⅱ型系统等。自动控制理论证明，0 型系统在稳态时是有差的，而Ⅲ型和Ⅲ型以上的系统很难稳定。因此，为了保证稳定性和一定的稳态精度，通常多用Ⅰ型系统和Ⅱ型系统。而Ⅰ型系统和Ⅱ型系统的结构又有多种多样，下面各选一种作为典型系统。

1）典型Ⅰ型系统

典型Ⅰ型系统的开环传递函数为

$$W(s)=\frac{K}{s(Ts+1)} \qquad （其中 K<1/T） \tag{1.77}$$

它的闭环系统结构图和开环对数频率特性如图 1.89 所示。其对数幅频特性的中频段

以 -20 dB/dec 的斜率穿越零分贝线，只要参数的选择能够保证足够的中频带宽度，系统就有一定的稳定性，且有足够的稳定余量。系统相角稳定裕度为

$$\gamma = 180^\circ - 90^\circ - \arctan\omega_c T = 90^\circ - \arctan\omega_c T > 45^\circ$$

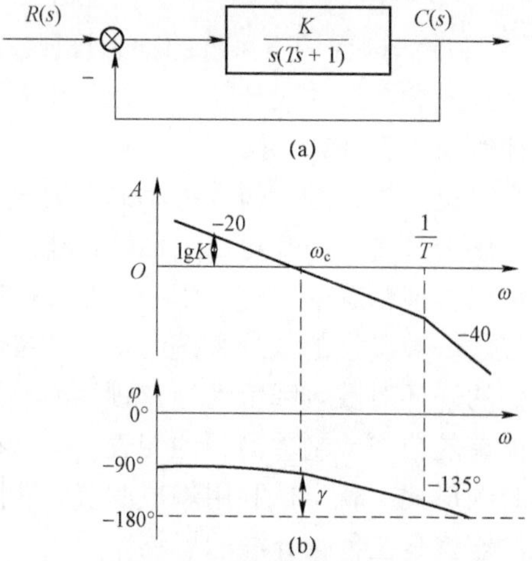

图 1.89　典型 I 型系统

（a）闭环系统结构图；（b）开环对数频率特性

2）典型Ⅱ型系统

典型Ⅱ型系统的开环传递函数为

$$W(s) = \frac{K(\tau s+1)}{s^2(Ts+1)} \quad （其中 \tau > T） \tag{1.78}$$

它的闭环系统结构图和开环对数频率特性如图 1.90 所示，其中频段也是以 -20 dB/dec 的斜率穿越零分贝线。相角稳定裕度为

$$\gamma = 180^\circ - 180^\circ + \arctan\omega_c\tau - \arctan\omega_c T = \arctan\omega_c\tau - \arctan\omega_c T$$

τ 比 T 大得越多，则稳定裕度越大。

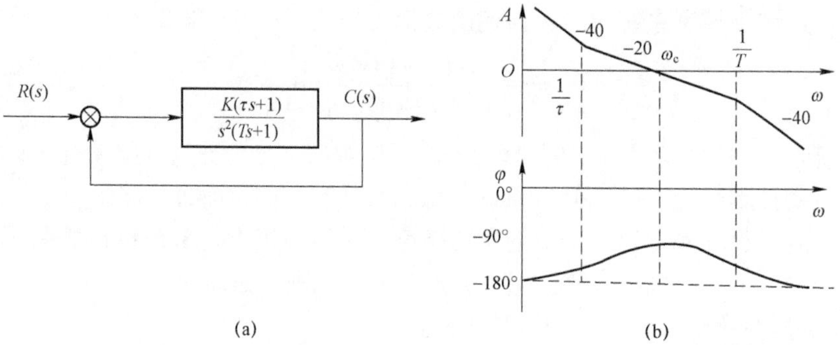

图 1.90　典型Ⅱ型系统

（a）闭环系统结构图；（b）开环对数频率特性

确定了典型系统的结构以后，需要找出系统参数与性能指标的关系，并绘制出参数与性能指标关系的表格，以便工程设计时应用。

2. 典型Ⅰ型系统参数和性能指标的关系

典型Ⅰ型系统的开环传递函数中有两个参数，开环增益K和时间常数T。实际上时间常数T往往是控制对象本身固有的，能够由调节器改变的只有开环增益K，故需要找出性能指标和K值的关系。

在图 1.89（b）$\omega=1$处，典型Ⅰ型系统的对数幅频特性幅值是

$$L(\omega)|_{\omega=1}=20\lg K=20（\lg\omega_c-\lg 1）=20\lg\omega_c$$

所以
$$K=\omega_c \quad （当\ \omega_c<1/T\ 时） \tag{1.79}$$

开环增益K越大，则交接频率ω_c也越大，系统响应越快。但由典型Ⅰ型系统的相角稳定裕量$\gamma=90°-\arctan\omega_c T$，可见，当$\omega_c$增大时，$\gamma$将降低，这也说明快速性与稳定性的矛盾。在具体选择参数时在二者之间折中。

1）典型Ⅰ型系统跟随性能指标与参数的关系

典型Ⅰ型系统是二阶系统，其闭环传递函数为

$$\phi(s)=\frac{W(s)}{1+W(s)}=\frac{\frac{K}{T}}{s^2+\frac{1}{T}s+\frac{K}{T}} \tag{1.80}$$

而二阶系统的跟随性能指标与其参数之间有着准确的数学关系。

根据这些数学关系式，可计算出对应KT=0.25～1 的几个值的系统动态跟随性能指标值列于表 1.1 中。

表 1.1　典型Ⅰ型系统参数与动态跟随性能指标的关系

参数关系 KT	0.25	0.39	0.5	0.69	1.0
阻尼比 ξ	1.0	0.8	0.7	0.6	0.5
超调量 σ/%	0	1.5	4.3	9.5	16.3
振荡指标 M_p	1	1	1	1.04	1.15
相角裕量稳定 $\gamma(\omega_c)$	76.3°	69.9°	65.5°	59.2°	51.8°
上升时间 t_r	∞	6.67 T	4.72 T	3.34 T	2.41 T

2）典型Ⅰ型系统抗扰性能指标与参数的关系

图 1.91（a）所示为在扰动N作用下的典型Ⅰ型系统。在扰动作用点前面这部分传递函数是$W_1(s)$，后面一部分是$W_2(s)$，而且

$$W_1(s)W_2(s)=W(s)=\frac{K}{s(Ts+1)} \tag{1.81}$$

只讨论抗扰性能时，可令输入作用$R=0$，这时输出量可写成其变化量ΔC，再将扰动作用$N(s)$前移到输入作用点上，得到图 1.91（b）所示的等效结构图。显然，虚线框中部分就是闭环的典型Ⅰ型系统。

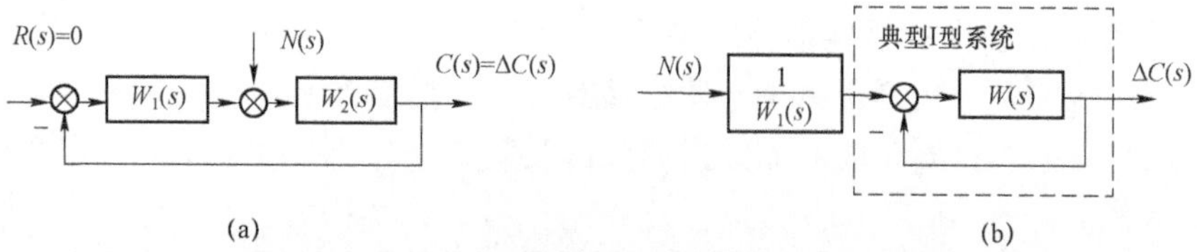

图 1.91　扰动作用下的典型 I 型系统及其等效结构图

（a）典型 I 型系统；（b）图（a）系统的等效结构图

由图 1.91（b）可知，扰动 $N(s)$ 作用下的传递函数为

$$\frac{\Delta C(s)}{N(s)}=\frac{1}{W_1(s)}\times\frac{W(s)}{1+W(s)} \tag{1.82}$$

显然，系统的抗扰性能与典型 I 型的结构直接有关，而且还和扰动作用点以前的传递函数 $W_1(s)$ 有关，即和扰动作用点有关。某种特定量的抗扰性能指标只适用于一种特定的扰动作用点，这就给分析抗扰性能增加了复杂性。这里只针对常用的调速系统，分析图 1.92 所示的一种情况，以给出分析方法。

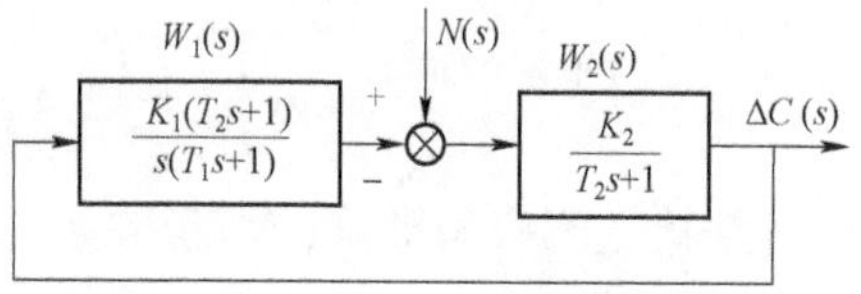

图 1.92　典型 I 型系统在一种扰动作用下的动态结构图

图 1.92 中扰动作用点前后两部分传递函数的增益分别为 K_1 和 K_2，而 $K_1K_2=K$。两部分的固有时间常数为 T_1 和 T_2，且 $T_2>T_1=T$。为了把系统校正成典型 I 型系统，在扰动作用点前设置了具有比例积分环节的调节器，以便与控制对象传递函数分母中 (T_2s+1) 对消。这样，系统总的传递函数是符合式（1.81）的。

根据式（1.81），在阶跃扰动 $N(s)=N/s$ 作用下，有

$$\Delta C(s)=\frac{NK_2(Ts+1)}{(T_2s+1)(Ts^2+s+K)}$$

如果调节器参数已经先按跟随性能指标选定为 $KT=0.5$ 或 $K=K_1K_2=1/2T$，则

$$\Delta C(s)=\frac{2NK_2T(Ts+1)}{(T_2s+1)(2T^2s^2+2Ts+1)} \tag{1.83}$$

利用部分分式法分解式（1.83），再求拉氏反变换，可得阶跃扰动后输出变化量过渡过程的时间函数为

$$\Delta C(t)=\frac{2NK_2m}{2m^2-2m+1}\left[(1-m)\mathrm{e}^{-t/T_2}-(1-m)\mathrm{e}^{-t/2T}\cos\frac{t}{2T}+m\mathrm{e}^{-t/2T}\sin\frac{t}{2T}\right] \tag{1.84}$$

式中，$m=T_1/T_2$ 表示控制对象中两个时间常数的比值，它的值是小于 1 的。

取不同的 m 值，可计算出相应的 $\Delta C(t)=f(t)$ 动态过程曲线，从而求得输出量的最大动态降落 $\Delta C_{\max}$（用基准值 C_b 的百分数来表示）和对应的时间 t_m（用 T 的倍数表示），以及允许误差带为 $\pm5\%C_b$ 时的恢复时间 t_v（用 T 的倍数表示），计算结果列于表 1.2 中。

表 1.2　典型 I 型系统动态抗扰性能指标与参数的关系（$KT=0.5$）

$m=\dfrac{T_1}{T_2}=\dfrac{T}{T_2}$	$\dfrac{1}{5}$	$\dfrac{1}{10}$	$\dfrac{1}{20}$	$\dfrac{1}{30}$
$\Delta C_{max}/C_b$	55.5%	33.2%	18.5%	12.9%
t_m/T	2.8	3.4	3.8	4.0
t_v/T	14.7	21.7	28.7	30.4

计算的主要目的是为了分析参数变化对抗扰性能影响的趋势。为了使 $\Delta C_{max}/C_b$ 的数值能落在合理的范围内，将基准值 C_b 取为

$$C_b = K_2 N/2 \tag{1.85}$$

由表 1.2 中数据可以看出，随着控制对象的两个时间常数相距的增大时，动态降落减小，恢复时间变长。

3. 典型 II 型系统参数和性能指标的关系

典型 II 型系统的开环传递函数有三个参数，其中时间常数 T 往往是控制对象固有的，而参数 K 和 τ 待确定。

为了分析方便起见，再将典型 II 型系统的开环对数幅频特性画于图 1.93。不失一般性，设 $\omega=1$ 点处在 -40 dB/dec 特性段，由图 1.93 可以看出

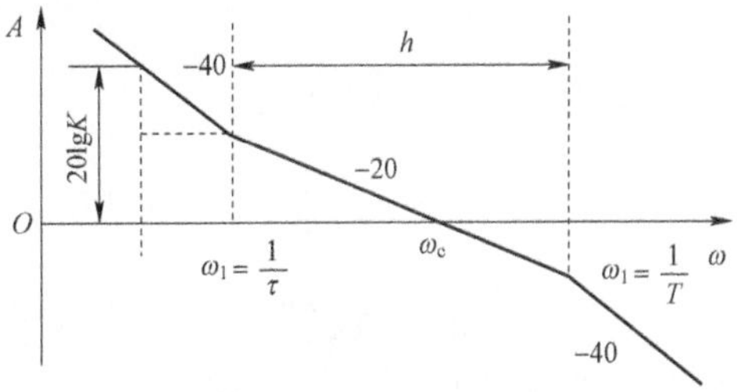

图 1.93　典型 II 型系统的开环对数幅频特性

$$20\lg K = 40\lg\omega_1 + 20\lg(\omega_c/\omega_1) = 20\lg\omega_1\omega_c$$

因此
$$K = \omega_1\omega_c \tag{1.86}$$

而中频宽为
$$h = \omega_2/\omega_1 = \tau/T \tag{1.87}$$

从幅频特性上还可看出，由于 T 一定，改变 τ 就等于改变了中频宽 h；在 τ 确定以后，再改变 K 相当于使开环对数幅频特性上下平移，从而改变了交接频率 ω_c。因此在做动态设计时，选择两个参数 h 和 ω_c，就相当于选择参数 τ 和 K。

在工程设计中，如果两个参数都任意选择，就需要比较多的图表和数据，这样做虽然可以针对不同的情况选择参数，以便获得比较理想的动态性能，选择参数工作比较复杂。如果能够在两个参数之间找到某种对动态性能有利的关系，选择其中一个参数就可以计算出另一个参数，那么双参数的设计问题可以化成单参数的设计，就简单多了。显然，这样做对于照顾不同的要求，优化动态性能来说，多少是要做出一些牺牲的。

若采用“振荡指标法”中所用的闭环幅频特性谐振幅值 M_p 最小准则来找出 h 和 ω_c 两个参数之间的较好的配合关系，则可以证明，它们之间的关系为

$$\frac{\omega_2}{\omega_c} = \frac{2h}{h+1} \tag{1.88}$$

$$\frac{\omega_c}{\omega_1} = \frac{h+1}{2} \tag{1.89}$$

对应的最小 M_p 峰值是
$$M_{p\min}=\frac{h+1}{h-1} \tag{1.90}$$

确定了 h 和 ω_c 之后，可以很容易地计算 τ 和 K。由式（1.87）得
$$\tau = hT \tag{1.91}$$
再由式（1.86）和式（1.89）得
$$K=\omega_1\omega_c=\omega_1^2\times\frac{h+1}{2}=\left(\frac{1}{hT}\right)^2\times\frac{h+1}{2}=\frac{h+1}{2h^2T^2} \tag{1.92}$$
式（1.91）和式（1.92）是工程设计中计算典型Ⅱ型系统参数的公式。只要按动态性能指标的要求确定了 h 值，就可以计算出 τ 和 K，从而确定典型Ⅱ型系统。

1）典型Ⅱ型系统跟随性能指标与参数的关系

按 M_p 最小准则设计系统时，典型Ⅱ型系统的开环传递函数可用参数 h 表示为
$$W(s)=\frac{K(\tau s+1)}{s^2(Ts+1)}=\left(\frac{h+1}{2h^2T^2}\right)\frac{hTs+1}{s^2(Ts+1)}$$
对应的闭环传递函数为
$$\phi(s)=\frac{W(s)}{1+W(s)}=\frac{hTs+1}{\dfrac{2h^2}{h+1}T^3s^3+\dfrac{2h^2}{h+1}T^2s^2+hTs+1} \tag{1.93}$$

当输入为单位阶跃信号时，用数字仿真的方法可以求得以 T 为时间基准，h 取不同值时的阶跃响应 $C(t/T)$（图 1.94），从而计算出不同中频宽 h 对应的超调量 σ、上升时间 t_r/T、调节时间 t_s/T 和谐振峰值 $M_{p\min}$，一同列于表 1.3 中。

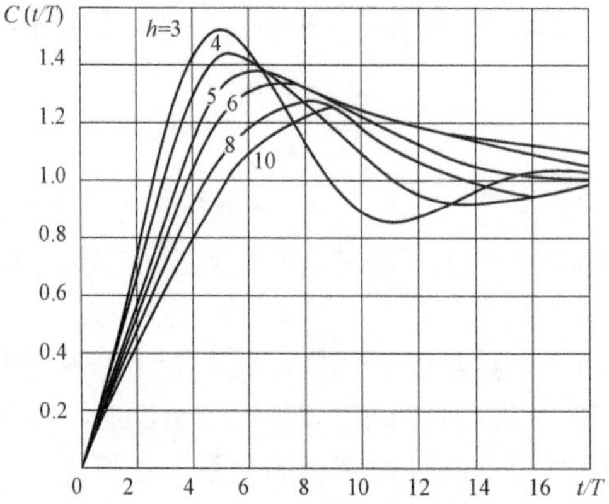

图 1.94　典型Ⅱ型系统阶跃响应

表 1.3　典型Ⅱ型系统跟随性能指标与参数的关系
（按 $M_{p\min}$ 准则确定参数关系时）

h	3	4	5	6	7	8	9	10
$M_{p\min}$	2	1.67	1.5	1.4	1.33	1.29	1.25	1.22
σ/%	52.6	43.6	37.6	33.2	29.8	27.2	25.0	23.3
t_r/T	2.4	2.65	2.85	3.0	3.1	3.2	3.3	3.35
t_s/T	12.15	11.65	9.55	10.45	11.30	12.25	13.25	14.20

由于过渡过程的衰减振荡性质，调节时间随 h 的变化不是单调的，以 $h=5$ 时的调节时间为最短。此外，h 越大则超调量越小，如果要求使 $\sigma\leqslant 25\%$，就得选择中频宽 $h\geqslant 9$ 才行，但对应的调节时间将加长，而且，从后面的分析将知道，中频宽过大会使扰动作用下的恢复时间加长，对系统的抗扰性能不利。

2）典型Ⅱ型系统抗扰性能指标与参数的关系

如前所述，控制系统的抗扰性能指标因系统结构、扰动作用和作用函数而异。针对典型Ⅱ型系统，选择调速系统常遇到的一种扰动作用点（图 1.95），分析其抗扰性能指标与参数的关系。

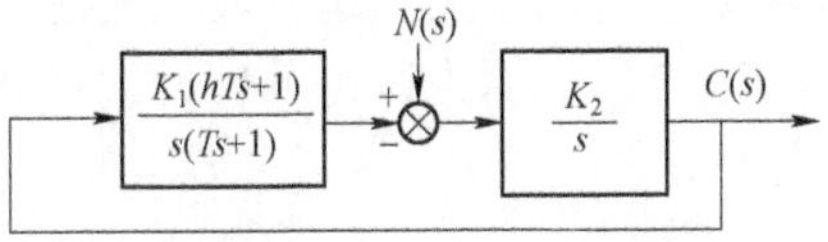

图 1.95　典型Ⅱ型系统在一种扰动作用下的动态结构图

如果已经按 M_{Pmin} 准则确定参数关系，即 $K=K_1K_2=(h+1)/2h^2T^2$，则如图 1.95 所示系统在这类扰动作用下的闭环传递函数为

$$\frac{\Delta C(s)}{N(s)}=\frac{\dfrac{K_2}{s}}{1+\dfrac{K_1K_2(hTs+1)}{s^2(Ts+1)}}=\frac{K_2s(Ts+1)}{s^2(Ts+1)+K_1K_2(hTs+1)}$$

$$=\frac{\dfrac{2h^2T^2}{h+1}K_2s(Ts+1)}{\dfrac{2h^2}{h+1}T^3s^3+\dfrac{2h^2}{h+1}T^2s^2+hTs+1}$$

对于阶跃扰动，$N(s)=N/s$，则

$$\Delta C(s)=\frac{\dfrac{2h^2T^2}{h+1}K_2N(Ts+1)}{\dfrac{2h^2}{h+1}T^3s^3+\dfrac{2h^2}{h+1}T^2s^2+hTs+1} \tag{1.94}$$

由式（1.94）可以计算出对应不同 h 值的动态抗扰过程曲线 $\Delta C(t)$，从而求出各项动态抗扰性能指标，列于表 1.4 中。同样，在计算中，为了使各项指标都落在合理的范围内，取输出量基准为

$$C_{\mathrm{b}}=2K_2TN \tag{1.95}$$

表 1.4　典型Ⅱ型系统动态抗扰性能指标与参数的关系

（参数关系符合 M_{Pmin} 准则）

h	3	4	5	6	7	8	9	10
$\Delta C_{\max}/C_{\mathrm{b}}$	72.2%	77.5%	81.2%	84.0%	86.3%	88.1%	89.6%	90.8%
t_{m}/T	2.45	2.70	2.85	3.00	3.15	3.25	3.30	3.40
t_{v}/T	13.60	10.45	8.80	12.95	16.85	19.80	22.80	25.85

表 1.4 中恢复时间 t_v 是 ΔC 恢复到新的稳态值 C_b 的 ±5%以内的时间。从表 1.4 中数据看，h 值越小，ΔC_{max} 越小，t_m 和 t_v 都短，因而抗扰性能越好。但是，当 $h<5$ 时，h 再小，恢复时间 t_v 反而拖长了。因此，就抗扰性能中恢复时间 t_v 而言是以 $h=5$ 为最好，这和跟随性能中调节时间 t_s 最小的要求是一致的。把典型Ⅱ型系统的跟随性能与抗扰性能指标结合起来看，$h=5$ 应该是最好的选择。

1.7.2 调节器的工程设计方法

根据系统的性能要求选择适当的调节器，就可以将原系统校正成典型系统。但是，有一些实际系统不能简单地校正成典型系统的形式，这时应该先对被校正系统做近似处理，再用工程设计方法把系统设计成典型系统。下面先讨论各种近似处理问题，然后讨论调节器的选择方法。

1. 传递函数的近似处理

1）小惯性环节的近似处理

实际系统中往往有一些小时间常数的惯性环节，例如晶闸管整流装置的滞后时间常数、电流和转速检测的滤波时间常数等。它们只影响对数频率特性的高频段（图 1.96），对它们做近似处理不会显著地影响系统的动态性能。设系统的开环传递函数为

$$W(s)=\frac{K(\tau s+1)}{s(T_1 s+1)(T_2 s+1)(T_3 s+1)}$$

式中，T_2、T_3 都是小时间常数，即 $T_1 \gg T_2$、T_3，且 $T_1>\tau$，系统的开环对数幅频特性如图 1.96 所示。

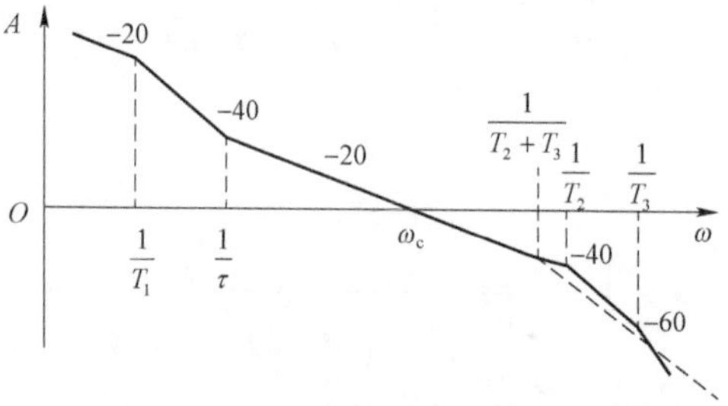

图 1.96　高频段小惯性环节近似处理对频率特性的影响

小惯性环节的频率特性为

$$\frac{1}{(j\omega T_2+1)(j\omega T_3+1)}=\frac{1}{1-T_2T_3\omega^2+j\omega(T_2+T_3)}$$

$$\approx\frac{1}{1+j\omega(T_2+T_3)}$$

近似条件是 $T_2T_3\omega^2 \ll 1$。

一般工程计算中允许误差在 10%以内，因此近似条件可以写成 $T_2T_3\omega^2 \leqslant 1/10$ 或允许频带在 $\omega \leqslant 1/\sqrt{10T_2T_3}$ 之内。

考虑到开环频率特性的交接频率 ω_c 与闭环频率特性的通频带 ω_b 一般比较接近，而 $\sqrt{10}=3.16$，可以认为近似处理的条件是

$$\omega_c \leqslant \frac{1}{3}\sqrt{\frac{1}{T_2 T_3}} \tag{1.96}$$

在此条件下，有

$$\frac{1}{(T_2 s+1)(T_3 s+1)} \approx \frac{1}{(T_2+T_3)s+1}$$

即将两个小惯性环节等效成一个惯性环节，该惯性环节的时间常数等于原惯性环节的两个时间常数之和。等效后的对数幅频特性如图 1.96 虚线所示。

同理，当系统有多个小惯性环节时，在一定的条件下，可以将它们近似成一个小惯性环节，其时间常数等于原系统各小惯性环节的小时间常数之和。

2）大惯性环节的近似处理

大惯性环节中，时间常数的倒数处于对数幅频特性的低频段，主要影响系统的稳态特性。设系统的开环传递函数为

$$W_a(s) = \frac{K(\tau s+1)}{s(T_1 s+1)(T_2 s+1)}$$

其中，$T_1 > \tau > T_2$，且 $1/T_1$ 远低于交接频率 ω_c（图 1.97），处于频率特性的低频段。

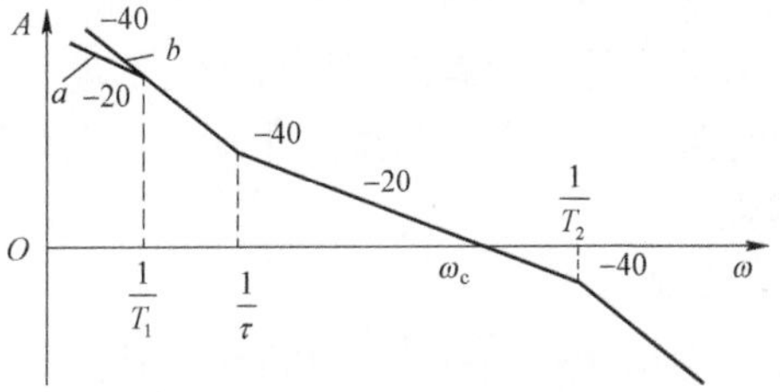

图 1.97　低频段大惯性环节近似处理对频率特性的影响

大惯性环节的频率特性为

$$\frac{1}{j\omega T_1+1} = \frac{1}{\sqrt{\omega^2 T_1^2+1}} \angle \arctan\omega T_1$$

若将它近似成一个积分环节 $1/T_1 s$，其幅值应近似为

$$\frac{1}{\sqrt{\omega^2 T_1^2+1}} \approx \frac{1}{\omega T_1}$$

近似条件是 $\omega^2 T_1^2 \gg 1$，或按工程惯例 $\omega T_1 \geqslant \sqrt{10}$。和前面一样，将 ω 换成 ω_c，并取整数得近似条件为

$$\omega_c \geqslant 3/T_1 \tag{1.97}$$

而相角的近似关系是 $\arctan\omega T_1 \approx 90°$；当 $\omega T_1 = \sqrt{10}$ 时，$\arctan\omega T_1 = \arctan^{-1}\sqrt{10} = 72.45°$，似乎误差较大。实际上，将这个惯性环节近似成积分环节后，相角滞后得更多，相当于稳定裕度更小，下面具体分析一下。

原来系统 $W_a(s)$ 的相频特性为

$$\varphi_a(\omega) = -90° - \arctan\omega T_1 + \arctan\omega\tau - \arctan\omega T_2$$

$$=-90^\circ-\left(90^\circ-\arctan\frac{1}{\omega T_1}\right)+\arctan\omega\tau-\arctan\omega T_2$$

对应的相角稳定裕量为

$$\gamma_a(\omega_c)=\arctan\frac{1}{\omega T_1}+\arctan\omega_c\tau-\arctan\omega_c T_2$$

将大惯性环节近似成积分环节后的开环传递函数 $W_b(s)$ 为

$$W_b(s)=\frac{K(\tau s+1)}{T_1 s^2(T_2 s+1)}$$

对应的相角稳定裕量为

$$\gamma_b(\omega_c)=\arctan\omega_c\tau-\arctan\omega_c T_2$$

显然，$\gamma_a(\omega_c)>\gamma_b(\omega_c)$。这就是说，实际系统的稳定裕量比近似系统更大，按照近似系统设计好以后，实际系统的稳定性应该更好。

满足式（1.97）条件，将大惯性环节 $1/(T_1 s+1)$ 近似成积分环节 $1/T_1 s$ 后，从图 1.97 开环对数幅频特性上看，相当于把特性 a 近似看成特性 b，它们之间的差别只在低频段，这样的近似处理对系统的动态性能影响不大。但是从稳态性能上看，这样的近似处理相当于把系统的型人为地提高了一级，如果原来是 I 型系统，近似处理后就变成了 II 型系统，这当然是虚假的。所以，低频段大惯性环节的这种近似只适用于动态性能分析和设计，当考虑稳态精度时，仍应采用原来的传递函数。

3）闭环传递函数的近似处理

在多环系统设计中，总是先设计内环，后设计外环。在设计和调整外环时，往往遇到如何处理内部的小闭环系统问题。工程上，在外环系统设计时，内环作为一个整体环节来对待，而且为了设计方便，总希望这个整体环节能简化一点，通常简化成一阶惯性环节。简化时的近似程度，取决于外环频带和内环频带间的距离。一般来说，内环和外环的截止频率 ω_d 相差越远，简化后的近似程度就越好。在对数幅频特性中则用内环和外环的交接频率 ω_c 来衡量。

设内环的闭环传递函数为

$$W_a(s)=\frac{1}{as^2+bs+1} \tag{1.98}$$

将它近似成惯性环节 $1/(bs+1)$ 的条件是 $a\omega^2\ll 1$，即 $\omega_c\leqslant 1/3\sqrt{a}$ 时，就可将式（1.98）所示的内环近似成惯性环节

$$W_b(s)=\frac{1}{bs+1} \tag{1.99}$$

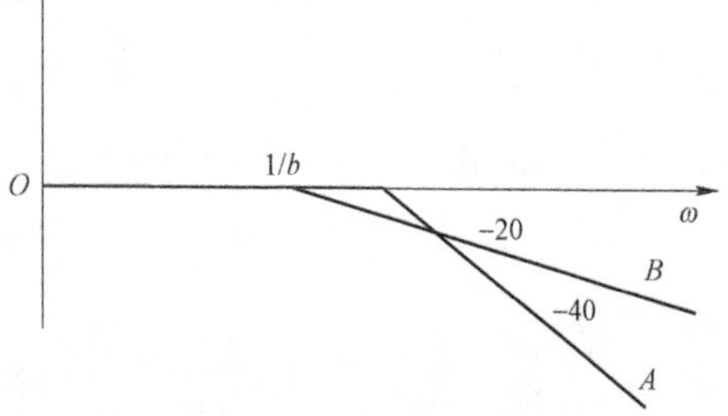

图 1.98 内环传递函数的近似处理

A—原二阶振荡环节对数幅频特性渐近线；

B—近似一阶环节对数幅频特性渐近线

式（1.98）和式（1.99）的对数幅频特性渐近线如图 1.98 中特性曲线 A 和特性曲线 B 所示。当外环交接频率 ω_c 相对较低时，对于外环的频率特性来说，原系统和近似系统只在高频段有一些差别。

2. 调节器的工程设计方法

采用工程设计方法做动态设计时，首先应该根据控制系统的要求，确定要校正成哪一类典型系统。

为此，应该清楚地掌握两类典型系统的主要特征和它们在性能上的区别。两类典型系统的基本区别是Ⅰ型和Ⅱ型。除此之外，典型Ⅰ型系统在动态跟随性能上可以做到超调小，但抗扰性能较差；而典型Ⅱ型系统在动态跟随性能上超调量相对大一些，抗扰性能却比较好。

确定了要采用哪一种典型系统之后，可以按照前面所述的传递函数的近似处理方法，将控制对象的传递函数简化，然后根据控制对象的结构选择不同的调节器，将系统校正成所需的典型系统。为了保证恒值扰动时无静差，在控制系统的前向通道的扰动作用点以前应该含有积分环节，这一点在选择调节器结构时应该考虑。下面举例说明校正成典型系统时调节器的选择方法。

设控制对象的传递函数 $W_{obj}(s)$ 为

$$W_{obj}(s)=\frac{K_2}{(T_1s+1)(T_2s+1)(T_3s+1)}$$

式中，$T_1 \gg T_2$ 和 $T_1 \gg T_3$；K_2 为控制对象的传递函数。在选择调节器之前，首先对控制对象做近似处理，令 $T_\Sigma = T_2 + T_3$，则控制对象传递函数近似为

$$W'_{obj}(s)=\frac{K_2}{(T_1s+1)(T_\Sigma s+1)}$$

若要校正成典型Ⅰ型系统，调节器必须具有一个积分环节并带有一个微分环节，以便对消掉控制对象中一个惯性环节，一般都是对消掉大惯性环节，使校正后的系统响应更快些。因此应该选用 PI 调节器

$$W_{pi}(s)=K_{pi}\frac{\tau s+1}{\tau s}$$

校正后系统的开环传递函数变成

$$W(s)=W_{pi}(s)\,W_{obj}(s)=K_{pi}\frac{\tau s+1}{\tau s}\times\frac{K_2}{(T_1s+1)(T_\Sigma s+1)}$$

取 $\tau = T_1$，使两个环节对消，并令 $K_{pi}K_2/\tau = K$，$T_\Sigma = T$，则

$$W(s)=\frac{K}{s(Ts+1)}$$

这就是典型Ⅰ型系统。

若已知 $K_2=1.25$，$T_1=0.1$ s，$T_2=0.015$ s，$T_3=0.005$ s，要求 $\sigma \leqslant 5\%$。查表 1.1 得 $KT=0.5$，即 $K=1/2T=1/2T_\Sigma$。而 $\tau = T_1 = 0.1$ s，则

$$K_{pi}=\frac{K\tau}{K_2}=\frac{\tau}{2TK_2}=\frac{0.1}{2\times(0.005+0.015)\times1.25}=2$$

取调节器的输入电阻 $R_0=20$ kΩ，则 $R_1=K_{pi}R_0=40$ kΩ，$C_1=\tau/R_1=2.5$ μF。PI 调节器原理图如图 1.55 所示。

1.7.3　转速电流双闭环调速系统的设计

下面用前述的工程设计方法设计转速、电流双闭环调速系统。设计多环控制系统的原则是从内环开始，一环一环地逐步扩展。对转速、电流双闭环调速系统，则先从电流环入手，首先设计电流环，然后把整个电流环看成是转速环中的一个环节，再设计转速环。问题是只

要转速给定电压不太小时，突加给定电压后不久，转速调节器 ASR 就进入饱和状态，而 1.7.1 节分析的结果都是在线性范围内的。转速调节器饱和时，系统的动态过程及性能指标又是怎样的呢？下面首先分析一下转速调节器退饱和时的超调量，然后再介绍电流和转速环的设计方法。

1. 转速调节器退饱和时转速的超调量

1）考虑转速调节器饱和非线性时的跟随性能

如果转速调节器没有饱和限幅时，可以在很大范围内线性工作，那么，双闭环调速系统启动时的转速过渡过程如图 1.99（a）所示，超调量比较大。实际上突加给定电压后不久，转速调节器就进入饱和状态，输出恒定的电压 U_{im}^*，使电动机在恒流条件下启动，启动电流 $I_d \approx I_{dm} = U_{im}^* / \beta_i$，而转速 n 则按线性规律增长，如图 1.99（b）所示。

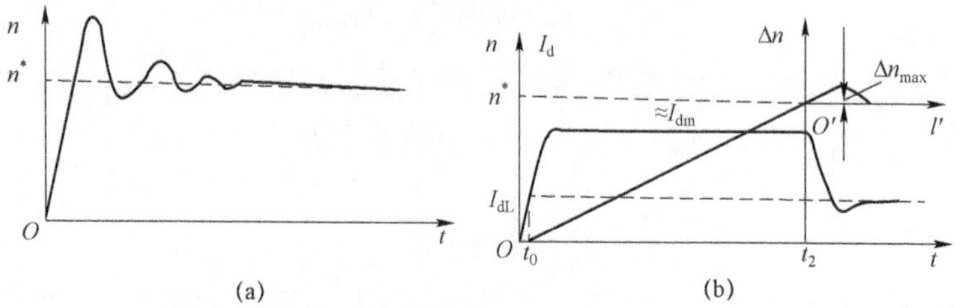

图 1.99 调速系统启动过程

（a）ASR 不饱和；（b）ASR 饱和

转速调节器一旦饱和后，只有当转速上升到给定电压 U_n^* 所对应的稳态值 n^* 时［见图 1.99（b）中的 O' 点］，反馈电压才与给定电压平衡，此后，反馈电压超过给定电压时，转速偏差开始出现负值，才使 PI 调节器退出饱和。转速调节器刚退出饱和后，由于电动机电流 I_d 仍大于负载电流 I_{dL}，电动机继续加速，直到 $I_d \leqslant I_{dL}$ 时，转速才降低下来，因此在启动过程中转速必然超调。但是，这已经不是按线性系统规律的超调，而是经历了饱和非线性区域后产生的超调，可以称作“退饱和超调”。

退饱和超调的超调量显然小于线性系统的超调量，分析带饱和非线性的动态过程才能知道退饱和超调量。对于这一类非线性问题，可采用分段线性化的方法，按照饱和与退饱和两段，分别用线性系统的规律分析。

在转速调节器饱和阶段内，电动机基本上按恒加速度启动，其加速度

$$\frac{\mathrm{d}n}{\mathrm{d}t} \approx (I_{dm} - I_{dL}) \frac{R}{C_e \Phi T_m} \tag{1.100}$$

这一过程一直延续到 t_2 时刻 $n = n^*$ 时为止，如图 1.99（b）所示。如果忽略启动延迟时间 t_0 和电流上升阶段的短暂过程，认为一开始就按恒加速度启动，则

$$\frac{n^*}{t_2} \approx \frac{(I_{dm} - I_{dL})R}{C_c \Phi I_m}$$

所以

$$t_2 \approx \frac{C_e \Phi T_m n^*}{R(I_{dm} - I_{dL})} \tag{1.101}$$

在转速调节器退饱和阶段内，调速系统恢复到转速闭环系统线性范围内运行。根据图 1.80 可见，转速外环的等效结构图如图 1.100（a）所示。现在讨论一下退饱和超调。根据图 1.100（a）

列出微分方程式求解过渡过程，即可求得退饱和超调。退饱和阶段的初始状态为饱和终了状态，即

$$n(0)=n^{*},\quad I_{\mathrm{d}}(0)=I_{\mathrm{dm}}$$

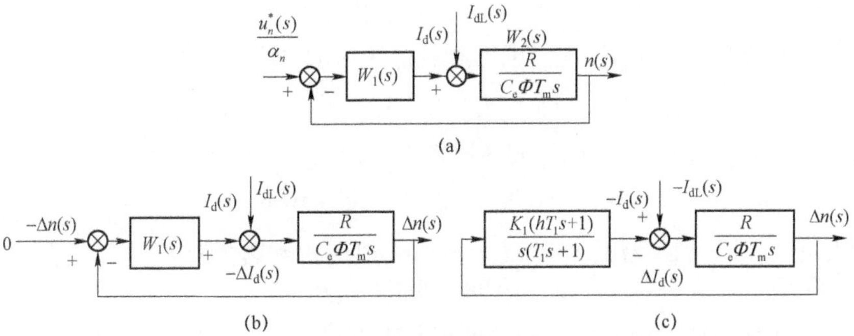

图 1.100　转速环的等效动态结构图

（a）结构图；（b）化简成单位负反馈后的结构图；（c）简化的结构图

为了计算退饱和超调量，稳态转速以上的超调部分，把图 1.99（b）上的坐标原点从 O 点移到 O' 点，只考虑实际转速与给定转速的差值 $\Delta n=n-n^{*}$，相应的动态结构图变化为图 1.100（b），初始条件转化为

$$\Delta n(0)=0,\quad I_{\mathrm{d}}(0)=I_{\mathrm{dm}}$$

由于图 1.100（b）的给定信号为零，可将其略去，而把 Δn 的负反馈作用反映到主通道第一个环节的输出量上来，即将 I_{d} 改成 $-I_{\mathrm{d}}$，相应地将负载 I_{dL} 改成 $-I_{\mathrm{dL}}$，又为了维持 $\Delta I_{\mathrm{d}}=I_{\mathrm{d}}-I_{\mathrm{dL}}$ 的关系，把扰动作用点的负反馈作用 +、− 号也倒一下，如果转速环校正成典型Ⅱ型系统，则 $W_1(s)=K_1(hTs+1)/s(Ts+1)$，这样就得到图 1.100（c）。

将图 1.100（c）和讨论典型Ⅱ型系统抗扰过程所用的结构图（图 1.95）比较一下，可以看出，它们是完全相当的。因此，如果两者的初始条件一样时，分析图 1.95 的过渡过程所得的结果（表 1.4），可适用于分析退饱和超调过程 $\Delta n=f(t')$。对于图 1.95 的系统，如果它原来带着相当于 I_{dm} 那么大的负载稳定运行，突然将负载由 I_{dm} 降到 I_{dL}，转速会产生一个动态升高与恢复的过程。描述这一动态转速变化过程的微分方程仍是同一系统的微分方程，而初始条件则是与前面所分析的退饱和超调的初始条件完全一样。所以，这样的突卸负载后，转速动态变化过程也就是退饱和超调过程 $\Delta n=f(t')$ 了。

2）退饱和超调量的计算

表 1.4 中给出的抗扰性能指标习惯用于计算突加负载的动态速降，而突卸负载的动态速升与突加同一负载（$I_{\mathrm{dm}}-I_{\mathrm{dL}}$）的动态速降大小相等、符号相反，所以表 1.4 中数据完全适用于计算退饱和超调，只要注意正确计算 Δn 的基准值就行。在抗干扰性能指标中，ΔC 的基准值是

$$C_{\mathrm{b}}=2K_2TN$$

在这里，对比图 1.95 和图 1.100（c）可知，$K_2=R/C_{\mathrm{e}}\Phi T_{\mathrm{m}}$，$N=I_{\mathrm{dm}}-I_{\mathrm{dL}}$，所以 Δn 的基准值应该是

$$\Delta n_{\mathrm{b}}=\frac{2RT(I_{\mathrm{dm}}-I_{\mathrm{dL}})}{C_{\mathrm{e}}\Phi T_{\mathrm{m}}}\tag{1.102}$$

而超调量 σ 的基准值是 n^*，因此退饱和超调量可以由表 1.4 给出的 $\Delta C_{max}/C_b$ 数据经过基准值的换算后求出，即

$$\sigma = \left(\frac{\Delta C_{max}}{C_b}\right)\frac{\Delta n_b}{n^*} \tag{1.103}$$

而启动时间 t_s 可由表 1.4 给出的恢复时间 t_v 和恒加速启动时间 t_2 来决定

$$t_s = t_2 + t_v \tag{1.104}$$

举例来说，若 $I_{dm}=2I_{dL}$，负载时的转速降 $\Delta n = RI_{dL}/C_e\Phi = 0.3n^*$，$T/T_m=0.1$，则

$$\Delta n_b = 2\times 0.1\times 0.3\times 1\times n^* = 0.06n^*$$

当选择 $h=5$，并在负载为 I_{dL} 下启动到 n^* 时，退饱和超调量为

$$\sigma = 81.2\%\times 0.06 = 4.9\%$$

可见，退饱和超调量要比线性系统的超调量指标小得多。但是，退饱和超调量与许多因素有关，特别与给定稳态转速 n^* 有关，当 n^* 较小时，则由式（1.103）可知，退饱和超调量将随之变大。

2. 转速、电流双闭环系统的设计

转速、电流双闭环系统的动态结构图如图 1.101 所示，它与图 1.80 的不同之处在于增加了滤波环节。由于电流检测信号中含有交流分量，需加低通滤波。滤波环节可以抑制反馈信号中的交流分量，但同时也给反馈信号带来了延滞。为了平衡这一延滞作用，在给定信号通道中加入一个相同时间常数 T_{0i} 的惯性环节，称作给定滤波环节。

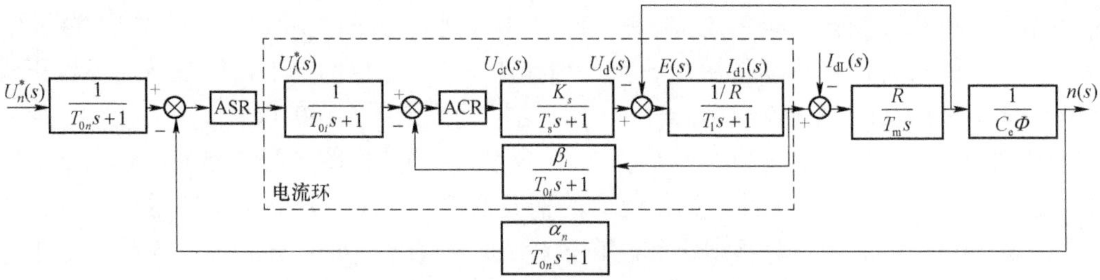

图 1.101　转速、电流双闭环系统的动态结构图

由测速发电动机得到的转速反馈电压含有电动机的换向纹波，因此也需要滤波，滤波时间常数用 T_{0n} 表示。根据和电流环一样的道理，在转速给定通道中也配上时间常数为 T_{0n} 的给定滤波环节。

下面举例说明转速、电流双闭环系统的设计。

已知某晶闸管供电的双闭环直流调速系统，整流装置采用三相桥式电路，基本数据如下：直流电动机 220 V、136 A、1 460 r/min，$C_e\Phi_{nom}=0.132$ V/(r/min)，允许过载倍数 $\lambda=1.5$；晶闸管装置放大系数 $K_s=40$；电枢回路总电阻 $R=0.5\,\Omega$；时间常数 $T_l=0.03$ s，$T_m=0.18$ s；控制电路电源电压为± 15 V。设计要求：

稳态指标：无静差。

动态指标：电流超调量 $\sigma_i \leqslant 5\%$；空载启动到额定转速时的转速超调量 $\sigma_n \leqslant 10\%$。

首先，确定与转速环和电流环有关参数。

在设计两个环之前，先确定一下反馈系数和反馈滤波时间常数等。

（1）电流反馈系数 β_i。

控制电路的电源电压为 ± 15 V，将转速调节器输出限幅取为 ± 10 V，即 $U_{im}^* = \pm 10$ V，则

$$\beta_i = U_{im}^* / I_{dm} = U_{im}^* / (\lambda I_{nom}) = 10/（1.5\times 136）\approx 0.05（V/A）$$

（2）转速反馈系数 α_n。

根据控制电路的电源电压值，取 $U_{nm}^* = 10$ V 时，输出转速为 n_{nom}，则

$$\alpha_n = U_{nm}^* / n_{nom} = 10/1\,460 \approx 0.007 \ [V/（r/min）]$$

（3）电流滤波时间常数 T_{0i}。

三相桥式电路每个波头的时间是 3.33 ms，为了基本滤平波头，应该有（1～2）T_{0i} = 3.33 ms，因此取 T_{0i} = 2 ms = 0.002 s。

（4）转速滤波时间常数 T_{0n}。

转速反馈滤波时间常数取决于测速发电机、测速发电机励磁电源及安装质量等，根据测速发电机纹波情况，一般在 5～100 ms，这里取 T_{0n} = 10 ms。

（5）整流装置滞后时间常数 T_s。

按三相桥式电路的平均失控时间 T_s = 0.001 7 s 选用。

然后，进行电流环设计。

（1）控制对象传递函数处理。

图 1.101 所示虚线框内就是电流环的结构图。实际系统中的电磁时间常数 T_1 远小于机电时间常数 T_m，因而电流的调节过程比转速的变化过程快得多。反电动势对电流环来说只是一个变化缓慢的扰动作用，在电流调节器 ACR 的调节过程中可以近似地认为反电动势 E 基本不变，即 $\Delta E \approx 0$。这样，在设计电流环时，可以暂不考虑反电动势变化的动态作用，而将电动势反馈断开，从而得到忽略电动势影响的电流环近似结构图，如图 1.102（a）所示。再把给定滤波和反馈滤波两个环节等效地移到环内，如图 1.102（b）所示。最后，T_s 和 T_{0i} 都比 T_1 小得多，可以当作小惯性环节处理，等效成一个惯性环节，取

$$T_{\Sigma i} = T_s + T_{0i} = 0.001\,7 + 0.002 = 0.037（s）$$

则电流环结构图最终化简成图 1.102（c）。小惯性环节近似处理的条件是

$$\omega_{ci} \leqslant \frac{1}{3}\sqrt{\frac{1}{T_s T_{0i}}} \tag{1.105}$$

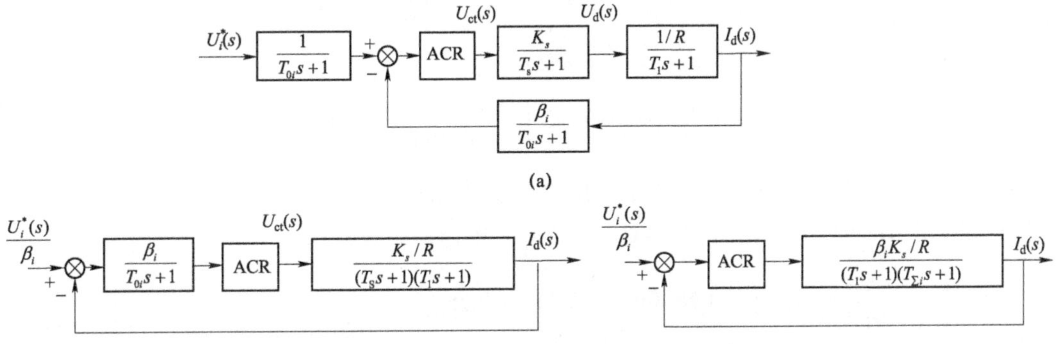

图 1.102　电流环的动态结构图及其化简

（a）电流环近似结构图；（b）将（a）化简成单位负反馈后的结构图；（c）近似处理后的结构图

（2）电流调节器 ACR 结构选择。

根据设计要求 $\sigma_i \leqslant 5\%$，而且

$$\frac{T_1}{T_{\Sigma i}}=\frac{0.03}{0.003\,7}=8.11<10$$

典型Ⅰ型系统的超调量比较小，又由表 1.2 可知，当 $T_1/T_{\Sigma i}<10$ 时，典型Ⅰ型系统的恢复时间不是太慢，因此可按典型Ⅰ型系统来设计。根据图 1.102（c）中被控对象的传递函数，电流调节器 ACR 可选用 PI 调节器，其传递函数为

$$W_{\mathrm{ACR}}(s)=K_i\frac{\tau_i s+1}{\tau_i s}$$

式中 K_i——电流调节器的比例系数；

τ_i——电流调节器的超前时间常数。

为了让调节器零点对消控制对象的大时间常数极点，选择

$$\tau_i=T_1 \tag{1.106}$$

则电流环的动态结构图如图 1.103 所示，其中

$$K_{\mathrm{I}}=\frac{K_i K_{\mathrm{s}}\beta_i}{\tau_i R} \tag{1.107}$$

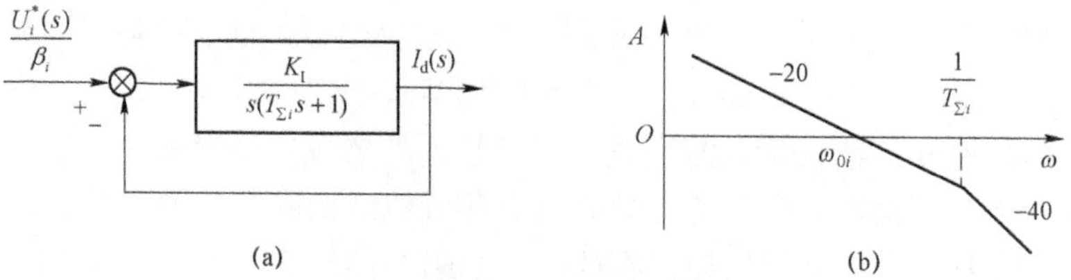

图 1.103 校正成典型Ⅰ型系统的电流环

（a）动态结构图；（b）开环对数幅频特性

（3）电流调节器参数选择。

电流调节器的超前时间常数 $\tau_i=T_1=0.03$ s。

按要求 $\sigma_i \leqslant 5\%$，查表 1.1 取 $K_{\mathrm{I}}T_{\Sigma i}=0.5$，因此有

$$K_{\mathrm{I}}=0.5/T_{\Sigma i}=0.5/0.003\,7=135.1\ (\mathrm{s}^{-1})$$

由式（1.107）可知，电流调节器的比例系数为

$$K_i=K_{\mathrm{I}}\frac{\tau_i R}{K_{\mathrm{s}}\beta_i}=135.1\times\frac{0.03\times0.5}{40\times0.05}=1.013$$

电流调节器原理图如图 1.104 所示，取 $R_0=40\ \mathrm{k\Omega}$，则

$R_i=K_i R_0=1.013\times40=40.52$（kΩ），取 $R_i=40\ \mathrm{k\Omega}$；

$C_i=\dfrac{\tau_i}{R_i}=\dfrac{0.03}{40\times10^3}\times10^6=0.75$（μF），取 $C_i=0.75\ \mu\mathrm{F}$；

$C_{0i}=\dfrac{4T_{0i}}{R_0}=\dfrac{4\times0.002}{40\times10^3}\times10^6=0.2$（μF），取 $C_{0i}=0.2\ \mu\mathrm{F}$。

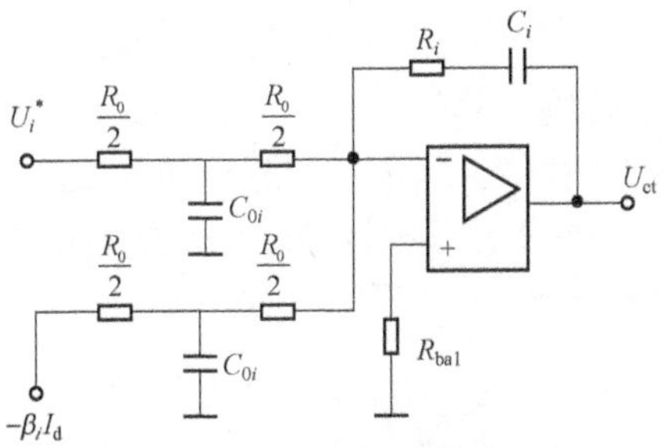

图 1.104　电流调节器原理图

（4）近似条件检验。

电流环交接频率 $\omega_{ci}=K_I=135.1\ s^{-1}$。

晶闸管装置传递函数近似条件 $\omega_c \leqslant 1/3T_s$ ［见式（1.38）］，现在，$1/3T_s=1/3\times0.0017=196.1$（$s^{-1}$）$>\omega_{ci}$，满足近似条件。

小惯性环节近似处理条件 $\omega_{ci}\leqslant\frac{1}{3}\sqrt{\frac{1}{T_sT_{0i}}}$，现在，$\frac{1}{3}\sqrt{\frac{1}{T_sT_{0i}}}=\frac{1}{3}\sqrt{\frac{1}{0.0017\times0.002}}=180.0$（$s^{-1}$）$>\omega_{ci}$，满足近似条件。

之后，再进行转速环设计。

（1）控制对象传递函数处理。

在设计转速环时，已设计好的电流环可看作是转速调节系统中的一个环节。根据电流环动态结构图［图 1.103（a）］，其闭环传递函数为

$$\phi_i(s)=\frac{\dfrac{K_I}{s(T_{\Sigma i}s+1)}}{1+\dfrac{K_I}{s(T_{\Sigma i}s+1)}}=\frac{1}{\dfrac{T_{\Sigma i}}{K_I}s^2+\dfrac{s}{K_I}+1}$$

而电流调节器设计时取 $K_IT_{\Sigma i}=0.5$，所以

$$\phi_i(s)=\frac{1}{2T_{\Sigma i}^2s^2+2T_{\Sigma i}s+1}\approx\frac{1}{2T_{\Sigma i}s+1}$$

近似条件为

$$\omega_{cn}\leqslant\frac{1}{3\sqrt{2}T_{\Sigma i}}\approx 1/5\,T_{\Sigma i} \tag{1.108}$$

这样整个转速调节系统的动态结构图如图 1.105（a）所示。把给定滤波和反馈滤波环节等效地移到环内，同时将给定信号改为 $U_n^*(s)/\alpha_n$，把结构图化为单位负反馈，再把时间常数 T_{0n} 和 $2T_{\Sigma i}$ 的两个小惯性环节合并起来，近似成一个时间常数为 $T_{\Sigma n}$ 的惯性环节，且

$$T_{\Sigma n}=T_{on}+2T_{\Sigma i}=0.01+2\times0.0037=0.0174\ \text{(s)}$$

则结构图可简化为图 1.105（b）。小惯性环节近似处理的条件为

$$\omega_{cn}\leqslant\frac{1}{3}\sqrt{\frac{1}{2T_{\Sigma i}T_{0n}}} \tag{1.109}$$

（2）转速调节器结构选择。

为了实现转速无静差，必须在扰动作用点以前设置一个积分环节。从图 1.105（b）可以

看出，在负载扰动作用点以后，已经有一个积分环节，故从静态无差考虑需要Ⅱ型系统。从动态性能上看，考虑转速调节器饱和非线性后，调速系统的跟随性能与抗扰性能是一致的，而典型Ⅱ型系统具有较好的抗扰性能。所以，转速环应该按典型Ⅱ型系统进行设计。

由图 1.105（b）可以明显地看出，要把转速环校正成典型Ⅱ型系统，转速调节器 ASR 也应该采用 PI 调节器，其传递函数为

$$W_{\mathrm{ASR}}(s)=K_n\frac{\tau_n s+1}{\tau_n s}$$

式中　K_n——转速调节器的比例系数；

　　　τ_n——转速调节器的超前时间常数。

这样，调速系统的开环传递函数为

$$W_n(s)=\frac{K_n\alpha_n R(\tau_n s+1)}{\tau_n\beta_i C_{\mathrm{e}}\Phi T_{\mathrm{m}}s^2(T_{\Sigma n}s+1)}=\frac{K_{\mathrm{N}}(\tau_n s+1)}{s^2(T_{\Sigma n}s+1)}$$

其中，转速开环增益为

$$K_{\mathrm{N}}=\frac{K_n\alpha_n R}{\tau_n\beta_i C_{\mathrm{e}}\Phi T_{\mathrm{m}}} \qquad (1.110)$$

不考虑负载扰动时，校正后的调速系统动态结构图如图 1.105（c）所示。

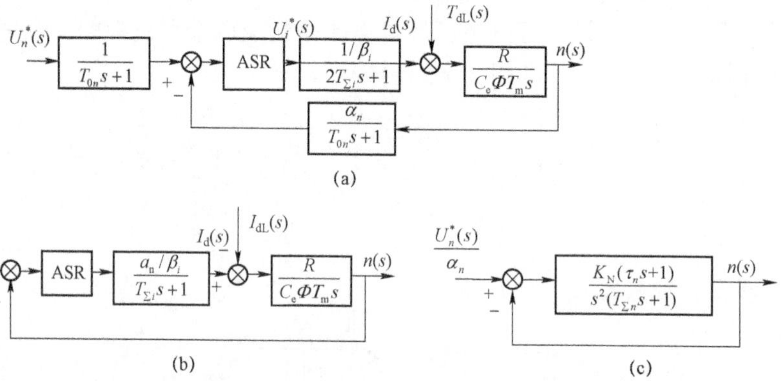

图 1.105　转速环的动态结构图及近似处理

（a）转速环动态结构图；（b）近似处理后转速环动态结构图；（c）校正后的调速系统动态结构图

（3）转速调节器参数选择。

按跟随性能和抗扰性能最好的原则，取 $h=5$，根据式（1.91）和式（1.92），转速调节器 ASR 的超前时间常数为

$$\tau_n=hT_{\Sigma n}=5\times 0.0174=0.087\ (\mathrm{s})$$

转速开环增益为

$$K_{\mathrm{N}}=\frac{h+1}{2h^2T^2}=\frac{5+1}{2\times 5^2\times 0.0174^2}=396.4\ (\mathrm{s}^{-2})$$

于是，由式（1.110）可计算 ASR 的比例系数为

$$K_n=K_{\mathrm{N}}\frac{\tau_n\beta_i C_{\mathrm{e}}\Phi T_{\mathrm{m}}}{\alpha_n R}=396.4\times\frac{0.087\times 0.05\times 0.132\times 0.18}{0.007\times 0.5}=11.7$$

转速调节器原理图与电流调节器的类似，只是反馈回路元件为R_n、C_n，滤波电容为C_{0n}，取$R_0=40\ \text{k}\Omega$，则

$R_n=K_nR_0=11.7\times40=468$（kΩ），取$R_n=470\ \text{k}\Omega$；

$$C_n=\frac{\tau_n}{R_n}=\frac{0.087}{470\times10^3}\times10^6=0.185\ (\mu\text{F})，取C_n=0.2\ \mu\text{F}；$$

$$C_{0n}=\frac{4T_{0n}}{R_0}=\frac{4\times0.01}{40\times10^3}\times10^6=1\ (\mu\text{F})，取C_{0n}=1\ \mu\text{F}。$$

（4）近似条件校验。

由式（1.86）得转速环交接频率为

$$\omega_{cn}=K_N/\omega_1=K_N\tau_n=396.4\times0.087=34.5\ (\text{s}^{-1})$$

电流环传递函数简化近似条件$\omega_{cn}\leqslant1/5T_{\Sigma i}$，现在$1/5T_{\Sigma i}=1/5\times0.0037=54.1\ (\text{s}^{-1})>\omega_{cn}$，满足简化条件。

小惯性环节近似处理条件$\omega_{cn}\leqslant\frac{1}{3}\sqrt{\frac{1}{2T_{\Sigma i}T_{0n}}}$，现在

$$\frac{1}{3}\sqrt{\frac{1}{2T_{\Sigma i}T_{0n}}}=\frac{1}{3}\sqrt{\frac{1}{2\times0.0037\times0.01}}=38.75\ (\text{s}^{-1})>\omega_{cn}$$

满足近似条件。

最后，校核一下要求的性能指标。

电流环设计时，$K_IT_{\Sigma i}=0.5$，所以，$\sigma_i=4.3\%<5\%$（见表 1.1），满足设计要求。

由式（1.103）得转速超调量为

$$\sigma_n=\left(\frac{\Delta C_{\max}}{C_b}\right)\times\frac{\Delta n_b}{n^*}=\left(\frac{\Delta C_{\max}}{C_b}\right)\frac{2K_2TN}{n^*}$$

对比图 1.95 和图 1.105（c）可知，$K_2=R/C_e\Phi T_m$，$N=I_{dm}-I_{dL}$，$T=T_{\Sigma n}$，所以

$$\sigma_n=\left(\frac{\Delta C_{\max}}{C_b}\right)\times\frac{2RT_{\Sigma n}(I_{dm}-I_{dL})}{n^*C_e\Phi T_m}$$

$I_{dm}=\lambda I_{nom}=1.5\times136=204$（A），$I_{dL}=0$（空载启动），$n^*=n_{nom}=1460$ r/min，当$h=5$时，查表 1.4，$(\Delta C_{\max}/C_b)=81.2\%$，因此

$$\sigma_n=81.2\%\times\frac{2\times0.5\times0.0174\times204}{1460\times0.132\times0.18}=8.31\%<10\%$$

满足设计要求。由于转速调节器为 PI 调节器，故转速无静差，这样所要求的静态和动态指标都能满足。

习题与思考题

1.1　什么叫制动状态？电动状态和制动状态的根本区别在哪里？当我们说某台电动机处于制动状态时，是否仅仅意味着减速停车？反之，如果电动机在减速过程中，是否可以说电动机一定是处于制动状态？

1.2 假设直流他励电动机带动一重物（位能性负载），开始时电动机运行在电动状态，将重物向上提升，然后突然改变电枢电压极性，试问电动机将经过哪些运行状态？最后稳定运行于什么状态？

1.3 直流他励电动机的额定数据为 $P_{nom}=10\ kW$，$U_{nom}=220\ V$，$I_{nom}=53.7\ A$，$n_{nom}=3\ 000\ r/min$，试计算并画出下列特性：

（1）固有机械特性；

（2）当电枢电路总电阻为 50% R_{nom}（其中 $R_{nom}=U_{nom}/I_{nom}$）时的人为机械特性；

（3）当电枢电路总电阻为 150% R_{nom} 时的人为机械特性；

（4）当电枢电路端电压为 50% U_{nom} 时的人为机械特性；

（5）当 $\boldsymbol{\Phi}=80\%\boldsymbol{\Phi}_{nom}$ 时的人为特性。

1.4 直流他励电动机铭牌数据为 220 V，40 A，1 000 r/min，电枢电阻 $R_a=0.5\ \Omega$。设负载特性为恒转矩，在额定负载时，

（1）如在电枢回路中串入电阻 $R_\Omega=1.5\ \Omega$，求串接电阻后的稳态转速；

（2）如电源电压下降为 110 V，求电源电压下降后的稳态转速；

（3）如减弱磁通使磁通 $\boldsymbol{\Phi}=85\%\boldsymbol{\Phi}_{nom}$，求减弱磁通后的稳态转速。

1.5 直流调速系统采用改变电枢电压调速，已知电动机额定转速 $n_{nom}=900\ r/min$，固有特性的理想空载转速为 $n_0=1\ 000\ r/min$，如果额定负载下最低速机械特性的转速 $n_{min}=100\ r/min$。试求：

（1）电动机在额定负载下运行的调速范围 D 和静差率 s；

（2）若要求静差率指标 $s=20\%$，则此时额定负载下能达到的调速范围是多少？

1.6 电气传动系统的动态特性由哪三要素决定？

1.7 晶闸管脉冲相位控制传动系统（V－M）的机械特性在电流连续时和电流断续时各有什么特点？

1.8 什么叫晶闸管脉冲相位控制可逆系统的环流？可逆系统的环流有哪几种？这些环流分别是如何产生的？

1.9 晶闸管脉冲相位控制可逆系统的环流有什么优点和缺点？

1.10 分别画出电流连续和电流断续时，晶闸管脉冲相位控制传动系统的动态结构图。

1.11 试回答下列问题：

（1）在转速负反馈单闭环有静差调速系统中，突减负载后进入稳定运行状态，此时晶闸管整流装置的输出电压 U_d 较之负载变化前增加、减少还是不变？

（2）在无静差调速系统中，如果突加负载到稳态时，转速 n 和整流装置的输出电压 U_d 增加、减少还是不变？

1.12 如图 1.58 所示，单闭环有静差调速系统在 U_n^* 不变条件下，调节反馈电位计 R_{P_2} 使转速反馈系数 α_n 增加一倍，试问电动机转速 n 是升高还是下降，系统稳态速降比原来增加还是减少？对系统的稳定性是有利还是不利？为什么？

1.13 分别分析单闭环有静差调速系统（图 1.58）在电网扰动（电压增大）时和励磁电流扰动（励磁电流减小）时系统的自动调节过程。

1.14 某调速系统的调速范围是 150～1 500 r/min（即 $D=10$），要求静差率为 $s=2\%$，那么系统允许的稳态速降是多少？如果开环系统的稳态速降是 100 r/min，则闭环系统的开环放

大倍数应为多少？

1.15　为什么积分控制的调速系统是无静差的？积分调节器的输入偏差电压为零时，输出电压取决于哪些因素？

1.16　在转速电流双闭环调速系统中，转速调节器有哪些作用？其输出限幅值应按什么要求来整定？电流调节器有哪些作用？其限幅值应如何整定？

1.17　转速电流双闭环调速系统稳态运行时，两个 PI 调节器的输入偏差（给定与反馈之差）是多少？它们的输出电压是多少？为什么？

1.18　如果转速电流双闭环调速系统的转速调节器不是 PI 调节器，而用比例调节器，试分析对系统的动态和静态性能会有什么影响？

1.19　试从以下几个方面来比较转速电流双闭环系统和带电流截止负反馈的单闭环系统：

（1）静特性；

（2）动态限流性；

（3）启动快速性；

（4）抗负载扰动的性能；

（5）抗电源电压波动的性能。

1.20　试分析比较有环流可逆调速系统和可控环流可逆调速系统的优缺点。

1.21　有环流可逆调速系统是如何实现 $\alpha=\beta$ 配合控制的？该系统的制动过程有哪几个阶段？

1.22　可控环流可逆调速系统是如何实现环流自动可控的？

1.23　某反馈控制系统已校正成典型Ⅰ型系统。已知时间常数 $T=0.1$ s，要求阶跃响应超调量 $\sigma\leqslant10\%$。求系统的开环增益 K，并计算调节时间 t_s 和上升时间 t_r。如果要求上升时间小于 0.25 s，求 K 和 σ。

1.24　某系统采用典型Ⅱ型系统的结构，要求的频域动态指标 $\omega_c=30\,\mathrm{s}^{-1}$，$M_p\leqslant1.5$，求该系统的预期开环对数频率特性和开环传递函数以及调节时间 t_s。

1.25　转速、电流双闭环系统中的转速环按典型Ⅱ型系统设计，转速调节器的时间常数 τ_n 取得过大或过小对系统动态特性有什么影响？比例系数 K_n 取得过大或过小时，对系统动态特性又有什么影响？

1.26　已知一个由三相桥式晶闸管电路供电的转速电流双闭环调速系统，电动机的参数为 60 kW，220 V，305 A，1 000 r/min，$C_e\Phi=0.2$ V/（r/min），过载倍数 $\lambda=1.5$；电路其余参数为 $R=0.18\,\Omega$，$K_s=30$，$T_l=0.012$ s，$T_m=0.12$ s，$T_{0i}=0.002\,5$ s，$T_{0n}=0.014$ s，额定转速时转速给定电压为 12 V，调节器限幅电压为 12 V。

（1）确定电流反馈系数 β_i 和转速反馈系数 α_n。

（2）系统要求静态无差，动态电流超调量 $\sigma_i\leqslant5\%$，空载启动到额定转速的超调量 $\sigma_n\leqslant12\%$，试设计电流和转速调节器的参数，设输入电阻 $R_0=20\,\mathrm{k}\Omega$。

（3）计算空载启动到额定转速的时间。

第 2 章 异步电动机变频调速系统

异步电动机调速方法主要有改变定子电压调速、改变转子电阻调速、串级调速、变极对数调速和变频调速等，其中变频调速方法因其良好的调速性能而广泛应用。本章将以异步电动机的变频调速为主线，介绍异步电动机调速系统。

2.1　异步电动机的机械特性及变压变频调速

2.1.1　异步电动机的机械特性

异步电动机按其结构分为笼型和绕线转子两种类型。其中笼型异步电动机，因其坚固、耐用、可靠和便宜，而获得了广泛的应用，几乎遍布了所有领域。绕线转子异步电动机价格约为笼型异步电动机的 1.3 倍，但因其调速、启动和制动控制比较方便，故在工业设备电气传动中应用也十分广泛。

1. 机械特性方程式

三相异步电动机定子侧通以角频率 ω_s 的三相交流电压，则定子与转子气隙间产生旋转磁场，其角速度称为同步角速度或理想空载角速度，即

$$\omega_0 = \frac{\omega_s}{p_n} \tag{2.1}$$

式中，p_n 为电动机极对数；ω_s 与定子电压频率 f_s 之间的关系为 $\omega_s = 2\pi f_s$。

负载时电动机的角速度 ω 要低于 ω_0，故有转差率为

$$s = \frac{\omega_0 - \omega}{\omega_0} \tag{2.2}$$

也可用转速表示转差率 s，即

$$s = \frac{n_0 - n}{n_0}$$

式中，$n = 60\omega / 2\pi$，$n_0 = 60\omega_s / 2\pi p_n = 60\omega_0 / 2\pi$。显然，在电动机运行状态下，随着负载的增加，转速要降低，而转差率要增大。由于转差率 s 与转速之间存在线性关系，常用转差率 s 与电磁转矩的关系来表示和描述机械特性。

由电机学知识，异步电动机等效电路如图 2.1 所示，图中 $\dot{U}_s$、$\dot{I}_s$ 分别为定子电路电压、电流，R_s、$X_{s\sigma}$、$L_{s\sigma}$ 分别为定子绕组电阻、漏抗和漏感，$\dot{I}'_r$、$R'_{r\sigma}$、$X'_{r\sigma}$、$L'_{r\sigma}$ 分别为折合到

定子侧的转子电流、转子绕组电阻、漏抗和漏感，$\dot{I}_m$、X_m 分别为励磁电流和主磁场励磁电抗。$\dot{E}_s$ 为气隙磁通在定子每相绕组中的感应电动势，$\dot{E}_g$ 为定子全磁通的感应电动势，$\dot{E}_r'$ 为转子全磁通的感应电动势（折合到定子侧）。

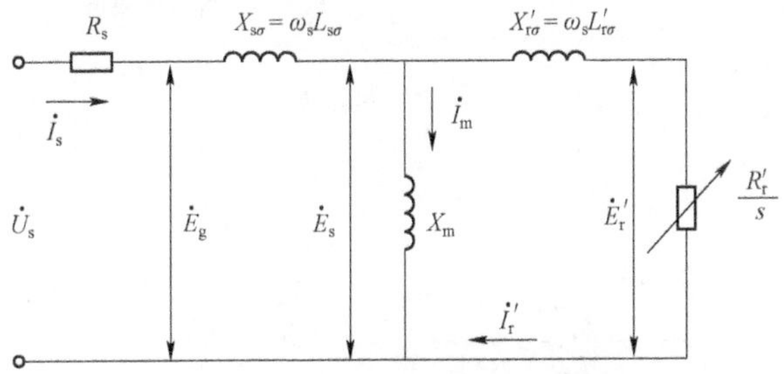

图 2.1　异步电动机等值电路

三相异步电动机的电磁转矩 T_e 和电磁功率 P 的基本关系式分别为

$$T_e=\frac{P}{\omega_0} \tag{2.3}$$

$$P=3I_r'^2\frac{R_r'}{s}=3I_r^2\frac{R_r}{s} \tag{2.4}$$

由于励磁电流 $\dot{I}_m$ 在定子阻抗上产生的压降很小，通常忽略励磁支路来计算 I_r'，即相当于将图 2.1 中励磁电抗移至外加电压 U_s 处，则有

$$I_r'\approx\frac{U_s}{\sqrt{(R_s+R_r'/s)^2+(X_{s\sigma}+X_{r\sigma}')^2}} \tag{2.5}$$

故得电磁转矩

$$\begin{aligned}T_e&=\frac{3}{\omega_0}\cdot\frac{U_s^2R_r'/s}{(R_s+R_r'/s)^2+(X_{s\sigma}+X_{r\sigma}')^2}\\&=\frac{3p_n}{\omega_s}\cdot\frac{U_s^2R_r'/s}{(R_s+R_r'/s)^2+\omega_s^2(L_{s\sigma}+L_{r\sigma}')^2}\end{aligned} \tag{2.6}$$

式（2.6）就是异步电动机的机械特性方程式。

将式（2.6）对 s 求导数，并令 $\mathrm{d}T_e/\mathrm{d}s=0$，可求得产生最大转矩时的临界转差率 s_m 为

$$s_m=\pm\frac{R_r'}{\sqrt{R_s^2+(X_{s\sigma}+X_{r\sigma}')^2}} \tag{2.7}$$

最大电磁转矩 T_{em} 为

$$T_{em}=\frac{3}{\omega_0}\times\frac{U_s^2}{2\left[R_s\pm\sqrt{R_s^2+(X_{s\sigma}+X_{r\sigma}')^2}\right]} \tag{2.8}$$

式中，“+”号对应于电动状态；“−”号对应于发电状态。

图 2.2 所示为异步电动机的机械特性曲线。A 点为同步运行点，C 点为最大转矩点，其坐标点分别由式（2.7）和式（2.8）表示。D 点为启动点（也是堵转点）。在 D 点处，$s=1$，$n=0$，对应启动转矩 T_{est} 为

$$T_{\text{est}} = \frac{3p_{\text{n}}}{\omega_{\text{s}}} \times \frac{U_{\text{s}}^2 R_{\text{r}}'}{(R_{\text{s}} + R_{\text{r}}')^2 + (X_{\text{s}\sigma} + X_{\text{r}\sigma}')^2} \tag{2.9}$$

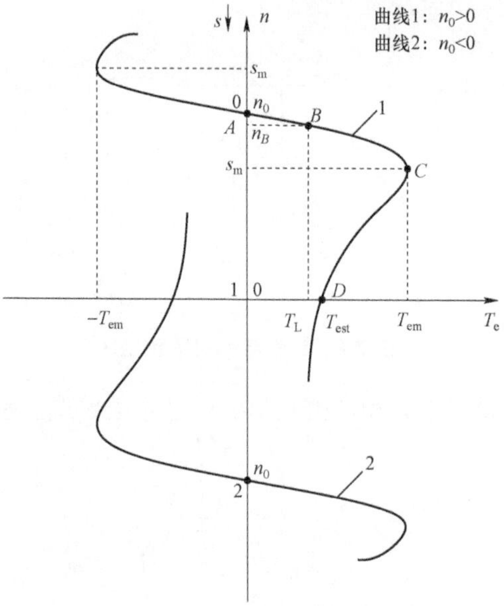

图 2.2　异步电动机的机械特性曲线

2. 固有机械特性及分析

如果式（2.6）中定子电压和频率均为额定值，转子和定子回路中不串入任何电路元件，则对应机械特性称为固有机械特性。图 2.2 中曲线 1 为三相交流电源正相序，曲线 2 为负相序。

异步电动机固有机械特性是一条跨越三个象限的曲线。以曲线 1 为例，在第一象限，旋转磁场的转向与转子转向一致，而 $0 < n < n_0$，转差率 $0 < s < 1$，电磁转矩 T_e 及转子转速 n 均为正，电动机处于电动运行状态。在第二象限，旋转磁场的转向与转子转向一致，但 $n > n_0$，故 $s < 0$；$T_e < 0$，$n > 0$，电动机处于发电状态，处于回馈制动状态。在第四象限，旋转磁场的转向与转子转向相反，$n_0 > 0$，$n < 0$，转差率 $s > 1$，此时 $T_e > 0$，$n < 0$，电动机处于反接制动状态。

图 2.2 中的曲线 2 仅仅是因为电源负相序而使同步转速 n_0 变负后得到的曲线。所以，曲线 2 分布在二、三和四象限内。

3. 人为机械特性

转矩方程式中，改变 U_s、p_n、R_s、R_r'、$X_{s\sigma}$、$X_{r\sigma}'$ 等参数，即可得到人为机械特性。下面简要介绍几种常用的人为机械特性。

1）降低定子电压的人为机械特性

当电源角频率 ω_s 和极对数 p_n 不变时，同步转速 n_0 不变。根据最大转矩表达式（2.8）和启动转矩表达式（2.9）可知，最大转矩 T_{em} 和启动转矩 T_{est} 均与定子电压的平方成正比例地降低。而根据临界转差率表达式（2.7）可知，s_m 不变，其人为机械特性如图 2.3 所示。

2）转子回路串三相对称电阻时的人为机械特性

绕组转子异步电动机转子回路串入三相对称电阻 R_Ω 时，相当于转子绕组每相电阻值增加，其人为机械特性如图 2.4 所示，图中最大转矩 T_{em} 保持不变，而临界转差率 s_m 随着转子电阻的增大而变大，最大转矩点下移。

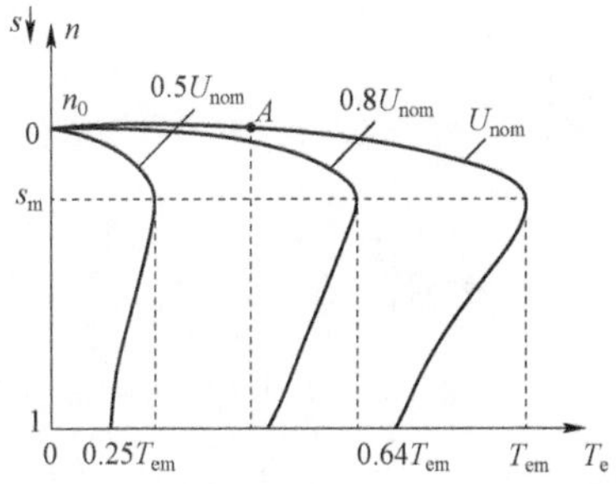

图 2.3　降低定子电压的人为机械特性

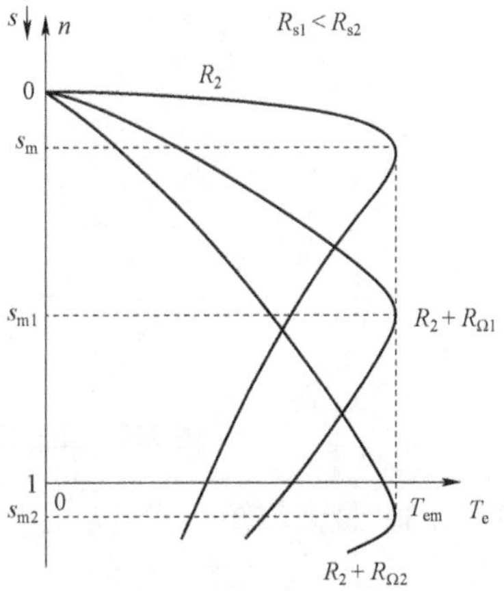

图 2.4　转子回路串三相对称电阻的人为机械特性

3）恒 U_s/ω_s 控制的人为机械特性

改变定子电源角频率 ω_s 时，通常电压幅值 U_s 也要相应变化。定子电压幅值 U_s 和角频率 ω_s 可以有不同的配合，从而达到不同的目的。恒 U_s/ω_s 是其中的一种配合控制方式。

首先分析其中一条机械特性，即定子供电电压 U_s 和角频率 ω_s 为一固定值的情况，当 U_s 和 ω_s 都为定值时，式（2.6）可以写成

$$T_e=3p_n\left(\frac{U_s}{\omega_s}\right)^2\frac{s\omega_s R_r'}{(sR_s+R_r')^2+s^2\omega_s^2(L_{s\sigma}+L_{r\sigma}')^2} \tag{2.10}$$

当 s 很小时，可忽略式（2.10）分母中含 s 各项，则

$$T_e\approx 3p_n\left(\frac{U_s}{\omega_s}\right)^2\cdot\frac{s\omega_s}{R_r'} \tag{2.11}$$

即 s 很小时，转矩近似与 s 成正比，在 T_e-n 或 T_e-s 坐标系上，机械特性是一段直线。

然后分析变频时一组机械特性。实行恒压频比控制时，同步转速随着频率变化，即

$$n_0=60\omega_s/2\pi p_n \tag{2.12}$$

带负载时的转速降落 Δn 为

$$\Delta n=sn_0=\frac{60}{2\pi p_n}s\omega_s \tag{2.13}$$

由式（2.11）可以推导出

$$s\omega_s\approx\frac{T_e R_r'}{3p_n(U_s/\omega_s)^2} \tag{2.14}$$

由式（2.14）可见，当 U_s/ω_s 为恒值时，对于同一个转矩 T_e，$s\omega_s$ 是近似不变的，因此 Δn 也是近似不变的。也就是说，s 很小时，在恒压频比条件下改变频率时，机械特性基本上是一组平行的直线，如图 2.5 所示。但当转矩增大到最大转矩值以后，转速再降低，特性就折

回来了。

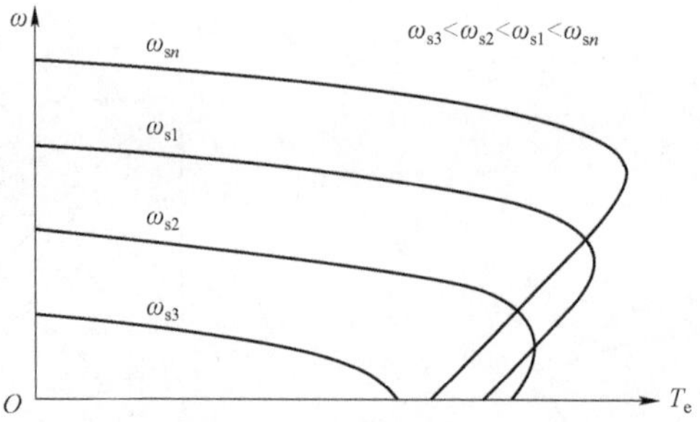

图 2.5　恒压频比控制时变频调速的机械特性

由式（2.8）最大转矩公式可以推导出 U_s/ω_s 为恒值时最大转矩 T_{em} 随角频率 ω_s 的变化关系为

$$\begin{aligned}T_{em}&=\frac{3U_s^2p_n}{\omega_s\cdot 2[R_s+\sqrt{R_s^2+\omega_s^2(L_{s\sigma}+L'_{r\sigma})^2}]}\\&=\frac{3p_n}{2}\left(\frac{U_s}{\omega_s}\right)^2\frac{1}{\left(\frac{R_s}{\omega_s}\right)+\sqrt{\left(\frac{R_s}{\omega_s}\right)^2+(L_{s\sigma}+L'_{r\sigma})^2}}\end{aligned}\tag{2.15}$$

由式（2.15）可见，最大转矩 T_{em} 是随着 ω_s 的降低而减小的。频率很低时，T_{em} 太小将会影响调速系统的带负载能力。

4）恒 E_s/ω_s 控制时的人为机械特性

由图 2.1 等效电路可以看出

$$I'_r=\frac{E_s}{\sqrt{\left(\frac{R'_r}{s}\right)^2+(\omega_s L'_{r\sigma})^2}}\tag{2.16}$$

代入电磁转矩的基本关系式得

$$\begin{aligned}T_e&=\frac{3}{\omega_0}I'^2_r\frac{R'_r}{s}=\frac{3p_n}{\omega_s}\cdot\frac{E_s^2}{\left(\frac{R'_r}{s}\right)^2+\omega_s^2L'^2_{r\sigma}}\cdot\frac{R'_r}{s}\\&=3p_n\left(\frac{E_s}{\omega_s}\right)^2\frac{s\omega_sR'_r}{R'^2_r+s^2\omega_s^2L'^2_{r\sigma}}\end{aligned}\tag{2.17}$$

当 s 很小时，可忽略式（2.17）分母中 s^2 项，则

$$T_e\approx 3p_n\left(\frac{E_s}{\omega_s}\right)^2\cdot\frac{s\omega_s}{R'_r}\tag{2.18}$$

对于固定的 ω_s，电磁转矩 T_e 与转差率 s 成比例，即这一段机械特性近似为一条直线。在恒 E_s/ω_s 控制时，当 s 很小时，机械特性基本上是一组平行的直线。

将式（2.17）对 s 求导数，并令 $\mathrm{d}T_e / \mathrm{d}s = 0$，可得恒 E_s / ω_s 控制时的最大转矩 T_{em} 和对应的临界转差率 s_m 为

$$s_m = \frac{R_r'}{\omega_s L_{r\sigma}'} \tag{2.19}$$

$$T_{em} = \frac{3p_n}{2}\left(\frac{E_s}{\omega_s}\right)^2 \frac{1}{L_{r\sigma}'} \tag{2.20}$$

由式（2.20）可见，恒 E_s / ω_s 控制时，最大转矩 T_{em} 是恒定的。

比较恒 U_s / ω_s 控制和恒 E_s / ω_s 控制两种变频控制的人为机械特性可知，恒 U_s / ω_s 控制相当于忽略定子阻抗压降的恒 E_s / ω_s 控制。定子频率 ω_s 较低时，定子阻抗压降不能忽略，故恒 U_s / ω_s 控制的最大转矩 T_{em} 减小。为了提高恒 U_s / ω_s 控制的低频时的带负载能力，需要对电压给定进行补偿，即在低速时适当提高压频比值。两种典型的改善压频比的特性（偏置线性特性与偏置非线性特性）如图 2.6 所示。

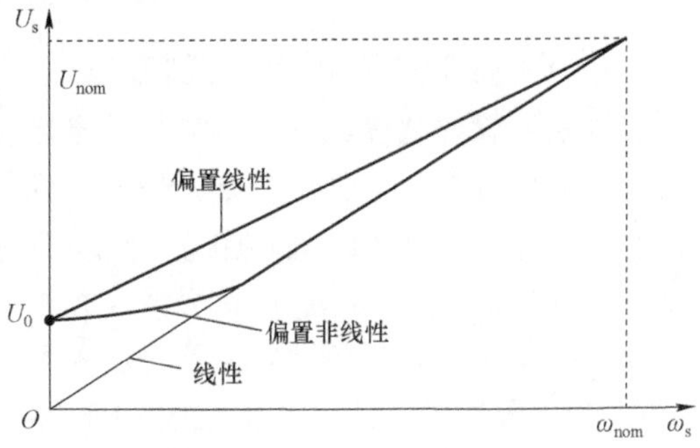

图 2.6　提高低频带负载能力的压频比特性

在非线性特性中，U_s 与 ω_s 在高频时是成正比的，但随着频率趋于零，电压逐渐被提高。在偏置特性中，电压补偿与频率分量共同决定定子电压，故 $U_s = U_0 + k\omega_s$。

根据电机学原理可知，定子每相气隙磁通感应电动势有效值为

$$E_s = 4.44 f_s k_s N_s \Phi_m \tag{2.21}$$

式中，Φ_m 为气隙磁通；k_s 和 N_s 分别为定子绕组系数和绕组匝数。那么，恒 E_s / f_s（亦即恒 E_s / ω_s）控制，相当于保持气隙磁通 Φ_m 不变的控制；而恒 U_s / ω_s 控制，相当于忽略定子阻抗压降的近似恒气隙磁通控制。

2.1.2　异步电动机变压变频调速

交流电动机变频调速系统由交流变频电源和交流电动机构成。变频电源（或称变频器）就是把电网的恒压恒频（Constant Voltage Constant Frequency，CVCF）交流电或直流电（一般为电压源）转换为电压幅值和频率可变（Variable Voltage Variable Frequency，VVVF），或电流幅值和频率可变（Variable Current Variable Frequency，VCVF）的电力电子装置。按被变换量的电量形式可分为交 – 交变频器和交 – 直 – 交变频器。交 – 交变频器可采用移相控制或矩阵式控制。交 – 直 – 交变频器有电压型和电流型两种，可采用正弦波脉冲相位控制方法、电流跟踪型控制方法、空间电压矢量控制方法等。为了提高变频电源质量，多电平逆变电路和软开关技术被广泛应用。关于变频电源及控制，读者可参考文献[31]。下面简单介绍电压型交 – 直 – 交变频器及控制方法。

交 – 直 – 交变频器由整流电路和逆变电路两部分组成，中间环节采用大电容滤波。图 2.7（a）所示为逆变器主电路，其中整流电路采用二极管不可控整流，逆变电路采用全控型电力电子器件 IGBT。

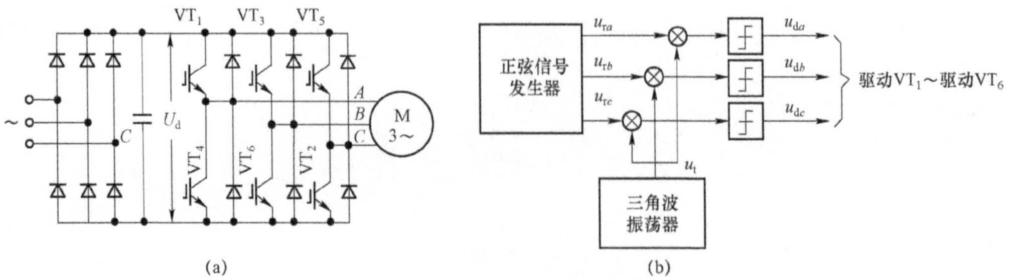

图 2.7　电压型逆变器电路

（a）主电路；（b）正弦波脉宽调制电路

1. 正弦波脉冲宽度调制控制方法

正弦波脉冲宽度调制（SPWM）是用正弦波作为调制波与调制信号比较来实现的，调制信号（或称载波）常选用等腰三角形，即根据正弦调制波与三角波载波的交点来确定逆变器功率开关器件的开关时刻。图 2.7（b）所示为正弦波脉宽调制电路，一组三相对称的正弦调制电压信号 u_{ra}、u_{rb}、u_{rc} 由信号发生器产生，其频率和幅值可调，以决定逆变器输出的基波频率和电压幅值。三角波载波信号 u_t 是共用的，分别与每相正弦波调制电压信号比较后给出“正”或“零”的输出，产生 SPWM 脉冲序列波 u_{da}、u_{db}、u_{dc} 作为逆变器功率开关器件的驱动控制信号。图 2.8 所示为 SPWM 调制方法。

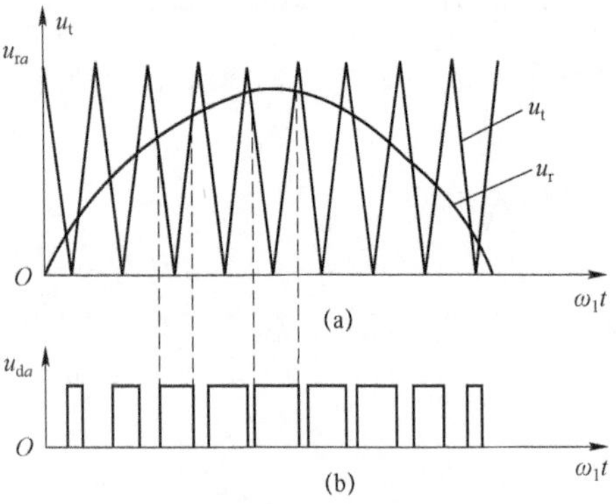

图 2.8　SPWM 调制方法

（a）正弦调制波与三角波；（b）驱动信号

控制方式可以采用单极式，也可以采用双极式。双极式控制时，逆变器同一桥臂上、下两个开关器件交替通断，处于互补工作方式。例如，当 $u_{ra} > u_t$，即 u_{da} 为“正”时，VT_1 导通，$u_{A0} = +U_d / 2$；当 $u_{ra} < u_t$，即 u_{da} 为“负”时，VT_4 导通，$u_{A0} = -U_d / 2$，其波形如图 2.9（b）所示。同理，u_{B0} 波形是 VT_3、VT_6 交替导通得到的，其波形如图 2.9（c）所示；u_{C0} 波形是 VT_2、VT_5 交替导通得到的，其波形如图 2.9（d）所示。图 2.9 中，由 u_{A0} 减 u_{B0} 得到逆变器的线电压 u_{AB}，其脉冲幅值为 $+U_d$ 或 $-U_d$。需要说明的是，采用数字控制方式时，可采用规则采样法等方法来实时计算功率器件的开关时刻，读者可参考文献 [31]。

2. 正弦波电流跟踪控制

正弦波电流跟踪控制是采用滞环比较器来实现实际输出电流跟踪给定电流的。图 2.10 所示为正弦波电流跟踪控制原理。逆变器中，各开关器件 VT_1 ～ VT_6 是由参考正弦电流信号 i_A^*、i_B^*、i_C^* 与各相电流瞬时值信号 i_A、i_B、i_C 分别进行比较产生的差值继电信号控制的。分析 A 相电路如下，设 VT_1 导通，即绕组 A 接电源正端，电压 u_{A0} 为正，A 相电流 i_A 增加。

当 i_A 大于 i_A^* 的数值超过滞环宽度 $\varDelta$ 时，滞环比较器输出变化，使 VT_1 关断，VT_4 导通，于是 u_{A0} 变为负，i_A 下降。如此反复通断，使电动机电流 i_A 始终以滞环宽度为界跟踪参考正弦电流 i_A^* 变化。电流跟踪控制逆变器输出电压和电流波形如图 2.11 所示。这样，电动机电流瞬时值 i_A、i_B、i_C 基波分量的幅值和频率就分别与参考正弦电流信号 i_A^*、i_B^*、i_C^* 的相同，通过控制参考正弦电流信号即可控制电动机电流瞬时值。实际上，逆变器是作为电流源工作的。

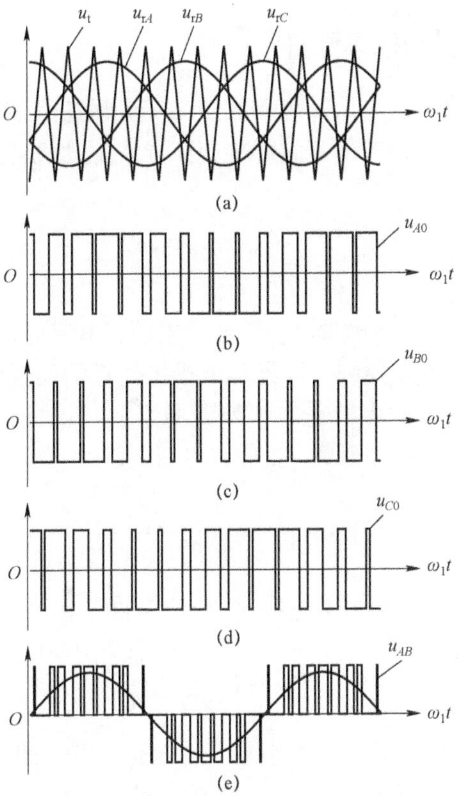

图 2.9　双极式 SPWM 逆变器三相输出波形

（a）三相调制波与三角波；（b）u_{A0}；（c）u_{B0}；（d）u_{C0}；（e）线电压 u_{AB}

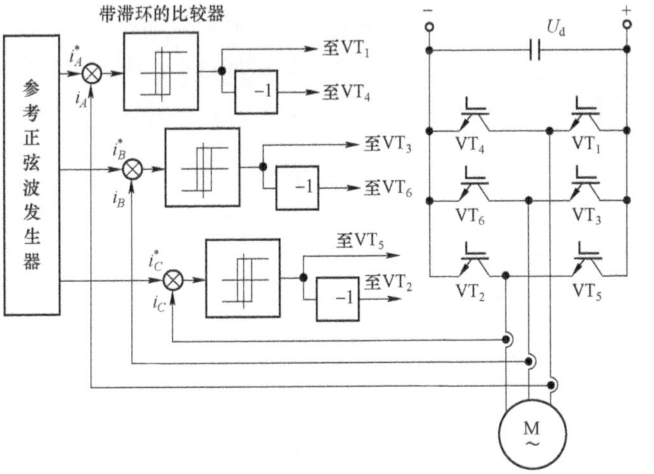

图 2.10　正弦波电流跟踪控制原理

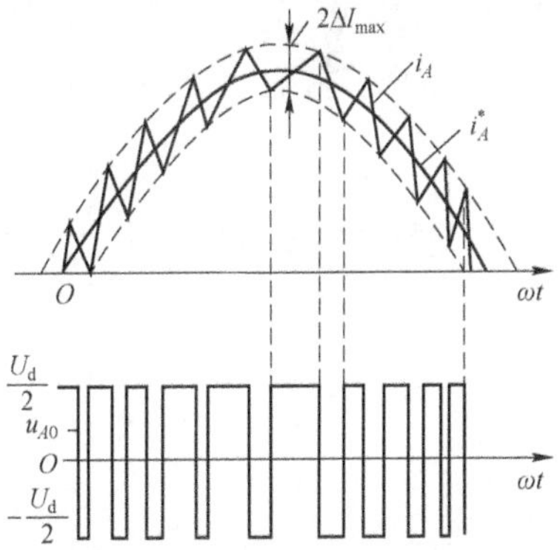

图 2.11　电流跟踪控制逆变器输出电压和电流波形

3. 空间电压矢量控制

逆变器的电压可以以空间电压矢量的形式来表示，并且空间电压矢量与逆变器六个开关器件的开关状态是一一对应的，通过空间电压矢量实现逆变器的控制，即空间电压矢量控制，将在本书 2.4 节中详细介绍。

2.1.3 转差频率控制的基本原理

由变频电源向异步电动机供电，即可构成开环变频调速系统。但是要提高电气运动控制系统的动态性能，必须控制电磁转矩，而影响交流异步电动机转矩的因素很多。电机学原理中转矩的公式为

$$T_e = C_m \Phi_m I_r' \cos\varphi_r \tag{2.22}$$

式中，C_m 为转矩系数。

由式（2.22）可以看出，气隙磁通 Φ_m、转子电流 I_r' 和转子功率因数 $\cos\varphi_r$ 都影响转矩，而这些量又都和转速有关，所以控制交流异步电动机转矩的问题比较复杂。

如果采用恒 E_s/ω_s 控制方法保持稳态气隙磁通不变，机械特性表达式为式（2.17）。令 $\omega_{sl} = s\omega_s$，并定义为转差角频率，则式（2.17）可写为

$$T_e = 3p_n\left(\frac{E_s}{\omega_s}\right)^2 \frac{\omega_{sl} R_r'}{R_r'^2 + \omega_{sl}^2 L_{r\sigma}'^2} \tag{2.23}$$

当 s 很小时，ω_{sl} 很小，可以认为 $\omega_{sl} L_{r\sigma}' \ll R_r'$，得近似转矩关系式

$$T_e \approx 3p_n\left(\frac{E_s}{\omega_s}\right)^2 \cdot \frac{\omega_{sl}}{R_r'} \tag{2.24}$$

式（2.24）表明，在 s 很小时，只要能维持 E_s/ω_s 不变（即气隙磁通 Φ_m 不变），异步电动机的转矩就近似与转差角频率 ω_{sl} 成正比。这就是说，在异步电动机中，控制 ω_{sl} 就和直流电动机中控制电枢电流一样，能够达到间接控制转矩的目的。控制转差频率就代表了控制转矩，这就是转差频率控制的基本思想。

用控制转差频率间接控制转矩，首先，必须保持气隙磁通 Φ_m 恒定，即采用恒 E_s/ω_s 控制方式。在异步电动机中 Φ_m 是由励磁电流 I_m 所决定的，保持气隙磁通 Φ_m 恒定，可以转化为保持 I_m 恒定。但异步电动机中直接可控和可测的量是定子电压和电流。因此，必须找出定子电压或电流同 I_m 的关系。I_m 由式（2.25）决定

$$\dot{I}_s = \dot{I}_r' + \dot{I}_m \tag{2.25}$$

将 $\dot{I}_m = \dot{E}_s / \mathrm{j}X_m$ 和 $\dot{I}_r' = \dot{E}_s \Big/ \left(\dfrac{R_r'}{s} + \mathrm{j}X_{r\sigma}'\right)$ 代入式（2.25）可求得

$$I_m = I_s\sqrt{\frac{R_r'^2 + (\omega_{sl} L_{r\sigma}')^2}{R_r'^2 + \omega_{sl}^2 (L_{r\sigma}' + L_m)^2}}$$

或

$$I_s = I_m\sqrt{\frac{R_r'^2 + \omega_{sl}^2 (L_{r\sigma}' + L_m)^2}{R_r'^2 + \omega_{sl}^2 L_{r\sigma}'^2}} \tag{2.26}$$

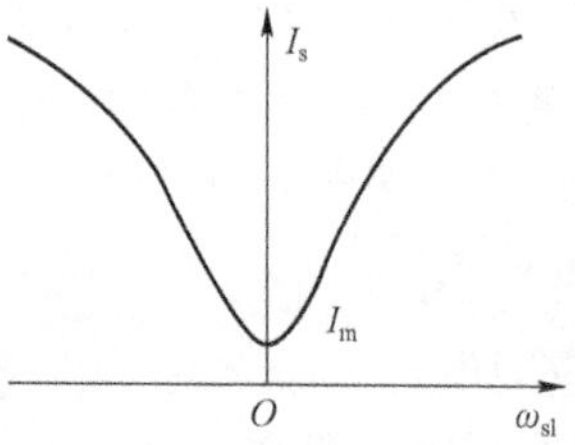

图 2.12 保持 Φ 恒定时 $I_s = f(\omega_{sl})$ 函数曲线

根据式（2.26），可以得到维持 Φ_m 恒定或 I_m 恒定时定子电流 I_s 随 ω_{sl} 变化的规律，如图 2.12 所示。

其次，转差角频率 ω_{sl} 必须很小。ω_{sl} 应处于机械特性的直线段，即 ω_{sl} 应小于机械特性最大转矩对应

的临界转差角频率 ω_{slm}。由式（2.19）可求得

$$\omega_{slm} = \frac{R_r'}{L_{r\sigma}'} = \frac{R_r}{L_{r\sigma}} \tag{2.27}$$

第二个条件变为转差角频率 ω_{sl} 满足

$$\omega_{sl} < \omega_{slm} \tag{2.28}$$

在转差频率控制系统中，只要给 ω_{sl} 限幅即可实现。

综上所述，转差频率控制的条件是：（1）保持气隙磁通 Φ_m 恒定。（2）保证 $\omega_{sl} < \omega_{slm}$，以保证转矩 T_e 近似与 ω_{sl} 成正比。也就是式（2.26）和式（2.28）构成了转差频率控制的控制规律。

2.1.4　转差频率控制变频调速系统

图 2.13 所示为转速闭环、转差频率控制变频调速系统结构图，为了方便分析工作原理，设电动机的极对数为 1。该系统是以转速环为外环、电流环为内环的双闭环调速系统。转速调节器采用带输出限幅的 PI 调节器，调节器的输出和输入为同极性，其输出限幅 $\pm U^*_{\omega_{slm}}$ 用以限制最大转矩 $\pm T_{em}$。转速调节器的输出是转差频率给定值 $U^*_{\omega_{sl}}$，代表转矩给定。一路通过 $I_s = f(\omega_{sl})$ 函数发生器按 $U^*_{\omega_{sl}}$ 的大小产生相应的定子电流给定信号 U^*_{is}，再通过电流调节器控制定子电流以保证气隙磁通恒定。另一路按 $\omega_{sl} + \omega = \omega_s$ 的规律产生对应定子频率 ω_s 的控制电压 $U^*_{\omega_s}$，它由转差频率信号与实际转速信号相加得到，即 $U^*_{\omega_s} = U^*_{\omega_{sl}} + U_\omega$，由此决定逆变器的输出频率，这样就形成了在转速外环内的电流配合控制。

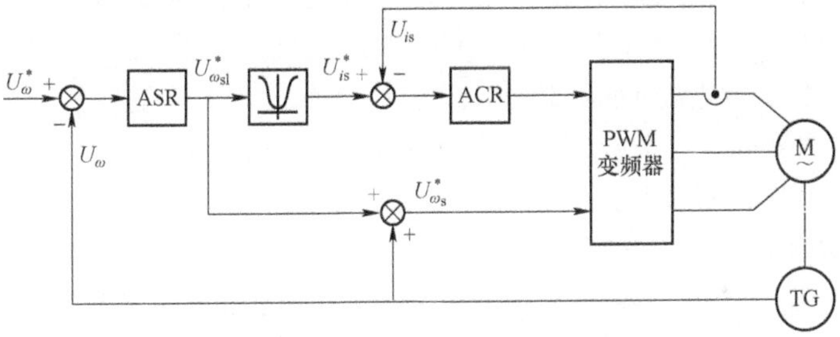

图 2.13　转速闭环、转差频率控制变频调速系统结构图

1. 启动过程

当转速给定阶跃信号 U^*_ω 后，转速调节器饱和，其输出达到限幅值 $U^*_{\omega_{slm}}$，这时 $\omega_{sl} = \omega_{slm}$，而转矩 $T_e = T_{em}$，系统从图 2.14 中的点 1 启动。转速上升后，只要未达到给定值，转速调节器始终饱和，系统始终保持限幅转差角频率 ω_{slm} 和限幅转矩 T_{em} 不变，工作点沿 $T_e = T_{em}$ 直线上升，直到稳态运行点 3，稳态转速等于给定转速，即 $\omega = \omega^*$，而稳态时，定子角频率 $\omega_s = \omega^* + \omega_{sl}$。

2. 抗负载扰动过程

设电动机原来工作于理想空载的情况，即 $\omega = \omega^* = \omega_s$，$\omega_{sl} = 0$ 的点 A（图 2.15），相应的定子频率为 f_s，现在负载突然增大到 T_{L1}，实际角速度 ω 将下降。

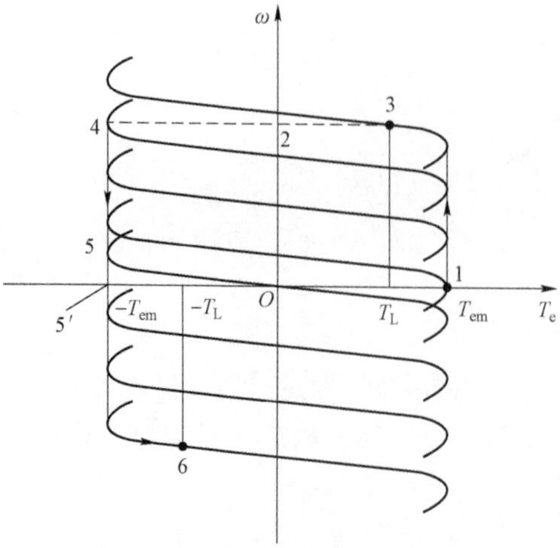

图 2.14　转差频率控制系统运行特性

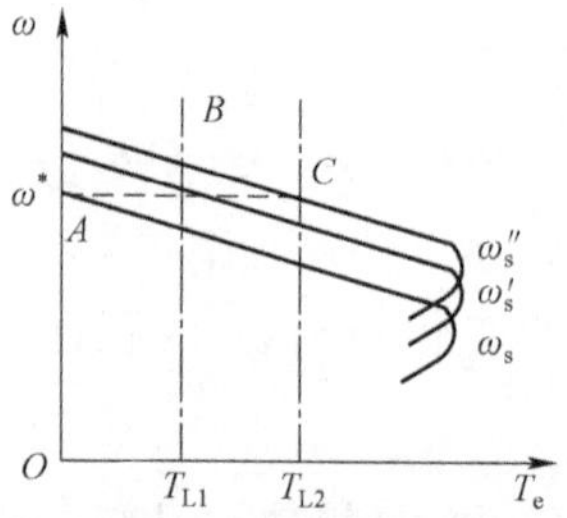

图 2.15　转差频率控制系统抗负载扰动过程

该误差经过转速调节器后，使转差频率给定信号增加，从而使转差角频率 ω_{sl} 增加。根据

$$\omega_s = \omega + \omega_{sl}$$

ω_{sl} 的增加又导致 ω_s 及 f_s 的增加，使实际角速度 ω 相应提高。由于系统是无静差调节，转速最终将稳定于 $\omega = \omega^*$ 点（图 2.15 上点 B）。这时对应机械特性的理想空载转速应为

$$\omega_s' = \omega^* + \omega_{sl}$$

即工作在新的定子频率 f_s' 上，也就是说负载突增时，闭环系统的自动调节作用将提高定子角频率，使系统静态无差。

3. 制动过程

如果系统原来稳定工作于图 2.14 中的点 3，当转速给定信号 U_ω^* 突然减小到零时，由于惯性实际角速度不能瞬间变化，这时转速调节器的输出达到负限幅 $-U_{\omega_{slm}}^*$，它一方面通过 $f_s(\omega_{sl})$ 和电流环控制变频器使其建立所需的制动电流；另一方面由于转差频率 ω_{sl} 变负，$\omega_s = \omega + \omega_{sl}$ 变小，使逆变器频率降低。电动机定子电压频率的突然降低，将会使工作点由第一象限转到第二象限，如图 2.14 中由点 3 到点 4 所示，电磁转矩变负，该制动转矩使电动机减速。由于转速调节器为带输出限幅的 PI 调节器，所以当转速降到零之前，转速调节器一直饱和，其输出负限幅维持 $T_e = -T_{em}$，恒最大转矩减速，如图 2.14 中由点 4 到点 5 所示。

4. 反转过程

如果速度给定信号 U_ω^* 由正突然变负，则系统首先沿着图 2.14 曲线点 3→点 4→点 5 制动。当 $\omega_s = \omega - \omega_{slm}$ 由正变负时，控制逆变器输出负相序交流电，电动机进入反接制动状态。电动机在反相序反接制动过零时，转差频率信号 ω_{sl} 仍为 $-\omega_{slm}$，ω 为零（图 2.12 点5′），则在维持反相序情况下，电动机加速至与反向负载转矩相平衡时的位置为止，进入稳定运行，如图 2.14 中由点 5′ 到点 6 所示。可见，整个反向过程主要是在最大转矩 $-T_{em}$ 下完成的。

根据以上工作情况的分析可以看出，该系统在稳态工作时可以实现无静差调节，并且在给定信号变化较大时能够维持电动机在电磁转矩接近最大值下完成动态过程，并且可以实现四象限运行。由此可见，该系统基本具备了直流电动机转速电流双闭环控制系统的优点，而且结构也不算复杂，有一定的应用价值。

然而，如果认真考察一下它的静、动态性能，就会发现这个系统与直流双闭环调速系统

的性能相比还是有差距的。首先，该系统的恒磁通函数曲线是在稳态下算出的，在动态过程不一定满足恒磁通的条件，而且电动机的内部参数实际上也不是常数，要准确地模拟出函数曲线是困难的。其次，该系统是利用 I_s 来控制电动机转矩的，但实际上在 Φ 一定时转矩是由转子电流产生的，而转子电路具有一定的时间常数，这就引起转矩的滞后，影响了快速响应。为此需要引入校正环节，对转子滞后的相位进行补偿。此外，该系统在频率控制环节中，取 $\omega_s=\omega+\omega_{sl}$ 作为频率给定信号（其中 ω 是转速检测信号），使频率 ω_s 可以和转速 ω 同步升降。但是，如果转速检测信号不准确或存在干扰成分，例如测速发电动机的纹波等，就会直接给频率造成误差。为了提高测量精度，可以采用数字式测量方法和微机控制方式。

2.2　异步电动机的多变量数学模型

前面介绍的变频调速方法，是基于异步电动机的稳态数学模型的调速方法，能实现一定的调速性能。如果要实现高动态性能的调速，就需要基于动态数学模型讨论其控制方法。本节讨论异步电动机多变量动态数学模型。先介绍在三相坐标系中异步电动机的数学模型，然后介绍两相坐标系中异步电动机的数学模型，再介绍用空间矢量表示的异步电动机数学模型，最后讨论在任意旋转的通用坐标系中异步电动机的数学模型，并由此推得两相静止坐标系和两相同步旋转坐标系中异步电动机的数学模型。

2.2.1　在三相坐标系中异步电动机的数学模型

为了便于列写微分方程，通常假设三相异步电动机的定子是对称的，即磁路是对称的，三相定子绕组是对称的，且三相定子绕组在空间上互差 120°电角度。如果异步电动机转子不论是绕线型的还是笼型的，都将它等效成绕线型转子，并折算到定子侧，折算后的每相匝数相等，则异步电动机的物理模型如图 2.16 所示，图中，A，B，C 为定子绕组轴线，a, b, c 为转子绕组轴线，θ 为转子 a 轴和定子 A 轴之间的空间电角度，ω_r 为转子角速度。

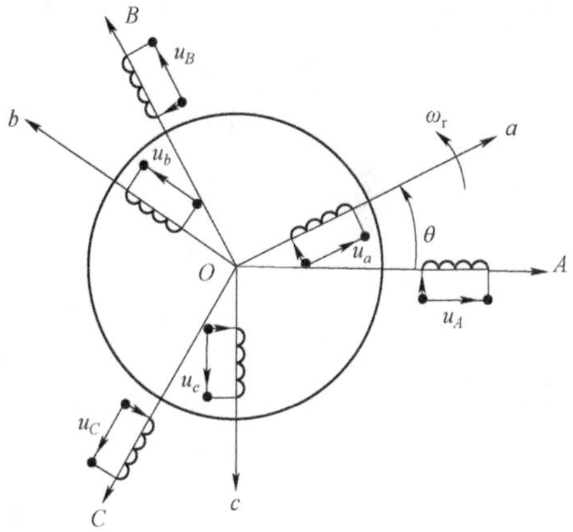

图 2.16　异步电动机物理模型

为了建立数学模型，一般做如下假设：

（1）三相绕组对称，忽略空间谐波，磁势沿气隙圆周按正弦分布。

（2）忽略磁饱和，各绕组的自感和互感都是线性的。

（3）忽略铁损。

（4）不考虑频率和温度变化对绕组的影响。

（5）不失一般性地，可将多相绕组等效为空间上互差 90° 电角度的两相绕组，即直轴和交轴绕组。

在上述假设下异步电动机的数学模型分析如下：

1. 磁链方程

设定子绕组每相的自感为 L_{ss}，定子三相绕组各相间的互感为 $-M_s$（三相绕组在空间互差 120° 电角度，互感为负值）；转子绕组每相的自感为 L_{rr}，转子三相绕组各相间的互感为 $-M_r$。

由于气隙均匀，所以上述四类电感均为常值而与θ角无关；加上三相绕组对称，因此各相的自感相等，相与相之间的互感亦相等。定子绕组与转子绕组间的互感，则随转角θ的变化而变化。对于理想电动机，由于气隙磁场为正弦分布，所以定子、转子绕组间的互感应为$M_{sr}\cos\theta$，其中θ为定子、转子两个绕组轴线间的夹角；M_{sr}为定子、转子两个绕组的轴线重合时互感的幅值。由此可写出定子绕组的磁链方程为

$$\left.\begin{aligned}\psi_A &= L_{ss}i_A - M_s i_B - M_s i_C + M_{sr}\cos\theta i_a + \\ &\quad \cos(\theta+120^\circ)M_{sr}i_b + M_{sr}\cos(\theta-120^\circ)i_c \\ \psi_B &= -M_s i_A + L_{ss}i_B - M_s i_C + M_{sr}\cos(\theta-120^\circ)i_a + \\ &\quad M_{sr}\cos\theta i_b + M_{sr}\cos(\theta+120^\circ)i_c \\ \psi_C &= -M_s i_A - M_s i_B + L_{ss}i_C + M_{sr}\cos(\theta+120^\circ)i_a + \\ &\quad M_{sr}\cos(\theta-120^o)i_b + M_{sr}\cos\theta i_c\end{aligned}\right\} \tag{2.29}$$

式（2.29）三个式子中，等式右端前三项为定子电流所产生的自感和互感磁链，后三项则为转子电流所产生的互感磁链。转子绕组的磁链方程为

$$\left.\begin{aligned}\psi_a &= M_{sr}\cos\theta i_A + M_{sr}\cos(\theta-120^\circ)i_B + M_{sr}\cos(\theta+120^\circ)i_C + L_{rr}i_a - M_r i_b - M_r i_c \\ \psi_b &= M_{sr}\cos(\theta+120^\circ)i_A + M_{sr}\cos\theta i_B + M_{sr}\cos(\theta-120^\circ)i_C - M_r i_a + L_{rr}i_b - M_r i_c \\ \psi_c &= M_{sr}\cos(\theta-120^\circ)i_A + M_{sr}\cos(\theta+120^\circ)i_B + M_{sr}\cos\theta i_C - M_r i_a - M_r i_b + L_{rr}i_c\end{aligned}\right\} \tag{2.30}$$

式（2.30）三个式子中，等式右端前三项为定子电流所产生的对于转子绕组的互感磁链，后三项则是转子电流所产生的自感和互感磁链。

如果用$\boldsymbol{\psi}_s$和$\boldsymbol{\psi}_r$分别表示定子和转子磁链的列矩阵，$\boldsymbol{i}_s$和$\boldsymbol{i}_r$分别表示定子和转子电流的列矩阵，即

$$\boldsymbol{\psi}_s = \begin{bmatrix}\psi_A \\ \psi_B \\ \psi_C\end{bmatrix}, \quad \boldsymbol{\psi}_r = \begin{bmatrix}\psi_a \\ \psi_b \\ \psi_c\end{bmatrix} \tag{2.31}$$

$$\boldsymbol{i}_s = \begin{bmatrix}i_A \\ i_B \\ i_C\end{bmatrix}, \quad \boldsymbol{i}_r = \begin{bmatrix}i_a \\ i_b \\ i_c\end{bmatrix} \tag{2.32}$$

则异步电动机磁链方程的矩阵形式为

$$\begin{bmatrix}\boldsymbol{\psi}_s \\ \boldsymbol{\psi}_r\end{bmatrix} = \begin{bmatrix}\boldsymbol{L}_s & \boldsymbol{M}_{sr} \\ \boldsymbol{M}_{rs} & \boldsymbol{L}_r\end{bmatrix}\begin{bmatrix}\boldsymbol{i}_s \\ \boldsymbol{i}_r\end{bmatrix} \tag{2.33}$$

式中，$\boldsymbol{L}_s$和$\boldsymbol{L}_r$分别表示定子、转子绕组的自感矩阵；$\boldsymbol{M}_{sr}$和$\boldsymbol{M}_{rs}$分别是转子绕组对定子绕组和定子绕组对转子绕组的互感矩阵。

$$\boldsymbol{L}_s = \begin{bmatrix}L_{ss} & -M_s & -M_s \\ -M_s & L_{ss} & -M_s \\ -M_s & -M_s & L_{ss}\end{bmatrix}, \quad \boldsymbol{L}_r = \begin{bmatrix}L_{rr} & -M_r & -M_r \\ -M_r & L_{rr} & -M_r \\ -M_r & -M_r & L_{rr}\end{bmatrix} \tag{2.34}$$

$$\boldsymbol{M}_{sr} = M_{sr}\begin{bmatrix}\cos\theta & \cos(\theta+120^\circ) & \cos(\theta-120^\circ) \\ \cos(\theta-120^\circ) & \cos\theta & \cos(\theta+120^\circ) \\ \cos(\theta+120^\circ) & \cos(\theta-120^\circ) & \cos\theta\end{bmatrix}, \quad \boldsymbol{M}_{rs} = \boldsymbol{M}_{sr}^{\mathrm{T}} \tag{2.35}$$

实际上，在许多情况下（例如定子绕组为Y连接，且无中性线），定子的零序电流等于零，即 $i_A+i_B+i_C=0$，此时式（2.29）中 ψ_A 的前三项可合并成一项

$$L_{ss}i_A-M_si_B-M_si_C=L_{ss}i_A-M_s(i_B+i_C)=L_si_A \tag{2.36}$$

于是式（2.29）的定子磁链方程可改写成

$$\left.\begin{aligned}\psi_A&=L_si_A+M_{sr}[\cos\theta i_a+\cos(\theta+120^\circ)i_b+\cos(\theta-120^\circ)i_c]\\\psi_B&=L_si_B+M_{sr}[\cos(\theta-120^\circ)i_a+\cos\theta i_b+\cos(\theta+120^\circ)i_c]\\\psi_C&=L_si_C+M_{sr}[\cos(\theta+120^\circ)i_a+\cos(\theta-120^\circ)i_b+\cos\theta i_c]\end{aligned}\right\} \tag{2.37}$$

式中，L_s 为计及定子相邻两项的互感磁链后，定子每相的总自感 $L_s=L_{ss}+M_s$。

同理，若转子的零序电流为零，即 $i_a+i_b+i_c=0$，则式（2.30）的转子磁链方程可改写成

$$\left.\begin{aligned}\psi_a&=M_{sr}[\cos\theta i_A+\cos(\theta-120^\circ)i_B+\cos(\theta+120^\circ)i_C]+L_ri_a\\\psi_b&=M_{sr}[\cos(\theta+120^\circ)i_A+\cos\theta i_B+\cos(\theta-120^\circ)i_C]+L_ri_b\\\psi_c&=M_{sr}[\cos(\theta-120^\circ)i_A+\cos(\theta+120^\circ)i_B+\cos\theta i_C]+L_ri_c\end{aligned}\right\} \tag{2.38}$$

式中，L_r 为计及转子相邻两项的互感磁链后，转子每相的总自感 $L_r=L_{rr}+M_r$。

定子、转子无零序电流时，磁链方程（2.33）仍然成立，但式（2.34）中的 $\boldsymbol{L}_s$ 和 $\boldsymbol{L}_r$ 将简化为对角线矩阵；$\boldsymbol{L}_s$ 的对角线元素均为 L_s，$\boldsymbol{L}_r$ 的对角线元素均为 L_r，即

$$\boldsymbol{L}_s=\begin{bmatrix}L_s&&\\&L_s&\\&&L_s\end{bmatrix},\ \boldsymbol{L}_r=\begin{bmatrix}L_r&&\\&L_r&\\&&L_r\end{bmatrix} \tag{2.39}$$

2. 电压方程

根据电磁感应定律和基尔霍夫第二定律可知，定子绕组的电压方程为

$$\left.\begin{aligned}u_A&=R_si_A+p[L_{ss}i_A-M_si_B-M_si_C+\\&\quad M_{sr}\cos\theta i_a+M_{sr}\cos(\theta+120^\circ)i_b+M_{sr}\cos(\theta-120^\circ)i_c]\\u_B&=R_si_B+p[-M_si_A+L_{ss}i_B-M_si_C+\\&\quad M_{sr}\cos(\theta-120^\circ)i_a+M_{sr}\cos\theta i_b+M_{sr}\cos(\theta+120^\circ)i_c]\\u_C&=R_si_C+p[-M_si_A-M_si_B+L_{ss}i_C+\\&\quad M_{sr}\cos(\theta+120^\circ)i_a+M_{sr}\cos(\theta-120^\circ)i_b+M_{sr}\cos\theta i_c]\end{aligned}\right\} \tag{2.40}$$

式中，R_s 为定子每相电阻；p 为时间的微分算子，$p=\dfrac{\mathrm{d}}{\mathrm{d}t}$，转子绕组电压方程为

$$\left.\begin{aligned}u_a&=R_ri_a+p[M_{sr}\cos\theta i_A+M_{sr}\cos(\theta-120^\circ)i_B+\\&\quad M_{sr}\cos(\theta+120^\circ)i_C+L_{rr}i_a-M_ri_b-M_ri_c]\\u_b&=R_ri_b+p[M_{sr}\cos(\theta+120^\circ)i_A+M_{sr}\cos\theta i_B+\\&\quad M_{sr}\cos(\theta-120^\circ)i_C-M_ri_a+L_{rr}i_b-M_ri_c]\\u_c&=R_ri_c+p[M_{sr}\cos(\theta-120^\circ)i_A+M_{sr}\cos(\theta+120^\circ)i_B+\\&\quad M_{sr}\cos\theta i_C-M_ri_a-M_ri_b+L_{rr}i_c]\end{aligned}\right\} \tag{2.41}$$

式中，R_r 为转子每相的电阻。

设定子和转子绕组的电压列矩阵分别为 $\boldsymbol{u}_s$ 和 $\boldsymbol{u}_r$，

$$\boldsymbol{u}_s=\begin{bmatrix}u_A\\u_B\\u_C\end{bmatrix},\quad \boldsymbol{u}_r=\begin{bmatrix}u_a\\u_b\\u_c\end{bmatrix} \tag{2.42}$$

则异步电动机电压方程的矩阵形式为

$$\begin{bmatrix}\boldsymbol{u}_s\\\boldsymbol{u}_r\end{bmatrix}=\begin{bmatrix}\boldsymbol{R}_s&0\\0&\boldsymbol{R}_r\end{bmatrix}\begin{bmatrix}\boldsymbol{i}_s\\\boldsymbol{i}_r\end{bmatrix}+p\begin{bmatrix}\boldsymbol{L}_s&\boldsymbol{M}_{sr}\\\boldsymbol{M}_{rs}&\boldsymbol{L}_r\end{bmatrix}\begin{bmatrix}\boldsymbol{i}_s\\\boldsymbol{i}_r\end{bmatrix} \tag{2.43}$$

式中，$\boldsymbol{R}_s$ 和 $\boldsymbol{R}_r$ 分别为定子和转子绕组的电阻矩阵

$$\boldsymbol{R}_s=\begin{bmatrix}R_s&&\\&R_s&\\&&R_s\end{bmatrix}\boldsymbol{R}_r=\begin{bmatrix}R_r&&\\&R_r&\\&&R_r\end{bmatrix} \tag{2.44}$$

式（2.43）还可以进一步缩写成

$$\boldsymbol{u}=\boldsymbol{Ri}+p\,(\boldsymbol{Li})=\boldsymbol{Ri}+\boldsymbol{L}\frac{\mathrm{d}\boldsymbol{i}}{\mathrm{d}t}+\frac{\partial \boldsymbol{L}}{\partial\theta}\omega_r\boldsymbol{i} \tag{2.45}$$

式中，$\boldsymbol{u}$ 和 $\boldsymbol{i}$ 分别为整个电动机的电压和电流矩阵，

$$\boldsymbol{u}=\begin{bmatrix}\boldsymbol{u}_s\\\boldsymbol{u}_r\end{bmatrix},\quad \boldsymbol{i}=\begin{bmatrix}\boldsymbol{i}_s\\\boldsymbol{i}_r\end{bmatrix} \tag{2.46}$$

$\boldsymbol{R}$ 和 $\boldsymbol{L}$ 则是整个电动机的电阻和电感矩阵，

$$\boldsymbol{R}=\begin{bmatrix}\boldsymbol{R}_s&0\\0&\boldsymbol{R}_r\end{bmatrix},\boldsymbol{L}=\begin{bmatrix}\boldsymbol{L}_s&\boldsymbol{M}_{sr}\\\boldsymbol{M}_{rs}&\boldsymbol{L}_r\end{bmatrix} \tag{2.47}$$

ω_r 为 θ 对时间的导数，$\omega_r=\dfrac{\mathrm{d}\theta}{\mathrm{d}t}$。式（2.45）的右端由三项组成，第一项为电阻压降，第二项为电感压降（亦称变压器电压），第三项为与转子转速成正比的运动电压。

3. 运动方程和转矩方程

运动方程 对于恒转矩负载，运动方程为

$$T_e=T_L+\frac{J}{p_n}\cdot\frac{\mathrm{d}\omega_r}{\mathrm{d}t} \tag{2.48}$$

式中，p_n 为电动机的极对数；J 为转动惯量；T_e 为电磁砖矩；T_L 为负载转矩；ω_r 为角速度。

转矩方程 按照机电能量转换原理，在磁路为线性的情况下，磁能 W_m 和磁共能 W'_m 相等，即

$$W_m=W'_m=\frac{1}{2}\boldsymbol{i}^{\mathrm{T}}\boldsymbol{Li} \tag{2.49}$$

根据虚位移法，电磁转矩等于磁共能 W'_m 对机械角位移 θ_m 的偏导，且 $\theta_m=\theta/p_n$，因此转矩方程为

$$T_{\rm e}=\frac{\partial W'_{\rm m}}{\partial \theta_{\rm m}}=p_{\rm n}\frac{\partial W'_{\rm m}}{\partial \theta}=\frac{1}{2}p_{\rm n}\boldsymbol{i}^{\rm T}\frac{\partial \boldsymbol{L}}{\partial \theta}\boldsymbol{i}=\frac{1}{2}p_{\rm n}\boldsymbol{i}^{\rm T}\begin{bmatrix}0 & \dfrac{\partial \boldsymbol{M}_{\rm sr}}{\partial \theta}\\ \dfrac{\partial \boldsymbol{M}_{\rm rs}}{\partial \theta} & 0\end{bmatrix}\boldsymbol{i}$$
$$=\frac{1}{2}p_{\rm n}\left[\boldsymbol{i}_{\rm r}^{\rm T}\frac{\partial \boldsymbol{M}_{\rm rs}}{\partial \theta}\boldsymbol{i}_{\rm s}+\boldsymbol{i}_{\rm s}^{\rm T}\frac{\partial \boldsymbol{M}_{\rm sr}}{\partial \theta}\boldsymbol{i}_{\rm r}\right]=p_{\rm n}\boldsymbol{i}_{\rm s}^{\rm T}\frac{\partial \boldsymbol{M}_{\rm sr}}{\partial \theta}\boldsymbol{i}_{\rm r} \tag{2.50}$$

将 $\boldsymbol{i}$ 和 $\boldsymbol{L}$ 代入式（2.50）并整理得转矩方程式为

$$T_{\rm e}=-p_{\rm n}M_{\rm sr}\boldsymbol{i}_{\rm s}^{\rm T}\begin{bmatrix}\sin\theta & \sin(\theta+120^\circ) & \sin(\theta-120^\circ)\\ \sin(\theta-120^\circ) & \sin\theta & \sin(\theta+120^\circ)\\ \sin(\theta+120^\circ) & \sin(\theta-120^\circ) & \sin\theta\end{bmatrix}\boldsymbol{i}_{\rm r}$$
$$=-p_{\rm n}M_{\rm sr}[(i_Ai_a+i_Bi_b+i_Ci_c)\sin\theta+(i_Ai_b+i_Bi_c+i_Ci_a)\sin(\theta+120^\circ)+(i_Ai_c+i_Bi_a+i_Ci_b)\sin(\theta-120^\circ)] \tag{2.51}$$

$$\theta=p_{\rm n}\int_0^t \Omega {\rm d}t+\theta_0 \tag{2.52}$$

式中，Ω 为机械角速度。

2.2.2　在两相坐标系中异步电动机的数学模型

1. 坐标变换

1）ABC 与 $\alpha_{\rm s}\beta_{\rm s}$ 及 abc 与 $\alpha_{\rm r}\beta_{\rm r}$ 之间的变换

由矩阵分析中坐标与基的关系来分析坐标变换。设一个向量 $\boldsymbol{F}$ 在 ABC 坐标系中的坐标为 $[F_A,\ F_B,\ F_C]$，在 MN 坐标系中的坐标为 $[F_M,\ F_N]$，则

$$\boldsymbol{F}=[F_A\quad F_B\quad F_C]\begin{bmatrix}A\\B\\C\end{bmatrix}=[F_M\quad F_N]\begin{bmatrix}M\\N\end{bmatrix} \tag{2.53}$$

式中，A、B、C 和 M、N 为其空间的两组基，所以只要找出 A、B、C 与 M、N 之间的转换关系，则可以找到其坐标间关系。如果 ABC 为三相对称坐标系，MN 为两相直角坐标系，两个坐标系之间的夹角为 θ，它们的空间位置如图 2.17 所示，则它们的转换关系为

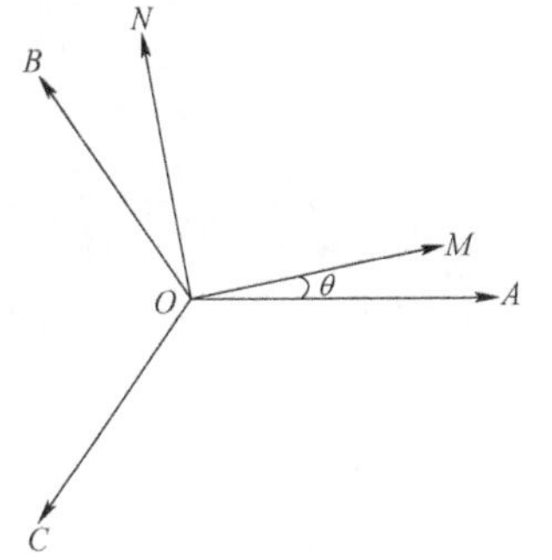

图 2.17　三相坐标系和两相坐标系

$$\begin{bmatrix}M\\N\end{bmatrix}=\begin{bmatrix}\cos\theta & \cos(120^\circ-\theta) & \cos(240^\circ-\theta)\\ \cos(90^\circ+\theta) & \cos(\theta-30^\circ) & \cos(150^\circ-\theta)\end{bmatrix}\begin{bmatrix}A\\B\\C\end{bmatrix}$$
$$=\begin{bmatrix}\cos\theta & \cos(\theta-120^\circ) & \cos(\theta+120^\circ)\\ \cos(\theta+90^\circ) & \cos(\theta-30^\circ) & \cos(\theta-150^\circ)\end{bmatrix}\begin{bmatrix}A\\B\\C\end{bmatrix} \tag{2.54}$$

该方法可以推广到任意相到任意相之间的变化。

定子和转子的两相坐标系分别为$\alpha_s\beta_s$和$\alpha_r\beta_r$，其中α_s轴与定子三相绕组中的 A 相绕组轴线重合，β_s轴在空间超前α_s轴90°电角度，α_r轴与转子三相绕组中的a相轴线重合，β_r轴在空间超前α_r轴90°电角度，如图 2.18 所示。即定子三相与两相坐标系之间的夹角度为零，转子三相与两相坐标系之间的夹角为零。于是三相坐标系到两相坐标系的变换矩阵$\boldsymbol{C}_{3/2}$和两相坐标系到三相坐标系的变换矩阵$\boldsymbol{C}_{2/3}$分别为

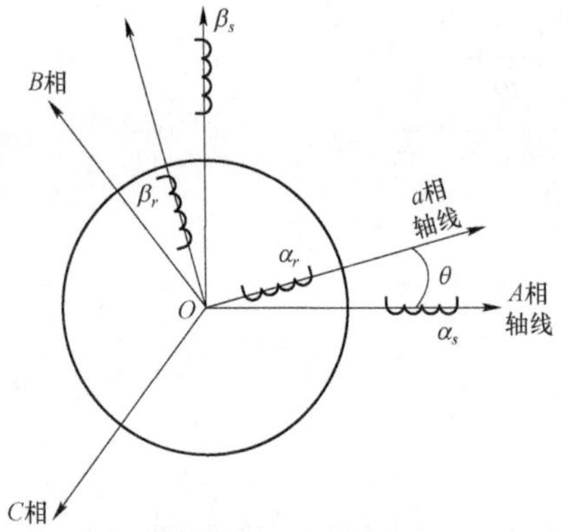

图 2.18　$\alpha\beta$坐标系

$$\boldsymbol{C}_{2/3}=\begin{bmatrix}\cos 0 & \cos 90^\circ \\ \cos 120^\circ & \cos 30^\circ \\ \cos 120^\circ & \cos 150^\circ\end{bmatrix}=\begin{bmatrix}1 & 0 \\ -\dfrac{1}{2} & \dfrac{\sqrt{3}}{2} \\ -\dfrac{1}{2} & -\dfrac{\sqrt{3}}{2}\end{bmatrix} \tag{2.55}$$

$$\boldsymbol{C}_{3/2}=\begin{bmatrix}\cos 0 & \cos 120^\circ & \cos 120^\circ \\ \cos 90^\circ & \cos 30^\circ & \cos 150^\circ\end{bmatrix}=\begin{bmatrix}1 & -\dfrac{1}{2} & -\dfrac{1}{2} \\ 0 & \dfrac{\sqrt{3}}{2} & -\dfrac{\sqrt{3}}{2}\end{bmatrix} \tag{2.56}$$

由式（2.55）和式（2.56）可知$\boldsymbol{C}_{3/2}=\boldsymbol{C}_{2/3}^{\mathrm{T}}$。

$$\boldsymbol{C}_{3/2}\bullet\boldsymbol{C}_{2/3}=\begin{bmatrix}1 & -\dfrac{1}{2} & -\dfrac{1}{2} \\ 0 & \dfrac{\sqrt{3}}{2} & -\dfrac{\sqrt{3}}{2}\end{bmatrix}\begin{bmatrix}1 & 0 \\ -\dfrac{1}{2} & \dfrac{\sqrt{3}}{2} \\ -\dfrac{1}{2} & -\dfrac{\sqrt{3}}{2}\end{bmatrix}=\begin{bmatrix}\dfrac{3}{2} & 0 \\ 0 & \dfrac{3}{2}\end{bmatrix}=\left(\sqrt{\dfrac{3}{2}}\right)^2\begin{bmatrix}1 & 0 \\ 0 & 1\end{bmatrix}$$

如果用$\boldsymbol{u}_s$和$\boldsymbol{i}_s$表示原三相坐标系的定子电压列矩阵和定子电流列矩阵，而用$\boldsymbol{u}_s'$和$\boldsymbol{i}_s'$表示变换后的两相坐标系的定子电压列矩阵和定子电流列矩阵，则

$$\boldsymbol{u}_s'=\boldsymbol{C}_{3/2}\boldsymbol{u}_s,\quad \boldsymbol{i}_s'=\boldsymbol{C}_{3/2}\boldsymbol{i}_s$$

$$\boldsymbol{u}_s=\boldsymbol{C}_{2/3}\boldsymbol{u}_s',\quad \boldsymbol{i}_s=\boldsymbol{C}_{2/3}\boldsymbol{i}_s'$$

如果要保证变换前后功率不变，即

$$\boldsymbol{u}_s^{\mathrm{T}}\boldsymbol{i}_s=(\boldsymbol{C}_{2/3}\boldsymbol{u}_s')^{\mathrm{T}}\times(\boldsymbol{C}_{2/3}\boldsymbol{i}_s')=\boldsymbol{u}_s'^{\mathrm{T}}\boldsymbol{i}_s'$$

则

$$\boldsymbol{C}_{2/3}^{\mathrm{T}}\times\boldsymbol{C}_{2/3}=\boldsymbol{E}$$

即

$$\boldsymbol{C}_{3/2}\times\boldsymbol{C}_{2/3}=\boldsymbol{E}$$

式中，$\boldsymbol{E}$为单位矩阵。

令
$$C_{3/2}=\sqrt{\frac{2}{3}}\begin{bmatrix}1 & -\frac{1}{2} & -\frac{1}{2}\\ 0 & \frac{\sqrt{3}}{2} & -\frac{\sqrt{3}}{2}\end{bmatrix} \tag{2.57a}$$

$$C_{2/3}=\sqrt{\frac{2}{3}}\begin{bmatrix}1 & 0\\ -\frac{1}{2} & \frac{\sqrt{3}}{2}\\ -\frac{1}{2} & -\frac{\sqrt{3}}{2}\end{bmatrix} \tag{2.57b}$$

则 $\boldsymbol{C}_{3/2}\bullet\boldsymbol{C}_{2/3}=\boldsymbol{E}$。可以证明，变换矩阵式（2.57a）和式（2.57b）之间的关系为 $\boldsymbol{C}_{2/3}^{\mathrm{T}}=\boldsymbol{C}_{3/2}$。

式（2.57a）和式（2.57b）为保持功率不变时的变换矩阵，式（2.57a）也称 3/2 变换。

由此，定子的电压、电流、磁链量（以 X 表示）在三相 ABC 坐标系和两相 $\alpha_s\beta_s$ 坐标系中的关系为

$$\begin{bmatrix}X_A\\ X_B\\ X_C\end{bmatrix}=\boldsymbol{C}_{2/3}\begin{bmatrix}X_{s\alpha}\\ X_{s\beta}\end{bmatrix} \tag{2.58}$$

转子电压、电流、磁链量在三相 abc 坐标系和两相 $\alpha_r\beta_r$ 坐标中的关系为

$$\begin{bmatrix}X_a\\ X_b\\ X_c\end{bmatrix}=\boldsymbol{C}_{2/3}\begin{bmatrix}X_{r\alpha}\\ X_{r\beta}\end{bmatrix} \tag{2.59}$$

式（2.58）和式（2.59）中的变换矩阵由式（2.57）表示。

如果将定子变量和转子变量合并，则相应的变化关系为

$$\begin{bmatrix}X_A\\ X_B\\ X_C\\ X_a\\ X_b\\ X_c\end{bmatrix}=\begin{bmatrix}\boldsymbol{C}_{2/3} & 0\\ 0 & \boldsymbol{C}_{2/3}\end{bmatrix}\begin{bmatrix}X_{s\alpha}\\ X_{s\beta}\\ X_{r\alpha}\\ X_{r\beta}\end{bmatrix} \tag{2.60}$$

反之亦然。

同样可以证明

$$\begin{bmatrix}\boldsymbol{C}_{2/3} & 0\\ 0 & \boldsymbol{C}_{2/3}\end{bmatrix}^{\mathrm{T}}=\begin{bmatrix}\boldsymbol{C}_{3/2} & 0\\ 0 & \boldsymbol{C}_{3/2}\end{bmatrix} \tag{2.61}$$

2）$\alpha_s\beta_s$ 和 $\alpha_r\beta_r$ 之间的变换

同样，根据矩阵中坐标与基坐标的关系，分析图 2.18 中 $\alpha_s\beta_s$ 坐标系和 $\alpha_r\beta_r$ 坐标系之间的变换关系。设一个向量 $\boldsymbol{F}$ 在 $\alpha_s\beta_s$ 坐标系的坐标为 $[F_{s\alpha},F_{s\beta}]$，在 $\alpha_r\beta_r$ 坐标系的坐标为 $[F_{r\alpha},F_{r\beta}]$，则

$$\boldsymbol{F}=[F_{s\alpha},F_{s\beta}]\begin{bmatrix}\alpha_s\\ \beta_s\end{bmatrix}=[F_{r\alpha},F_{r\beta}]\begin{bmatrix}\alpha_r\\ \beta_r\end{bmatrix} \tag{2.62}$$

于是

$$\begin{aligned}\begin{bmatrix}\alpha_r\\ \beta_r\end{bmatrix}&=\begin{bmatrix}\cos\theta & \cos(90^\circ-\theta)\\ \cos(90^\circ+\theta) & \cos\theta\end{bmatrix}\begin{bmatrix}\alpha_s\\ \beta_s\end{bmatrix}=\begin{bmatrix}\cos\theta & \sin\theta\\ -\sin\theta & \cos\theta\end{bmatrix}\begin{bmatrix}\alpha_s\\ \beta_s\end{bmatrix}\\ &=e^{-j\theta}\begin{bmatrix}\alpha_s\\ \beta_s\end{bmatrix}\end{aligned} \tag{2.63}$$

而

$$\begin{bmatrix}\alpha_s\\ \beta_s\end{bmatrix}=\begin{bmatrix}\cos\theta & -\sin\theta\\ \sin\theta & \cos\theta\end{bmatrix}\begin{bmatrix}\alpha_r\\ \beta_r\end{bmatrix}=e^{j\theta}\begin{bmatrix}\alpha_r\\ \beta_r\end{bmatrix} \tag{2.64}$$

式中，$e^{-j\theta}$表示$\alpha_r\beta_r$坐标系超前$\alpha_s\beta_s$坐标系θ电角度；$e^{j\theta}$表示$\alpha_s\beta_s$坐标系滞后$\alpha_r\beta_r$坐标系θ电角度。在 2.2.1 节中推导出的三相坐标系中的数学模型中，变量用$\boldsymbol{C}_{2/3}\boldsymbol{X}$代入，整理后可得两相坐标系中异步电动机的数学模型。式（2.63）也称旋转变换。

2. 磁链方程

设$\boldsymbol{i}_s$、$\boldsymbol{i}_r$为三相坐标系中的电流，$\boldsymbol{i}'_s$、$\boldsymbol{i}'_r$为两相坐标系中的电流。$\boldsymbol{\psi}_s$、$\boldsymbol{\psi}_r$为三相坐标系中的磁链，$\boldsymbol{\psi}'_s$、$\boldsymbol{\psi}'_r$为两相坐标系中的磁链。由磁链方程式$\begin{bmatrix}\boldsymbol{\psi}_s\\ \boldsymbol{\psi}_r\end{bmatrix}=\begin{bmatrix}\boldsymbol{L}_s & \boldsymbol{M}_{sr}\\ \boldsymbol{M}_{rs} & \boldsymbol{L}_r\end{bmatrix}\begin{bmatrix}\boldsymbol{i}_s\\ \boldsymbol{i}_r\end{bmatrix}$得

$$\begin{bmatrix}\boldsymbol{C}_{2/3} & 0\\ 0 & \boldsymbol{C}_{2/3}\end{bmatrix}\begin{bmatrix}\boldsymbol{\psi}'_s\\ \boldsymbol{\psi}'_r\end{bmatrix}=\begin{bmatrix}\boldsymbol{L}_s & \boldsymbol{M}_{sr}\\ \boldsymbol{M}_{rs} & \boldsymbol{L}_r\end{bmatrix}\begin{bmatrix}\boldsymbol{C}_{2/3} & 0\\ 0 & \boldsymbol{C}_{2/3}\end{bmatrix}\begin{bmatrix}\boldsymbol{i}'_s\\ \boldsymbol{i}'_r\end{bmatrix} \tag{2.65}$$

将式（2.65）两边都左乘$\begin{bmatrix}\boldsymbol{C}_{3/2} & 0\\ 0 & \boldsymbol{C}_{3/2}\end{bmatrix}$

$$\begin{bmatrix}\boldsymbol{\psi}'_s\\ \boldsymbol{\psi}'_r\end{bmatrix}=\begin{bmatrix}\boldsymbol{C}_{3/2} & 0\\ 0 & \boldsymbol{C}_{3/2}\end{bmatrix}\begin{bmatrix}\boldsymbol{L}_s & \boldsymbol{M}_{sr}\\ \boldsymbol{M}_{rs} & \boldsymbol{L}_r\end{bmatrix}\begin{bmatrix}\boldsymbol{C}_{2/3} & 0\\ 0 & \boldsymbol{C}_{2/3}\end{bmatrix}\begin{bmatrix}\boldsymbol{i}'_s\\ \boldsymbol{i}'_r\end{bmatrix}=\begin{bmatrix}\boldsymbol{K}_{AA} & \boldsymbol{K}_{AB}\\ \boldsymbol{K}_{BA} & \boldsymbol{K}_{BB}\end{bmatrix}\begin{bmatrix}\boldsymbol{i}'_s\\ \boldsymbol{i}'_r\end{bmatrix} \tag{2.66}$$

下面分别计算各分块阵

$$\begin{aligned}\boldsymbol{K}_{AA}=\boldsymbol{C}_{3/2}\boldsymbol{L}_s\boldsymbol{C}_{2/3}&=\sqrt{\frac{2}{3}}\begin{bmatrix}1 & -\frac{1}{2} & -\frac{1}{2}\\ 0 & \frac{\sqrt{3}}{2} & -\frac{\sqrt{3}}{2}\end{bmatrix}\times\begin{bmatrix}L_{ss} & -M_s & -M_s\\ -M_s & L_{ss} & -M_s\\ -M_s & -M_s & L_{ss}\end{bmatrix}\times\sqrt{\frac{2}{3}}\begin{bmatrix}1 & 0\\ -\frac{1}{2} & \frac{\sqrt{3}}{2}\\ -\frac{1}{2} & -\frac{\sqrt{3}}{2}\end{bmatrix}\\ &=\frac{2}{3}\begin{bmatrix}\frac{3}{2}(L_{ss}+M_s) & 0\\ 0 & \frac{3}{2}(L_{ss}+M_s)\end{bmatrix}=\begin{bmatrix}L_{ss}+M_s & 0\\ 0 & L_{ss}+M_s\end{bmatrix}\end{aligned}$$

所以

$$\boldsymbol{K}_{AA}=\begin{bmatrix}L_{ss}+M_s & 0\\ 0 & L_{ss}+M_s\end{bmatrix} \tag{2.67}$$

同理可推得

$$\boldsymbol{K}_{BB}=\boldsymbol{C}_{3/2}\boldsymbol{L}_{\mathrm{r}}\boldsymbol{C}_{2/3}=\begin{bmatrix} L_{\mathrm{rr}}+M_{\mathrm{r}} & 0 \\ 0 & L_{\mathrm{rr}}+M_{\mathrm{r}} \end{bmatrix} \tag{2.68}$$

$$\begin{aligned}
\boldsymbol{K}_{AB}&=\boldsymbol{C}_{3/2}\boldsymbol{M}_{\mathrm{sr}}\boldsymbol{C}_{2/3}\\
&=\left(\sqrt{\frac{2}{3}}\right)\begin{bmatrix} 1 & -\frac{1}{2} & -\frac{1}{2} \\ 0 & \frac{\sqrt{3}}{2} & -\frac{\sqrt{3}}{2} \end{bmatrix} M_{\mathrm{sr}}\begin{bmatrix} \cos\theta & \cos(\theta+120^{\circ}) & \cos(\theta-120^{\circ}) \\ \cos(\theta-120^{\circ}) & \cos\theta & \cos(\theta+120^{\circ}) \\ \cos(\theta+120^{\circ}) & \cos(\theta-120^{\circ}) & \cos\theta \end{bmatrix}\\
&\quad\left(\sqrt{\frac{2}{3}}\right)\begin{bmatrix} 1 & 0 \\ -\frac{1}{2} & \frac{\sqrt{3}}{2} \\ -\frac{1}{2} & -\frac{\sqrt{3}}{2} \end{bmatrix}\\
&=\frac{2}{3}M_{\mathrm{sr}}\begin{bmatrix} \frac{9}{4}\cos\theta & -\frac{9}{4}\sin\theta \\ \frac{9}{4}\sin\theta & \frac{9}{4}\cos\theta \end{bmatrix}=\frac{2}{3}M_{\mathrm{sr}}\begin{bmatrix} \frac{9}{4}\cos\theta & -\frac{9}{4}\sin\theta \\ \frac{9}{4}\sin\theta & \frac{9}{4}\cos\theta \end{bmatrix}\\
&=\frac{3}{2}M_{\mathrm{sr}}\begin{bmatrix} \cos\theta & -\sin\theta \\ \sin\theta & \cos\theta \end{bmatrix}=\boldsymbol{M}'_{\mathrm{sr}}
\end{aligned} \tag{2.69}$$

同理可推得

$$\boldsymbol{K}_{BA}=\frac{3}{2}M_{\mathrm{sr}}\begin{bmatrix} \cos\theta & \sin\theta \\ -\sin\theta & \cos\theta \end{bmatrix} \tag{2.70}$$

令 $M_{\mathrm{m}}=\frac{3}{2}M_{\mathrm{sr}}$，$L_{\mathrm{s}}=L_{\mathrm{ss}}+M_{\mathrm{s}}$，$L_{\mathrm{r}}=L_{\mathrm{rr}}+M_{\mathrm{r}}$，则磁链方程为

$$\begin{bmatrix} \boldsymbol{\psi}'_{\mathrm{s}} \\ \boldsymbol{\psi}'_{\mathrm{r}} \end{bmatrix}=\begin{bmatrix} L_{\mathrm{s}} & 0 & M_{\mathrm{m}}\cos\theta & -M_{\mathrm{m}}\sin\theta \\ 0 & L_{\mathrm{s}} & M_{\mathrm{m}}\sin\theta & M_{\mathrm{m}}\cos\theta \\ M_{\mathrm{m}}\cos\theta & M_{\mathrm{m}}\sin\theta & L_{\mathrm{r}} & 0 \\ -M_{\mathrm{m}}\sin\theta & M_{\mathrm{m}}\cos\theta & 0 & L_{\mathrm{r}} \end{bmatrix}\begin{bmatrix} \boldsymbol{i}'_{\mathrm{s}} \\ \boldsymbol{i}'_{\mathrm{r}} \end{bmatrix} \tag{2.71}$$

式中，$\boldsymbol{i}'_{\mathrm{s}}=\begin{bmatrix} i_{\mathrm{s}\alpha} \\ i_{\mathrm{s}\beta} \end{bmatrix}$，$\boldsymbol{i}'_{\mathrm{r}}=\begin{bmatrix} i_{\mathrm{r}\alpha} \\ i_{\mathrm{r}\beta} \end{bmatrix}$，$\boldsymbol{\psi}'_{\mathrm{s}}=\begin{bmatrix} \psi_{\mathrm{s}\alpha} \\ \psi_{\mathrm{s}\beta} \end{bmatrix}$，$\boldsymbol{\psi}'_{\mathrm{r}}=\begin{bmatrix} \psi_{\mathrm{r}\alpha} \\ \psi_{\mathrm{r}\beta} \end{bmatrix}$。

3. 电压方程

设 $\boldsymbol{u}_{\mathrm{s}},\boldsymbol{u}_{\mathrm{r}}$ 为三相坐标系中的电压，$\boldsymbol{u}'_{\mathrm{s}},\boldsymbol{u}'_{\mathrm{r}}$ 为两相坐标系中的电压，根据式（2.43）可得

$$\begin{bmatrix} \boldsymbol{u}_{\mathrm{s}} \\ \boldsymbol{u}_{\mathrm{r}} \end{bmatrix}=\begin{bmatrix} \boldsymbol{R}_{\mathrm{s}} & 0 \\ 0 & \boldsymbol{R}_{\mathrm{r}} \end{bmatrix}\begin{bmatrix} \boldsymbol{i}_{\mathrm{s}} \\ \boldsymbol{i}_{\mathrm{r}} \end{bmatrix}+p\begin{bmatrix} \boldsymbol{\psi}_{\mathrm{s}} \\ \boldsymbol{\psi}_{\mathrm{r}} \end{bmatrix} \tag{2.72}$$

将 $\begin{bmatrix} u_A \\ u_B \\ u_C \end{bmatrix}=\boldsymbol{C}_{2/3}\begin{bmatrix} u_{\mathrm{s}\alpha} \\ u_{\mathrm{s}\beta} \end{bmatrix}$，$\begin{bmatrix} u_a \\ u_b \\ u_c \end{bmatrix}=\boldsymbol{C}_{2/3}\begin{bmatrix} u_{\mathrm{r}\alpha} \\ u_{\mathrm{r}\beta} \end{bmatrix}$ 或写成 $\boldsymbol{u}_{\mathrm{s}}=\boldsymbol{C}_{2/3}\boldsymbol{u}'_{\mathrm{s}}$，$\boldsymbol{u}_{\mathrm{r}}=\boldsymbol{C}_{2/3}\boldsymbol{u}'_{\mathrm{r}}$

代入式（2.72），得定子电压方程的矩阵形式

$$C_{2/3}\boldsymbol{u}'_{s} = R_{s}(C_{2/3}\boldsymbol{i}'_{s}) + p(C_{2/3}\boldsymbol{\psi}'_{s})$$

整理得

$$\boldsymbol{u}'_{s} = R_{s}\boldsymbol{i}'_{s} + p\boldsymbol{\psi}'_{s} \tag{2.73}$$

转子电压方程的矩阵形式为

$$C_{2/3}\boldsymbol{u}'_{r} = R_{r}(C_{2/3}\boldsymbol{i}'_{r}) + p(C_{2/3}\boldsymbol{\psi}'_{r})$$

整理得

$$\boldsymbol{u}'_{r} = R_{r}\boldsymbol{i}'_{r} + p\boldsymbol{\psi}'_{r} \tag{2.74}$$

式（2.73）和式（2.74）为两相坐标系中的电压方程的矩阵形式。如果写成分量形式，则两相坐标系中电压方程为

$$\begin{cases} u_{s\alpha} = R_{s}i_{s\alpha} + p\psi_{s\alpha} \\ u_{s\beta} = R_{s}i_{s\beta} + p\psi_{s\beta} \\ u_{r\alpha} = R_{r}i_{r\alpha} + p\psi_{r\alpha} \\ u_{r\beta} = R_{r}i_{r\beta} + p\psi_{r\beta} \end{cases} \tag{2.75}$$

4. 转矩方程和运动方程

在 ABC 坐标系中，$T_{e} = p_{n}\boldsymbol{i}_{s}^{T}\dfrac{\partial \boldsymbol{M}_{sr}}{\partial\theta}\boldsymbol{i}_{r}$，把 $\boldsymbol{i}_{s} = C_{2/3}\boldsymbol{i}'_{s}$，$\boldsymbol{M}_{sr} = C_{2/3}\boldsymbol{M}'_{sr}C_{3/2}$，$\boldsymbol{i}_{r} = C_{2/3}\boldsymbol{i}'_{r}$ 代入此式，可得

$$\begin{aligned} T_{e} &= p_{n}(C_{2/3}\boldsymbol{i}'_{s})^{T}\frac{\partial C_{2/3}\boldsymbol{M}'_{sr}C_{3/2}}{\partial\theta}(C_{2/3}\boldsymbol{i}'_{r}) = p_{n}\boldsymbol{i}'^{T}_{s}(C_{2/3}^{T}C_{2/3})\frac{\partial \boldsymbol{M}'_{sr}}{\partial\theta}\boldsymbol{i}'_{r} \\ &= \frac{3}{2}p_{n}M_{sr}\begin{bmatrix} i_{s\alpha} & i_{s\beta} \end{bmatrix}\begin{bmatrix} -\sin\theta & -\cos\theta \\ \cos\theta & -\sin\theta \end{bmatrix}\begin{bmatrix} i_{r\alpha} \\ i_{r\beta} \end{bmatrix} \\ &= \frac{3}{2}p_{n}M_{sr}\left[(i_{s\beta}i_{r\alpha} - i_{s\alpha}i_{r\beta})\cos\theta - (i_{s\alpha}i_{r\alpha} + i_{s\beta}i_{r\beta})\sin\theta\right] \end{aligned} \tag{2.76}$$

转矩方程也可写成

$$T_{e} = p_{n}M_{m}\left[(i_{s\beta}i_{r\alpha} - i_{s\alpha}i_{r\beta})\cos\theta - (i_{s\alpha}i_{r\alpha} + i_{s\beta}i_{r\beta})\sin\theta\right] \tag{2.77}$$

运动方程仍保持不变，同式（2.48），即

$$T_{e} = T_{L} + \frac{J}{p_{n}} \bullet \frac{d\omega_{r}}{dt}$$

2.2.3 用空间矢量表示时异步电动机的数学模型

1. 空间矢量定义

在定子三相绕组所构成的平面内，以 A 相绕组的轴线作为实数轴，超前实数轴 90° 的轴线作为虚数轴，组成一个复数平面，如图 2.19 所示。以定子电流为例，定子电流的空间矢量 $\boldsymbol{i}_{s}$ 定义为

$$\boldsymbol{i}_{\mathrm{s}}=\frac{2}{3}(\mathbf{1}i_A+\boldsymbol{a}i_B+\boldsymbol{a}^2i_C) \tag{2.78}$$

式中，**1**、$\boldsymbol{a}$ 和 $\boldsymbol{a}^2$ 分别为 A 相、B 相和 C 相绕组轴线上的单位空间矢量（空间矢量用黑体字表示）；$\mathbf{1}=\mathrm{e}^{\mathrm{j}0^\circ}$，$\boldsymbol{a}=\mathrm{e}^{\mathrm{j}120^\circ}$，$\boldsymbol{a}^2=\mathrm{e}^{\mathrm{j}240^\circ}$。注意，式（2.78）是 $\boldsymbol{i}_{\mathrm{s}}$ 在定子复坐标系中的表达式。

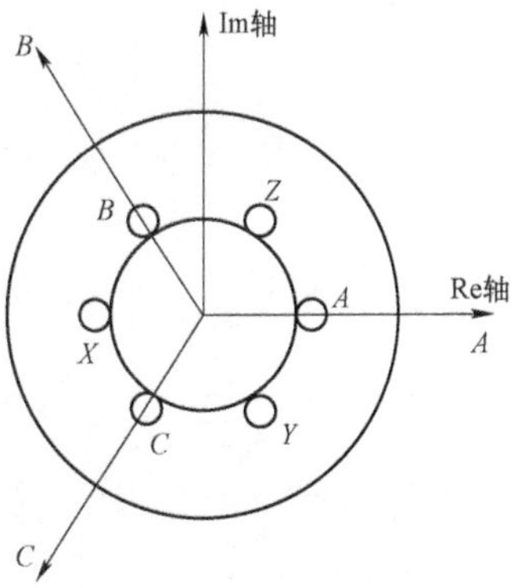

图 2.19　定子的复平面

若已知空间矢量 $\boldsymbol{i}_{\mathrm{s}}$，则 i_A、i_B、i_C 就分别等于 $\boldsymbol{i}_{\mathrm{s}}$ 在 A 相、B 相、C 相轴线上的投影。

对于定子两相坐标系 $\alpha_{\mathrm{s}}\beta_{\mathrm{s}}$，由于 α_{s} 轴与 A 相轴线（即实轴）重合，β_{s} 轴与虚轴重合，所以用 $\alpha_{\mathrm{s}}\beta_{\mathrm{s}}$ 分量表示时有

$$\boldsymbol{i}_{\mathrm{s}}=i_{\mathrm{s}\alpha}+\mathrm{j}i_{\mathrm{s}\beta} \tag{2.79}$$

如果已知 $\boldsymbol{i}_{\mathrm{s}}$，则 $i_{\mathrm{s}\alpha}$ 和 $i_{\mathrm{s}\beta}$ 分别为

$$i_{\mathrm{s}\alpha}=\mathrm{Re}(\boldsymbol{i}_{\mathrm{s}}),\ i_{\mathrm{s}\beta}=\mathrm{Im}(\boldsymbol{i}_{\mathrm{s}})=-\mathrm{Re}(\mathrm{j}\boldsymbol{i}_{\mathrm{s}})$$

同理，在转子的复坐标系中表达时，转子电流的空间矢量 $\boldsymbol{i}_{\mathrm{r}}$ 为

$$\boldsymbol{i}_{\mathrm{r}}=\frac{2}{3}(\mathbf{1}i_a+\boldsymbol{a}i_b+\boldsymbol{a}^2i_c) \tag{2.80}$$

若已知空间矢量 $\boldsymbol{i}_{\mathrm{r}}$，则 i_a、i_b、i_c 就分别等于 $\boldsymbol{i}_{\mathrm{r}}$ 在 a 相、b 相、c 相轴线上的投影。

对于转子两相坐标系 $\alpha_{\mathrm{r}}\beta_{\mathrm{r}}$，由于 α_{r} 轴与 a 相轴线（即实轴）重合，β_{r} 轴与虚轴重合，所以用 $\alpha_{\mathrm{r}}\beta_{\mathrm{r}}$ 分量表示时有

$$\boldsymbol{i}_{\mathrm{r}}=i_{\mathrm{r}\alpha}+\mathrm{j}i_{\mathrm{r}\beta} \tag{2.81}$$

同样如果已知 $\boldsymbol{i}_{\mathrm{r}}$，则 $i_{\mathrm{r}\alpha}$ 和 $i_{\mathrm{r}\beta}$ 分别为

$$i_{\mathrm{r}\alpha}=\mathrm{Re}(\boldsymbol{i}_{\mathrm{r}}),\ i_{\mathrm{r}\beta}=\mathrm{Im}(i_{\mathrm{r}})=-\mathrm{Re}(\mathrm{j}i_{\mathrm{r}})$$

对于电压、磁链各量的空间向量，可以仿照电流的空间向量来定义。

2. 用空间矢量表示的电压方程和磁链方程

根据空间矢量的定义以及 2.2.1 节和 2.2.2 节中分析得到的数学模型，即可求得磁链、电压、转矩在定子和转子各自坐标系中用空间矢量表示的数学模型。

磁链方程　根据式（2.71）可知，磁链在定子和转子各自坐标系中的方程式为

$$\begin{bmatrix}\boldsymbol{\psi}_{\mathrm{s}}\\ \boldsymbol{\psi}_{\mathrm{r}}\end{bmatrix}=\begin{bmatrix}\boldsymbol{L}_{\mathrm{s}} & M_{\mathrm{m}}\mathrm{e}^{\mathrm{j}\theta}\\ M_{\mathrm{m}}\mathrm{e}^{-\mathrm{j}\theta} & \boldsymbol{L}_{\mathrm{r}}\end{bmatrix}\begin{bmatrix}\boldsymbol{i}_{\mathrm{s}}\\ \boldsymbol{i}_{\mathrm{r}}\end{bmatrix} \tag{2.82}$$

由此可得，在定子和转子各自的复坐标系中，定子和转子磁链的空间矢量 $\boldsymbol{\psi}_{\mathrm{s}}$ 和 $\boldsymbol{\psi}_{\mathrm{r}}$ 分别为

$$\left.\begin{aligned}\boldsymbol{\psi}_{\mathrm{s}}&=\frac{2}{3}(\mathbf{1}\psi_A+\boldsymbol{a}\psi_B+\boldsymbol{a}^2\psi_C)=L_{\mathrm{s}}\boldsymbol{i}_{\mathrm{s}}+M_{\mathrm{m}}\mathrm{e}^{\mathrm{j}\theta}\boldsymbol{i}_{\mathrm{r}}\\ \boldsymbol{\psi}_{\mathrm{r}}&=\frac{2}{3}(\mathbf{1}\psi_a+\boldsymbol{a}\psi_b+\boldsymbol{a}^2\psi_c)=M_{\mathrm{m}}\mathrm{e}^{-\mathrm{j}\theta}\boldsymbol{i}_{\mathrm{s}}+L_{\mathrm{r}}\boldsymbol{i}_{\mathrm{r}}\end{aligned}\right\} \tag{2.83}$$

从式（2.83）可知，在定子、转子各自的复坐标系中，$\boldsymbol{\psi}_{\mathrm{s}}$ 中含有时变因子 $\mathrm{e}^{\mathrm{j}\theta}$，$\boldsymbol{\psi}_{\mathrm{r}}$ 中则含有 $\mathrm{e}^{-\mathrm{j}\theta}$。式（2.83）中第一个式子含有 $\mathrm{e}^{\mathrm{j}\theta}$，是因为转子向量 $\boldsymbol{i}_{\mathrm{r}}$ 是转子坐标系中空间向量，而转子坐标系超前定子坐标系 θ 电角度。式（2.83）中第二个式子含有 $\mathrm{e}^{-\mathrm{j}\theta}$，是因为定子电流向量 $\boldsymbol{i}_{\mathrm{s}}$ 是定子坐标系中空间向量，而定子坐标系滞后转子坐标系 θ 电角度。

电压方程　在三相坐标系中，定子和转子的电压方程为

$$\left.\begin{aligned}u_A &= R_s i_A + \frac{d\psi_A}{dt}\\ u_B &= R_s i_B + \frac{d\psi_B}{dt}\\ u_C &= R_s i_C + \frac{d\psi_C}{dt}\end{aligned}\right\} \tag{2.84}$$

$$\left.\begin{aligned}u_a &= R_r i_a + \frac{d\psi_a}{dt}\\ u_b &= R_r i_b + \frac{d\psi_b}{dt}\\ u_c &= R_r i_c + \frac{d\psi_c}{dt}\end{aligned}\right\} \tag{2.85}$$

由此可得，在定子、转子各自的复坐标系中，定子、转子的空间矢量电压方程为

$$\left.\begin{aligned}\boldsymbol{u}_s &= \frac{2}{3}(\mathbf{1}u_A + \boldsymbol{a}u_B + \boldsymbol{a}^2 u_C) = R_s \boldsymbol{i}_s + \frac{d\boldsymbol{\psi}_s}{dt}\\ \boldsymbol{u}_r &= \frac{2}{3}(\mathbf{1}u_a + \boldsymbol{a}u_b + \boldsymbol{a}^2 u_c) = R_r \boldsymbol{i}_r + \frac{d\boldsymbol{\psi}_r}{dt}\end{aligned}\right\} \tag{2.86}$$

根据两相坐标系中，定子电压和转子电压方程式（2.75）也可求得，在定子、转子各自的复坐标系中，定子、转子的空间矢量电压方程式为

$$\left.\begin{aligned}\boldsymbol{u}_s &= u_{s\alpha} + j u_{s\beta} = R_s \boldsymbol{i}_s + \frac{d\boldsymbol{\psi}_s}{dt}\\ \boldsymbol{u}_r &= u_{r\alpha} + j u_{r\beta} = R_r \boldsymbol{i}_r + \frac{d\boldsymbol{\psi}_r}{dt}\end{aligned}\right\} \tag{2.87}$$

3. 运动方程和转矩方程

用空间矢量表示时，根据式（2.77），可推得

$$\begin{aligned}T_e &= p_n M_m[(i_{s\beta}i_{r\alpha} - i_{s\alpha}i_{r\beta})\cos\theta - (i_{s\alpha}i_{r\alpha} + i_{s\beta}i_{r\beta})\sin\theta]\\ &= p_n M_m[(i_{s\beta}i_{r\alpha}\cos\theta - i_{s\beta}i_{r\beta}\sin\theta) - (i_{s\alpha}i_{r\beta}\cos\theta + i_{s\alpha}i_{r\alpha}\sin\theta)]\\ &= p_n M_m\begin{bmatrix} i_{r\alpha}\cos\theta - i_{r\beta}\sin\theta\\ i_{r\beta}\cos\theta + i_{r\alpha}\sin\theta\end{bmatrix}\times\begin{bmatrix} i_{s\alpha}\\ i_{s\beta}\end{bmatrix}\\ &= p_n M_m\begin{bmatrix}\cos\theta & -\sin\theta\\ \sin\theta & \cos\theta\end{bmatrix}\begin{bmatrix} i_{r\alpha}\\ i_{r\beta}\end{bmatrix}\times\begin{bmatrix} i_{s\alpha}\\ i_{s\beta}\end{bmatrix}\\ &= p_n M_m e^{j\theta}\boldsymbol{i}_r \times \boldsymbol{i}_s\end{aligned} \tag{2.88}$$

式中，×表示空间矢量的矢量积。根据式（2.83）第一式，转矩方程也可写成

$$T_e = p_n M_m e^{j\theta}\boldsymbol{i}_r \times \boldsymbol{i}_s = p_n(L_s\boldsymbol{i}_s + M_m e^{j\theta}\boldsymbol{i}_r)\times\boldsymbol{i}_s = p_n\boldsymbol{\psi}_s\times\boldsymbol{i}_s \tag{2.89}$$

式（2.89）推导时，利用了矢量本身的×乘为零，即$\boldsymbol{i}_s\times\boldsymbol{i}_s = 0$这一关系。

运动方程仍为

$$T_e = T_L + \frac{J}{p_n} \cdot \frac{d\omega_r}{dt}$$

2.2.4 在任意旋转的通用坐标系中异步电动机的数学模型

1. 在两相任意旋转坐标系中异步电动机的数学模型

两相通用坐标系 k 具有两根互相垂直的轴线 x 和 y，其中 x 轴与静止的 A 轴成 θ_k 角（电角度），y 轴逆时针超前 x 轴 $90°$，坐标系在空间旋转的角速度 $\omega_k = \frac{d\theta_k}{dt}$，$xy$ 轴、$\alpha_s\beta_s$ 轴、$\alpha_r\beta_r$ 轴和定子轴的相对位置如图 2.20 所示，图中还标出了定子电流空间矢量 $\boldsymbol{i}_s$ 的位置和转子电流空间矢量 $\boldsymbol{i}_r$ 的位置。

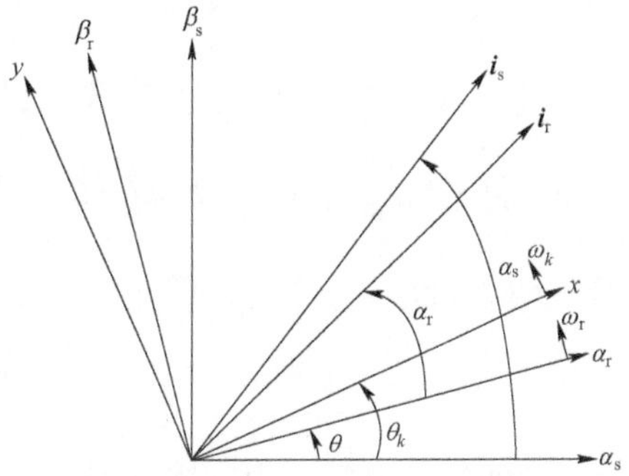

图 2.20 坐标系的相对位置

在定子坐标系中，若定子电流的空间矢量为 $\boldsymbol{i}_s$，$\boldsymbol{i}_s = |\boldsymbol{i}_s| e^{j\alpha_s}$，则在通用坐标系中，定子电流的空间矢量可表示为 $\boldsymbol{i}_{sk} = |\boldsymbol{i}_s| e^{j(\alpha_s - \theta_k)}$，所以

$$\boldsymbol{i}_{sk} = e^{-j\theta_k} \boldsymbol{i}_s \tag{2.90}$$

同理

$$\boldsymbol{u}_{sk} = e^{-j\theta_k} \boldsymbol{u}_s , \quad \boldsymbol{\psi}_{sk} = e^{-j\theta_k} \boldsymbol{\psi}_s \tag{2.91}$$

在转子坐标系中，若转子电流的空间矢量为 $\boldsymbol{i}_r$，$\boldsymbol{i}_r = |\boldsymbol{i}_r| e^{j\alpha_r}$；由于通用坐标系超前转子坐标系 $\theta_k - \theta$ 角，故在通用坐标系中，转子电流的空间矢量可表示为 $\boldsymbol{i}_{rk} = |\boldsymbol{i}_r| e^{j[\alpha_r - (\theta_k - \theta)]}$，于是

$$\boldsymbol{i}_{rk} = e^{-j(\theta_k - \theta)} \boldsymbol{i}_r \tag{2.92}$$

同理，对于转子电压和转子磁链，亦有

$$\boldsymbol{u}_{rk} = e^{-j(\theta_k - \theta)} \boldsymbol{u}_r , \quad \boldsymbol{\psi}_{rk} = e^{-j(\theta_k - \theta)} \boldsymbol{\psi}_r \tag{2.93}$$

从式（2.83）已经知道，在定子、转子自身的坐标系中，有

$$\left.\begin{aligned} \boldsymbol{\psi}_s &= L_s \boldsymbol{i}_s + M_m e^{j\theta} \boldsymbol{i}_r \\ \boldsymbol{\psi}_r &= M_m e^{-j\theta} \boldsymbol{i}_s + L_r \boldsymbol{i}_r \end{aligned}\right\} \tag{2.94}$$

把式（2.94）的第一式乘以 $e^{-j\theta_k}$，第二式乘以 $e^{-j(\theta_k - \theta)}$，可得在通用坐标系中定子、转子的磁链方程为

$$\left.\begin{aligned} \boldsymbol{\psi}_{sk} &= L_s \boldsymbol{i}_{sk} + M_m \boldsymbol{i}_{rk} \\ \boldsymbol{\psi}_{rk} &= M_m \boldsymbol{i}_{sk} + L_r \boldsymbol{i}_{rk} \end{aligned}\right\} \tag{2.95}$$

通用坐标系中的磁链方程是两个不含时变因子 $e^{j\theta}$ 的常系数联立方程。

从式（2.86）的第一式可知，在定子坐标系中，定子的空间矢量电压方程为

$$\boldsymbol{u}_s = R_s \boldsymbol{i}_s + \frac{d\boldsymbol{\psi}_s}{dt} \tag{2.96}$$

将式（2.90）和式（2.91）代入式（2.96）得

$$e^{j\theta_k} \boldsymbol{u}_{sk} = R_s e^{j\theta_k} \boldsymbol{i}_{sk} + \frac{d\,(e^{j\theta_k} \boldsymbol{\psi}_{sk})}{dt} = R_s e^{j\theta_k} \boldsymbol{i}_{sk} + e^{j\theta_k} \frac{d\boldsymbol{\psi}_{sk}}{dt} + j e^{j\theta_k} \frac{d\theta_k}{dt} \boldsymbol{\psi}_{sk}$$

等式两边同乘 $e^{-j\theta_k}$，得在通用坐标系中定子电压的方程为

$$\boldsymbol{u}_{sk}=R_s\boldsymbol{i}_{sk}+\frac{d\boldsymbol{\psi}_{sk}}{dt}+j\omega_k\boldsymbol{\psi}_{sk} \tag{2.97}$$

式中，$\omega_k=\dfrac{d\theta_k}{dt}$，式（2.97）右端由三项组成：第一项为电阻压降；第二项为变压器电压；第三项为由坐标系的旋转所引起的克利斯多夫电压。

从式（2.86）第二式可知，在转子坐标系中，转子的空间矢量电压方程为

$$\boldsymbol{u}_r=R_r\boldsymbol{i}_r+\frac{d\boldsymbol{\psi}_r}{dt} \tag{2.98}$$

将式（2.92）、式（2.93）代入式（2.98）得

$$e^{j(\theta_k-\theta)}\boldsymbol{u}_{rk}=R_r e^{j(\theta_k-\theta)}\boldsymbol{i}_{rk}+\frac{d[e^{j(\theta_k-\theta)}\boldsymbol{\psi}_{rk}]}{dt}=R_r e^{j(\theta_k-\theta)}\boldsymbol{i}_{rk}+e^{j(\theta_k-\theta)}\frac{d\boldsymbol{\psi}_{rk}}{dt}+je^{j(\theta_k-\theta)}\frac{d(\theta_k-\theta)}{dt}\boldsymbol{\psi}_{rk}$$

等式两边同时乘$e^{j(\theta_k-\theta)}$，得在通用坐标系中，转子的空间矢量电压方程为

$$\boldsymbol{u}_{rk}=R_r\boldsymbol{i}_{rk}+\frac{d\boldsymbol{\psi}_{rk}}{dt}+j(\omega_k-\omega_r)\boldsymbol{\psi}_{rk} \tag{2.99}$$

式（2.99）的右端也由电阻压降、变压器电压和克利斯多夫电压三项组成。由于通用坐标系与转子的相对速度为$(\omega_k-\omega_r)$，故克利斯多夫电压正比于$\boldsymbol{\psi}_{rk}$和$(\omega_k-\omega_r)$。

再把定子、转子的磁链空间向量$\boldsymbol{\psi}_{sk}$和$\boldsymbol{\psi}_{rk}$代入式（2.97）和式（2.99），可得

$$\left.\begin{aligned}\boldsymbol{u}_{sk}&=R_s\boldsymbol{i}_{sk}+(p+j\omega_k)\boldsymbol{\psi}_{sk}\\&=R_s\boldsymbol{i}_{sk}+(p+j\omega_k)(L_s\boldsymbol{i}_{sk}+M_m\boldsymbol{i}_{rk})\\\boldsymbol{u}_{rk}&=R_r\boldsymbol{i}_{rk}+[p+j(\omega_k-\omega_r)]\boldsymbol{\psi}_{rk}\\&=R_r\boldsymbol{i}_{rk}+[p+j(\omega_k-\omega_r)](M_m\boldsymbol{i}_{sk}+L_r\boldsymbol{i}_{rk})\end{aligned}\right\} \tag{2.100}$$

式（2.100）是在通用坐标系中，定子、转子的空间矢量电压方程的另一种形式。

运动方程和转矩方程

把$\boldsymbol{\psi}_s=e^{j\theta_k}\boldsymbol{\psi}_{sk}$和$\boldsymbol{i}_s=e^{j\theta_k}\boldsymbol{i}_{sk}$代入式（2.89），可得在通用坐标系中电磁转矩的表达式为

$$T_e=p_n\boldsymbol{\psi}_s\times\boldsymbol{i}_s=p_n(e^{j\theta_k}\boldsymbol{\psi}_{sk})\times(e^{j\theta_k}\boldsymbol{i}_{sk})=p_n\boldsymbol{\psi}_{sk}\times\boldsymbol{i}_{sk} \tag{2.101}$$

或

$$\begin{aligned}T_e&=p_n(L_s\boldsymbol{i}_{sk}+M_m\boldsymbol{i}_{rk})\times\boldsymbol{i}_{sk}=p_nM_m\boldsymbol{i}_{rk}\times\boldsymbol{i}_{sk}\\&=p_n\boldsymbol{i}_{rk}\times(M_m\boldsymbol{i}_{sk}+L_r\boldsymbol{i}_{rk})=p_n\boldsymbol{i}_{rk}\times\boldsymbol{\psi}_{rk}\\&=p_n\frac{M_m}{L_r}(M_m\boldsymbol{i}_{sk}+L_r\boldsymbol{i}_{rk})\times\boldsymbol{i}_{sk}=p_n\frac{M_m}{L_r}\boldsymbol{\psi}_{rk}\times\boldsymbol{i}_{sk}\end{aligned} \tag{2.102}$$

式（2.102）推导时，利用了矢量本身的×乘为零，即$\boldsymbol{i}_{sk}\times\boldsymbol{i}_{sk}=0$和$\boldsymbol{i}_{rk}\times\boldsymbol{i}_{rk}=0$这一关系。

运动方程仍为

$$T_e=T_L+\frac{J}{p_n}\cdot\frac{d\omega_r}{dt}$$

2. 在两相静止$\alpha\beta$坐标系中异步电动机的数学模型

当xy轴为静止坐标系，且x轴与A轴重合，即$\theta_k=0$，常称为$\alpha\beta$坐标系。实际上，$\alpha\beta$坐标系与 2.2.2 节$\alpha_s\beta_s$坐标系是同一个坐标系。在通用坐标系数学模型中，令$\omega_k=0$，推得两相静止坐标系中的数学模型。

电压和磁链方程分别为

$$\begin{cases} \boldsymbol{u}_{\rm s} = R_{\rm s}\boldsymbol{i}_{\rm s} + p\boldsymbol{\psi}_{\rm s} \\ \boldsymbol{u}_{\rm r} = R_{\rm r}\boldsymbol{i}_{\rm r} + p\boldsymbol{\psi}_{\rm r} - {\rm j}\omega_{\rm r}\boldsymbol{\psi}_{\rm r} \end{cases} \tag{2.103}$$

$$\begin{cases} \boldsymbol{\psi}_{\rm s} = L_{\rm s}\boldsymbol{i}_{\rm s} + M_{\rm m}\boldsymbol{i}_{\rm r} \\ \boldsymbol{\psi}_{\rm r} = L_{\rm r}\boldsymbol{i}_{\rm r} + M_{\rm m}\boldsymbol{i}_{\rm s} \end{cases} \tag{2.104}$$

将式（2.104）代入式（2.103），得

$$\begin{cases} \boldsymbol{u}_{\rm s} = (R_{\rm s} + pL_{\rm s})\boldsymbol{i}_{\rm s} + pM_{\rm m}\boldsymbol{i}_{\rm r} \\ \boldsymbol{u}_{\rm r} = pM_{\rm m}\boldsymbol{i}_{\rm s} + (R_{\rm r} + pL_{\rm r})\boldsymbol{i}_{\rm r} - {\rm j}\omega_{\rm r}(L_{\rm r}\boldsymbol{i}_{\rm r} + M_{\rm m}\boldsymbol{i}_{\rm s}) \end{cases} \tag{2.105}$$

数学模型式（2.103）、式（2.104）、式（2.105）中，各矢量表示为

$$\begin{cases} \boldsymbol{u}_{\rm s} = u_{{\rm s}\alpha} + {\rm j}u_{{\rm s}\beta} \\ \boldsymbol{u}_{\rm r} = u_{{\rm r}\alpha} + {\rm j}u_{{\rm r}\beta} \\ \boldsymbol{\psi}_{\rm s} = \psi_{{\rm s}\alpha} + {\rm j}\psi_{{\rm s}\beta} \\ \boldsymbol{\psi}_{\rm r} = \psi_{{\rm r}\alpha} + {\rm j}\psi_{{\rm r}\beta} \\ \boldsymbol{i}_{\rm s} = i_{{\rm s}\alpha} + {\rm j}i_{{\rm s}\beta} \\ \boldsymbol{i}_{\rm r} = i_{{\rm r}\alpha} + {\rm j}i_{{\rm r}\beta} \end{cases} \tag{2.106}$$

电压方程和磁链方程以分量形式表示，即

$$\begin{cases} u_{{\rm s}\alpha} = R_{\rm s}i_{{\rm s}\alpha} + p\psi_{{\rm s}\alpha} \\ u_{{\rm s}\beta} = R_{\rm s}i_{{\rm s}\beta} + p\psi_{{\rm s}\beta} \\ u_{{\rm r}\alpha} = R_{\rm r}i_{{\rm r}\alpha} + p\psi_{{\rm r}\alpha} + \psi_{{\rm r}\beta}\omega_{\rm r} \\ u_{{\rm r}\beta} = R_{\rm r}i_{{\rm r}\beta} + p\psi_{{\rm r}\beta} - \psi_{{\rm r}\alpha}\omega_{\rm r} \end{cases} \tag{2.107}$$

$$\begin{cases} \psi_{{\rm s}\alpha} = L_{\rm s}i_{{\rm s}\alpha} + M_{\rm m}i_{{\rm r}\alpha} \\ \psi_{{\rm s}\beta} = L_{\rm s}i_{{\rm s}\beta} + M_{\rm m}i_{{\rm r}\beta} \\ \psi_{{\rm r}\alpha} = L_{\rm r}i_{{\rm r}\alpha} + M_{\rm m}i_{{\rm s}\alpha} \\ \psi_{{\rm r}\beta} = L_{\rm r}i_{{\rm r}\beta} + M_{\rm m}i_{{\rm s}\beta} \end{cases} \tag{2.108}$$

对于笼型异步电动机，转子短路，$u_{{\rm r}\alpha}=0$，$u_{{\rm r}\beta}=0$，则 $\alpha\beta$ 坐标系中用矩阵表示的电压方程为

$$\begin{bmatrix} u_{{\rm s}\alpha} \\ u_{{\rm s}\beta} \\ 0 \\ 0 \end{bmatrix} = \begin{bmatrix} R_{\rm s}+L_{\rm s}p & 0 & M_{\rm m}p & 0 \\ 0 & R_{\rm s}+L_{\rm s}p & 0 & M_{\rm m}p \\ M_{\rm m}p & \omega_{\rm r}M_{\rm m} & R_{\rm r}+L_{\rm r}p & \omega_{\rm r}L_{\rm r} \\ -\omega_{\rm r}M_{\rm m} & M_{\rm m}p & -\omega_{\rm r}L_{\rm r} & R_{\rm r}+L_{\rm r}p \end{bmatrix} \begin{bmatrix} i_{{\rm s}\alpha} \\ i_{{\rm s}\beta} \\ i_{{\rm r}\alpha} \\ i_{{\rm r}\beta} \end{bmatrix} \tag{2.109}$$

根据式（2.102）和式（2.101）可得 $\alpha\beta$ 坐标系中转矩方程为

$$\begin{aligned} T_{\rm e} &= p_{\rm n}(\psi_{{\rm s}\alpha}i_{{\rm s}\beta} - \psi_{{\rm s}\beta}i_{{\rm s}\alpha}) \\ &= p_{\rm n}M_{\rm m}(i_{{\rm r}\alpha}i_{{\rm s}\beta} - i_{{\rm r}\beta}i_{{\rm s}\alpha}) \\ &= p_{\rm n}(i_{{\rm r}\alpha}\psi_{{\rm r}\beta} - i_{{\rm r}\beta}\psi_{{\rm r}\alpha}) \\ &= p_{\rm n}\frac{M_{\rm m}}{L_{\rm r}}(\psi_{{\rm r}\alpha}i_{{\rm s}\beta} - \psi_{{\rm r}\beta}i_{{\rm s}\alpha}) \end{aligned} \tag{2.110}$$

3. 在两相同步旋转 dq 坐标系中异步电动机的数学模型

当 xy 轴为同步旋转坐标系，同步旋转角速度为 ω_s 时，则 x 轴与 A 轴夹角为 θ_s，通常称为 dq 坐标系。在通用坐标系数学模型中，令 $\omega_k=\omega_s$，可推导两相同步旋转坐标系中的数学模型。

电压方程和磁链方程分别为

$$\begin{cases}\boldsymbol{u}_s=R_s\boldsymbol{i}_s+p\boldsymbol{\psi}_s+j\omega_s\boldsymbol{\psi}_s\\ \boldsymbol{u}_r=R_r\boldsymbol{i}_r+p\boldsymbol{\psi}_r+j(\omega_s-\omega_r)\boldsymbol{\psi}_r\end{cases}\tag{2.111}$$

$$\begin{cases}\boldsymbol{\psi}_s=L_s\boldsymbol{i}_s+M_m\boldsymbol{i}_r\\ \boldsymbol{\psi}_r=L_r\boldsymbol{i}_r+M_m\boldsymbol{i}_s\end{cases}\tag{2.112}$$

将式（2.112）代入式（2.111），得

$$\begin{cases}\boldsymbol{u}_s=R_s\boldsymbol{i}_s+p(L_s\boldsymbol{i}_s+M_m\boldsymbol{i}_r)+j\omega_s(L_s\boldsymbol{i}_s+M_m\boldsymbol{i}_r)\\ \boldsymbol{u}_r=R_r\boldsymbol{i}_r+p(L_r\boldsymbol{i}_r+M_m\boldsymbol{i}_s)+j(\omega_s-\omega_r)(L_r\boldsymbol{i}_r+M_m\boldsymbol{i}_s)\end{cases}\tag{2.113}$$

数学模型式（2.111）、式（2.112）、式（2.113）中，各矢量的表达式为

$$\begin{cases}\boldsymbol{u}_s=u_{sd}+ju_{sq}\\ \boldsymbol{u}_r=u_{rd}+ju_{rq}\\ \boldsymbol{\psi}_s=\psi_{sd}+j\psi_{sq}\\ \boldsymbol{\psi}_r=\psi_{rd}+j\psi_{rq}\\ \boldsymbol{i}_s=i_{sd}+ji_{sq}\\ \boldsymbol{i}_r=i_{rd}+ji_{rq}\end{cases}\tag{2.114}$$

转子电压方程式（2.111）第二式也可表示成

$$\boldsymbol{u}_r=R_r\boldsymbol{i}_s+p\boldsymbol{\psi}_r+j\omega_{sl}\boldsymbol{\psi}_r\tag{2.115}$$

式中，$\omega_{sl}=\omega_s-\omega_r$ 为转差角速度。

电压方程和磁链方程以分量形式表示，即

电压方程

$$\begin{cases}u_{sd}=R_si_{sd}+p\psi_{sd}-\psi_{sq}\omega_s\\ u_{sq}=R_si_{sq}+p\psi_{sq}+\psi_{sd}\omega_s\\ u_{rd}=R_ri_{rd}+p\psi_{rd}-\psi_{rq}(\omega_s-\omega_r)\\ u_{rq}=R_ri_{rq}+p\psi_{rq}+\psi_{rd}(\omega_s-\omega_r)\end{cases}\tag{2.116}$$

磁链方程

$$\begin{cases}\psi_{sd}=L_si_{sd}+M_mi_{rd}\\ \psi_{sq}=L_si_{sq}+M_mi_{rq}\\ \psi_{rd}=L_ri_{rd}+M_mi_{sd}\\ \psi_{rq}=L_ri_{rq}+M_mi_{sq}\end{cases}\tag{2.117}$$

对于笼型异步电动机，转子短路，$u_{rd}=0$，$u_{rq}=0$，则 dq 坐标系中用矩阵表示的电压方程为

$$\begin{bmatrix} u_{sd} \\ u_{sq} \\ 0 \\ 0 \end{bmatrix} = \begin{bmatrix} R_s + L_s p & -\omega_s L_s & M_m p & -\omega_s M_m \\ \omega_s L_s & R_s + L_s p & \omega_s M_m & M_m p \\ M_m p & -\omega_{sl} M_m & R_r + L_r p & -\omega_{sl} L_r \\ \omega_{sl} M_m & M_m p & \omega_{sl} L_r & R_r + L_r p \end{bmatrix} \begin{bmatrix} i_{sd} \\ i_{sq} \\ i_{rd} \\ i_{rq} \end{bmatrix} \tag{2.118}$$

根据式（2.101）和式（2.102）可得 dq 坐标系中转矩方程为

$$\begin{aligned} T_e &= p_n(\psi_{sd} i_{sq} - \psi_{sq} i_{sd}) \\ &= p_n M_m (i_{rd} i_{sq} - i_{rq} i_{sd}) \\ &= p_n (i_{rd} \psi_{rq} - i_{rq} \psi_{rd}) \\ &= p_n \frac{M_m}{L_r} (\psi_{rd} i_{sq} - \psi_{rq} i_{sd}) \end{aligned} \tag{2.119}$$

2.3　异步电动机的矢量变换控制

矢量控制（Vector Control），又称磁场定向控制（Field-oriented Control），是 20 世纪 70 年代由美国学者和德国学者各自提出的。德国西门子公司的 F.Blaschke 等提出“异步电动机磁场定向原理”，美国 P. C. Custman 和 A. A. Clark 等提出“异步电动机定子电压的坐标变换控制”，它们使异步电动机控制技术发生了质的变化，迈进了一大步。本节通过转子磁场定向矢量变换控制，介绍异步电动机磁场定向矢量变换控制的基本思想，之后介绍异步电动机定子磁场定向矢量变换控制和气隙磁场定向矢量变换控制的基本原理。

2.3.1　转子磁场定向矢量变换控制的基本方程式

1. *MT* 坐标系中异步电动机的数学模型

为了分析转子磁场定向矢量变换控制，需要建立转子磁场定向的 MT 坐标系中的数学模型。MT 坐标系是同步旋转坐标系，且 M 轴与电动机转子总磁链 ψ_r 方向一致，T 轴与 ψ_r 垂直，MT 坐标系是 dq 坐标系的一个特例。正是由于转子磁链 ψ_r 在 T 轴上没有分量，所以

$$\begin{cases} \psi_r \equiv \psi_{rM} \\ \psi_{rT} \equiv 0 \end{cases} \tag{2.120}$$

将 dq 坐标系数学模型式（2.116）和式（2.117）中的 d 轴变量换成 M 轴变量，q 轴变量换成了 T 轴变量，又将式（2.120）代入，可以得到 MT 坐标系中的电压方程和磁链方程为

$$\begin{cases} u_{sM} = R_s i_{sM} + p\psi_{sM} - \psi_{sT}\omega_s \\ u_{sT} = R_s i_{sT} + p\psi_{sT} + \psi_{sM}\omega_s \\ u_{rM} = R_r i_{rM} + p\psi_r \\ u_{rT} = R_r i_{rT} + \psi_r(\omega_s - \omega_r) \end{cases} \tag{2.121}$$

$$\begin{cases} \psi_{sM} = L_s i_{sM} + M_m i_{rM} \\ \psi_{sT} = L_s i_{sT} + M_m i_{rT} \\ \psi_r = L_r i_{rM} + M_m i_{sM} \\ 0 = L_r i_{rT} + M_m i_{sT} \end{cases} \tag{2.122}$$

综合式（2.121）和式（2.122），并考虑笼型异步电动机转子电压为零，可得用矩阵表示的电压方程为

$$\begin{bmatrix} u_{sM} \\ u_{sT} \\ 0 \\ 0 \end{bmatrix} = \begin{bmatrix} R_s + L_s p & -\omega_s L_s & M_m p & -\omega_s M_m \\ \omega_s L_s & R_s + L_s p & \omega_s M_m & M_m p \\ M_m p & 0 & R_r + L_r p & 0 \\ M_m \omega_{sl} & 0 & L_r \omega_{sl} & R_r \end{bmatrix} \begin{bmatrix} i_{sM} \\ i_{sT} \\ i_{rM} \\ i_{rT} \end{bmatrix} \tag{2.123}$$

根据式（2.119）电磁转矩为

$$T_e = p_n \frac{M_m}{L_r}(\psi_{rM} i_{sT} - \psi_{rT} i_{sM}) \tag{2.124}$$

2. 矢量变换控制的基本方程式

在矢量变换控制系统中，被直接控制的量是定子电流，因此必须从数学模型中找到定子电流的两个分量 i_{sT} 和 i_{sM} 与其他物理量的关系。

把转子磁链式（2.120）代入电磁转矩式（2.124），得

$$T_e = p_n \frac{M_m}{L_r} \psi_{rM} i_{sT} = p_n \frac{M_m}{L_r} \psi_r i_{sT} \tag{2.125}$$

式（2.125）表明，当转子磁链为定值时，电磁转矩与定子电流 i_{sT} 分量成比例，i_{sT} 为定子电流的转矩电流分量。

对于笼型异步电动机，$u_{rM} = u_{rT} = 0$，则由式（2.121）中的第三式可得

$$i_{rM} = -p\frac{\psi_r}{R_r} \tag{2.126}$$

将式（2.126）的代入式（2.122）中的第三式，得

$$\psi_r = \frac{M_m}{1 + T_r p} i_{sM} \tag{2.127}$$

式中，$T_r = L_r / R_r$ 为转子绕组时间常数。式（2.127）表明，如果 i_{sM} 变化，转子磁链随之成正比的变化，i_{sM} 为定子电流的励磁电流分量。

根据式（2.122）第四式可求得 T 轴上的定子电流 i_{sT} 和转子电流 i_{rT} 的动态关系为

$$i_{rT} = -\frac{M_m}{L_r} i_{sT} \tag{2.128}$$

由式（2.123）第四行可得

$$0 = \omega_{sl}(M_m i_{sM} + L_r i_{rM}) + R_r i_{rT} = \omega_{sl}\psi_r + R_r i_{rT}$$

所以

$$\omega_{sl} = -\frac{R_r}{\psi_r} i_{rT} \tag{2.129}$$

将式（2.128）代入式（2.129）并考虑到 $T_r = L_r / R_r$，则可求得转差角频率 ω_{sl} 和 T 轴上的定子电流 i_{sT} 的关系为

$$\omega_{sl} = \frac{M_m}{T_r \psi_r} i_{sT} \tag{2.130}$$

前面分析可知，定子三相电流 i_A,i_B,i_C 经过 3/2 变换和转子磁场定向的坐标旋转变换得到的 i_{sT} 和 i_{sM} 分别是定子电流的转矩电流分量和定子电流的磁链电流分量，简称转矩电流和励磁电流。

2.3.2　矢量变换控制的基本思想

矢量变换控制的基本思想是按照产生同样的旋转磁场的等效原则建立起来的。

首先回顾一下直流电动机的物理模型。直流电动机由励磁绕组产生主磁通，磁通大小完全由励磁电流决定，只要励磁电流不变，主磁通在电动机的动态过程中一直保持恒定。电枢绕组产生的磁势与主磁势相互垂直，而且可以由补偿绕组来抵消。所以，直流电动机的转矩大小由相互独立的电枢绕组电流和主磁通决定。由此，直流电动机的转矩控制简单，调速性能好。如果能把交流电动机的物理模型等效地变为类似直流电动机的模型，然后再模仿直流电动机的控制方法进行控制，那么，交流电动机的控制问题也就迎刃而解了。

众所周知，三相固定的对称绕组 ABC，通以三相正弦对称交流电流 i_A,i_B,i_C，即产生转速为 ω_s 的旋转磁场 Φ，如图 2.21（a）所示。

产生旋转磁场不一定非要三相对称绕组，除单相绕组以外，两相绕组、三相绕组、四相绕组等任意的多相对称绕组，通以多相平衡电流，都能产生旋转磁场。图 2.21（b）所示为两相固定绕组 α 和 β（空间位置上差 90°），通以两相平衡交流电流 i_α 和 i_β（时间上差 90°）时，所产生的旋转磁场 Φ，当旋转磁场的大小与转速都相同时，图 2.21 中（a）和（b）的两套绕组等效。

图 2.21（c）中有两个匝数相等并互相垂直的绕组 M 和 T，分别通以直流电流 i_M 和 i_T，产生位置固定的磁通 Φ。如果使两个绕组同时以同步转速旋转，磁通 Φ 自然旋转起来，当磁通 Φ 的大小、转速与图 2.21（a）、（b）中的旋转磁场的大小、转速都相同时，也可以和图 2.21（a）、（b）中的绕组等效。

这样以产生同样的旋转磁场为准则，图 2.21（a）的三相交流绕组与图 2.21（b）的两相交流绕组及图 2.21（c）的两相直流绕组等效。i_A,i_B,i_C 与 i_α,i_β 及 i_M,i_T 之间存在着确定的关系，即矢量变换关系。只有 i_A,i_B,i_C 与 i_α,i_β 及 i_M,i_T 之间满足了这个矢量变换关系，图 2.21（a）、（b）、（c）三组绕组才能在产生相同旋转磁场准则下等效。实施控制时，要保持 i_M 和 i_T 为某一设定值，则 i_A,i_B,i_C 必须按照符合矢量变换关系的一定规律变化。只要按照这个规律去控制三相电流 i_A,i_B,i_C，就可以等效地控制直流电流 i_M 和 i_T。如果主磁通轴线与 M 轴重合，那么 M 轴绕组相当于直流电动机的励磁绕组，T 轴绕组就相当于静止的电枢绕组，当观察者站在铁芯上和绕组一起旋转，在观察者看来，MT 绕组是两个通以直流电的互相垂直的固定绕组。控制直流电流 i_M 和 i_T 相当于控制励磁和转矩，从而得到和直流电动机一样的控制性能。

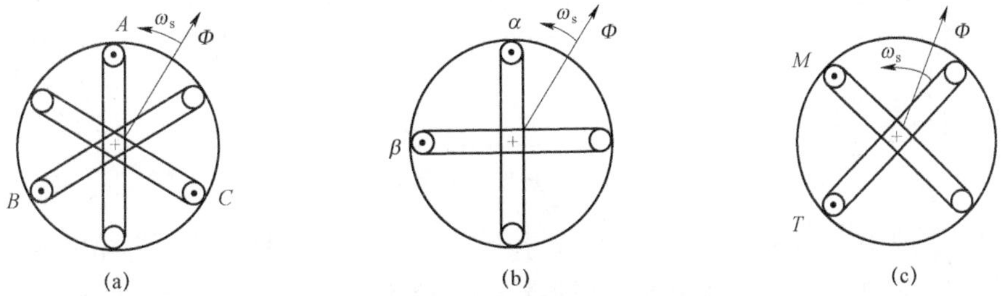

图 2.21　等效的交流绕组和直流绕组

（a）ABC 绕组；（b）$\alpha\beta$ 绕组；（c）MT 绕组

2.2 节分析了不同坐标系下异步电动机的数学模型，其等效变换都是满足变换前后电动机的电磁功率和磁动势不变的原则，它们产生的旋转磁场也相同。因此，从数学模型分析看，异步电动机可以看成是由 3/2 变换和磁场定向的旋转变换，再加上 M 轴绕组和 T 轴绕组构成的虚拟的直流电动机三部分组成。也就是说，根据旋转磁场不变为原则，把三相静止坐标系中的定子电流 i_A,i_B,i_C，通过三相/两相变换，等效成两相静止坐标系中的交流电流 $i_{s\alpha},i_{s\beta}$。然后，再把两相静止坐标系中的电流 $i_{s\alpha},i_{s\beta}$，通过转子磁场定向的旋转变换，等效成两相旋转坐标系中的电流 i_{sM},i_{sT}。此时，如果观察者站在铁芯上与坐标系一起旋转，观察者所看到的就是一台等效直流电动机。原交流电动机总磁通就是等效直流电动机的磁通，i_{sM} 相当于等效直流电动机的励磁电流，i_{sT} 相当于等效直流电动机的电枢电流。从外部看，它是一台交流电动机，A,B,C 三相输入，转速 ω_r 输出。从内部看，经过三相/两相变换和同步旋转变换，变换成一台由 i_{sM} 和 i_{sT} 输入，ω_r 输出的直流电动机，如图 2.22 所示。

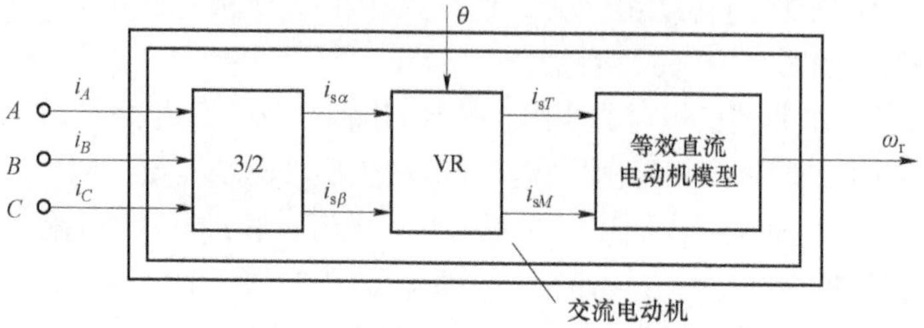

图 2.22　异步电动机的坐标变换结构图

既然经过坐标变换和转子磁场定向后可以将异步电动机模型等效成直流电动机模型，就可以按照直流电动机的控制器设计方法设计控制器，按照直流电动机的控制方法控制电动机。求等效直流电动机模型所进行的变换可以用相应的反变换抵消，如图 2.23 所示。反旋转变换与电动机模型内部的旋转变换环节相抵消。2/3 变换与电动机模型内部的 3/2 变换环节抵消。如果再忽略变频器中可能产生的滞后，则设计控制器时图 2.23 中虚线框内部分可以略去，即可根据等效直流电动机模型进行控制器设计。

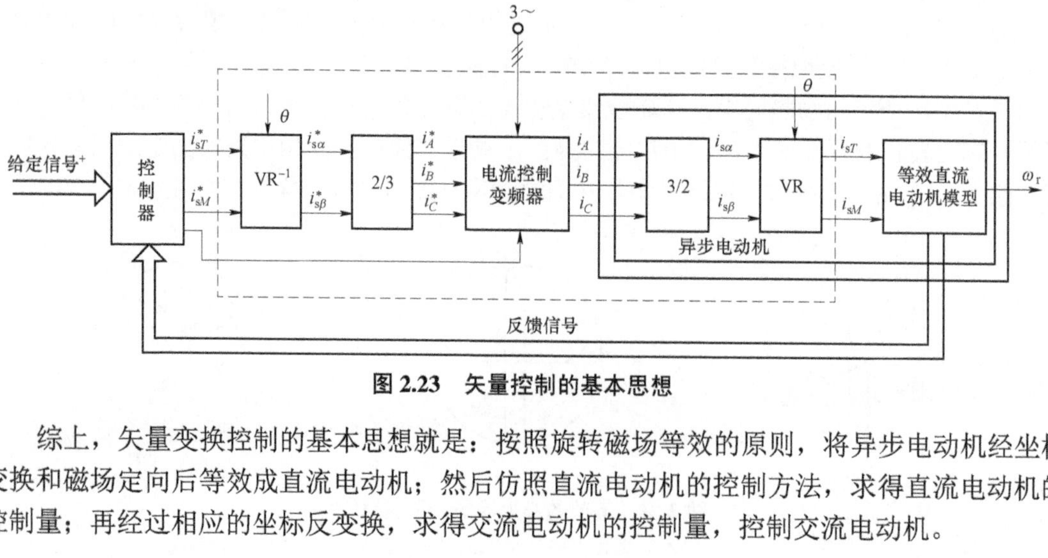

图 2.23　矢量控制的基本思想

综上，矢量变换控制的基本思想就是：按照旋转磁场等效的原则，将异步电动机经坐标变换和磁场定向后等效成直流电动机；然后仿照直流电动机的控制方法，求得直流电动机的控制量；再经过相应的坐标反变换，求得交流电动机的控制量，控制交流电动机。

2.3.3　转子磁场定向矢量变换控制变频调速系统

矢量变换控制变频调速系统转子磁场定向分为直接磁场定向和间接磁场定向。直接磁场定向控制系统中含有转子磁链调节器，依照转子磁链的实际方向进行定向。间接磁场定向控制则仅仅依靠矢量控制方程来保证转子磁链的定向。

1. 间接磁场定向矢量变换控制变频调速系统

图 2.24 所示为间接磁场定向矢量变换控制变频调速系统，系统采用电压正弦 PWM 逆变器作为驱动电源。

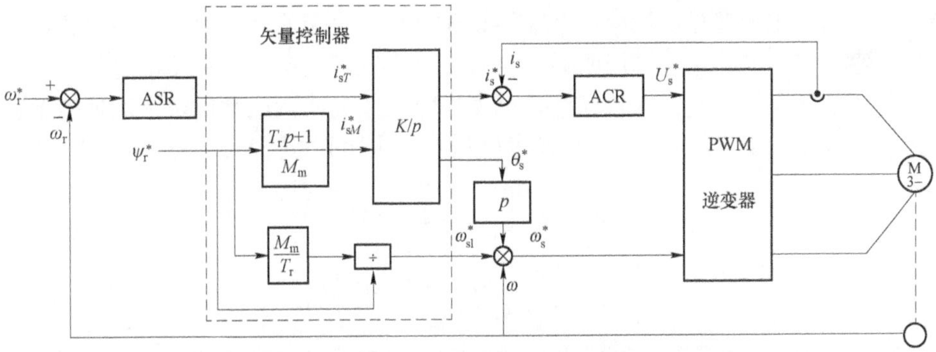

图 2.24　间接磁场定向矢量变换控制变频调速系统

该系统采用从转子磁场定向的动态数学模型推导出的矢量控制器，构成了矢量变换控制系统。该系统中，转速调节器输出作为定子电流转矩分量的给定 i_{sT}^*，定子电流的磁链分量给定信号 i_{sM}^* 与转子磁链给定信号 ψ_r^* 之间的关系满足式（2.127），用式（2.127）中的比例微分进行磁链动态调节；电流给定信号 i_{sT}^* 和 i_{sM}^* 经直角坐标/极坐标（K/P）变换后，产生定子电流幅值和相角给定信号 i_s^* 和 θ_s^*，定子电流幅值给定信号 i_s^* 经电流调节器控制定子电流的大小，给定值 θ_s^* 经微分后作为暂态转差补偿分量；i_{sT}^* 和 ψ_r^* 按式（2.130）运算后得到转差频率给定信号 ω_{sl}^*，加上 ω_r 再加上暂态转差补偿分量得到频率给定信号 ω_s^*，即 $\omega_s^* = \omega_{sl}^* + \omega_r + \mathrm{d}\theta_s^* / \mathrm{d}t$。$\omega_s^*$ 作为 SPWM 的频率给定。

该系统中磁链是开环控制，在动态过程中，实际的定子电流相位和转子磁链与给定值之间总会存在偏差，实际参数与矢量控制方程中所用的参数之间可能不一致，这些都会造成磁场定向上的误差，从而影响系统的动态性能。从另一方面看，要使矢量控制系统具有和直流调速系统一样的动态特性，转子磁链在动态过程中是否真正恒定是一个重要的条件。而该系统中，系统对磁链的控制是开环的，磁场定向是靠矢量变换控制方程式来保证的，所以在动态中会存在偏差。因此为了提高系统的动态性能，应该对转子磁链实现闭环控制，采用直接磁场定向方式。

2. 直接磁场定向矢量变换控制变频调速系统

图 2.25 所示为直接磁场定向矢量变换控制变频调速系统，该系统采用转速和转矩双闭环控制。ASR 和 ATR 分别是转速调节器和转矩调节器，转矩反馈信号由转子磁通和定子电流的转矩分量按式（2.125）运算得到。该系统磁链是闭环控制的，转子磁链反馈信号由磁链观测模型得到。转子磁链的电压模型为

$$
\begin{cases}
\psi_{r\alpha}=\dfrac{L_r}{M_m}\left[\int(u_{s\alpha}-R_s i_{s\alpha})\mathrm{d}t-\sigma L_s i_{s\alpha}\right] \\
\psi_{r\beta}=\dfrac{L_r}{M_m}\left[\int(u_{s\beta}-R_s i_{s\beta})\mathrm{d}t-\sigma L_s i_{s\beta}\right]
\end{cases} \tag{2.131}
$$

式中，$\sigma=1-\dfrac{M_m^2}{L_s L_r}$为漏磁系数。

该模型是根据$\alpha\beta$坐标系中的电压方程（2.107）和磁链方程（2.108）推导得到的。由实测的三相定子电压和电流通过 3/2 变换，获得二相静止坐标系中的电压$u_{s\alpha}$、$u_{s\beta}$和电流$i_{s\alpha}$、$i_{s\beta}$，根据磁链模型计算转子磁链值。

转子磁链的电压模型算法简单，不需要转速信息，对无速度传感器运行方式特别适宜。在低速时，随着定子电阻压降作用明显，测量误差淹没了反电动势，使得观测精度较低；另外，纯积分环节的误差积累的漂移问题，可能导致系统失稳。这些决定了这种模型适合于中高速，而不适合在低速下使用。根据$\alpha\beta$坐标系的电压和磁链方程式，还可以得

$$
\begin{cases}
\psi_{r\alpha}=\dfrac{1}{T_r p+1}(M_m i_{s\alpha}-\omega_r T_r \psi_{r\beta}) \\
\psi_{r\beta}=\dfrac{1}{T_r p+1}(M_m i_{s\beta}+\omega_r T_r \psi_{r\alpha})
\end{cases} \tag{2.132}
$$

式（2.132）是转子磁链观测的电流模型，输入为电流和转速。该模型结构简单，模型不涉及纯积分项，其观测值是渐近收敛的，低速时观测性能强于电压模型。图 2.25 所示系统采用的是电流模型。

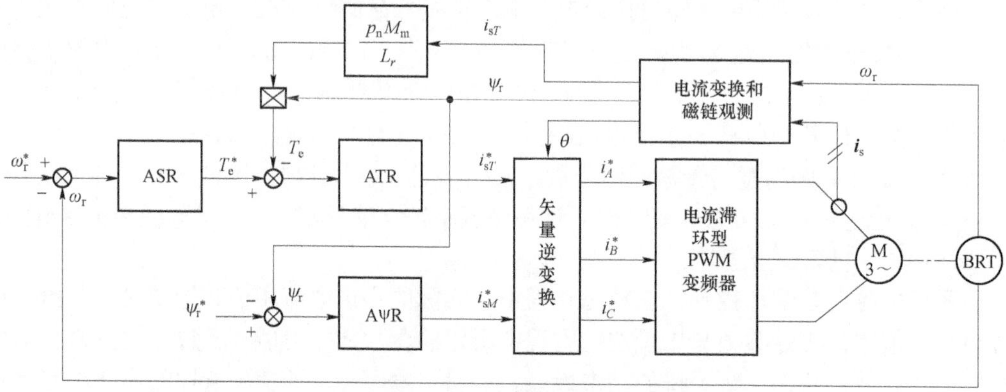

图 2.25　直接磁场定向矢量变换控制变频调速系统

ASR—转速调节器；ATR—转矩调节器；Aψ R—磁链调节器；BRT—转速传感器

采用磁链闭环控制可以改善磁链在动态过程中的稳定性，从而进一步提高矢量变换控制系统的动态性能。

从本质上来说，矢量变换控制也是一种解耦控制。通过坐标变换，将定子电流分解成磁链分量和转矩分量，分别进行控制。矢量变换控制使得系统在动态过程中对电磁转矩进行精细的控制成为可能，从而大大提高了调速的动态性能。然而这种基于模型解耦的精细控制也使得它对参数的变化十分敏感，而异步电动机又恰恰是一个时变对象。因此，如何跟踪参数的变化，提高控制的鲁棒性，就成为众多学者深入研究的课题。另一方面是采用对参数要求

较少的控制方法来降低控制系统对参数的敏感性，定子磁链定向矢量变换控制和直接转矩控制就是对参数要求较少的控制方法。

2.3.4　定子磁场定向矢量变换控制

1. 基本方程式

定子磁场定向，即 d 轴放在定子磁场方向，此时，定子磁链的 q 轴分量为零，$\psi_{sq}=0, \psi_s=\psi_{sd}$。

根据式（2.119）转矩方程为

$$\begin{aligned}T_e &= p_n(\psi_{sd}i_{sq}-\psi_{sq}i_{sd}) \\ &= p_n(\psi_{sd}i_{sq}-0\times i_{sd})=p_n\psi_{sd}i_{sq}\end{aligned} \tag{2.133}$$

从式（2.133）可以看出，如果保持定子磁链 ψ_{sd} 恒定，电磁转矩 T_e 和定子 q 轴电流 i_{sq} 成正比，因此通过 i_{sq} 可以实现转矩的瞬时控制。那么，如果保持恒磁通，定子磁通 ψ_{sd} 是否由定子电流的 d 轴分量 i_{sd} 唯一决定呢？如果回答肯定，则可以采用定子磁场定向的方法，分别控制定子磁链和电磁转矩。

下面分析 ψ_{sd} 和定子电流 i_s 的关系。

根据同步旋转 dq 坐标的电压和磁链方程式（2.116）、式（2.117），令 $\psi_{sq}=0$，可列出定子磁场定向时的电压方程和磁链方程分别为

$$\begin{cases}u_{sd}=R_s i_{sd}+p\psi_{sd} \\ u_{sq}=R_s i_{sq}+\omega_s\psi_{sd} \\ u_{rd}=R_r i_{rd}+p\psi_{rd}-\psi_{rq}\omega_{sl} \\ u_{rq}=R_r i_{rq}+p\psi_{rq}+\psi_{rd}\omega_{sl}\end{cases} \tag{2.134}$$

$$\begin{cases}\psi_{sd}=L_s i_{sd}+M_m i_{rd} \\ 0=L_s i_{sq}+M_m i_{rq} \\ \psi_{rd}=L_r i_{rd}+M_m i_{sd} \\ \psi_{rq}=L_r i_{rq}+M_m i_{sq}\end{cases} \tag{2.135}$$

由此可求得定子电流 i_s 和定子磁通 ψ_{sd} 的关系为

$$(1+\sigma T_r p)L_s i_{sq}=\omega_{sl}T_r(\psi_{sd}-\sigma L_s i_{sd}) \tag{2.136}$$

$$(1+T_r p)\psi_{sd}=(1+\sigma T_r p)L_s i_{sd}-\omega_{sl}T_r\sigma L_s i_{sq} \tag{2.137}$$

式中，$\sigma=1-\dfrac{M_m^2}{L_s L_r}$ 为漏磁系数。

由式（2.136）和式（2.137）可知，无论是采用直接磁链控制，还是采用间接磁通控制，均需消除 i_{sq} 耦合项的影响，即希望 ψ_{sd} 由 i_{sd} 唯一决定，而与 i_{sq} 没关系。因此，需要设计一个解耦器，使 ψ_{sd} 和 i_{sq} 解耦。

2. 定子磁场定向矢量变换控制基本结构

定子磁场定向矢量变换控制基本结构如图 2.26 所示。磁链采用闭环控制，定子磁链采用电压模型，即

$$\begin{cases}\psi_{s\alpha}=\int(u_{s\alpha}-R_s i_{s\alpha})\mathrm{d}t \\ \psi_{s\beta}=\int(u_{s\beta}-R_s i_{s\beta})\mathrm{d}t\end{cases} \tag{2.138}$$

它是由定子电压方程式推导得到的。由于定子电流 i_{sq} 与磁链 ψ_{sd} 存在耦合关系。因此，基本结构中设计了解耦器。下面分析解耦器的设计思路。

根据图 2.26 可知

$$i_{sd} = G_{\psi}(s)(\psi_{sd}^{*} - \psi_{sd}) + i_{dq} \tag{2.139}$$

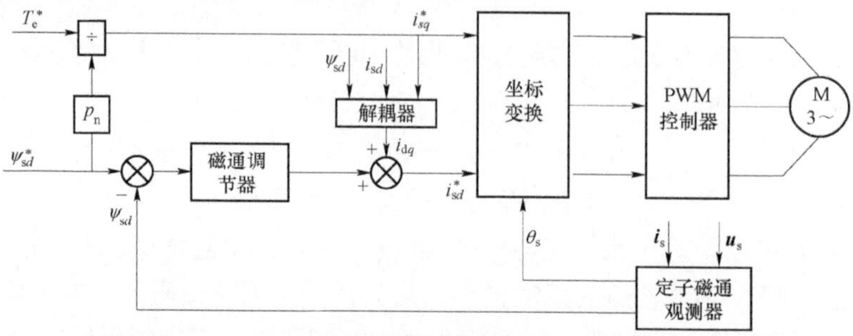

图 2.26　定子磁场定向矢量变换控制基本结构

式中，$G_{\psi}(s) = K_p + \dfrac{K_i}{p}$ 表示磁链调节器的传递函数；i_{dq} 为解耦器输出。

将式（2.139）代入式（2.137）得

$$(1+T_r p)\psi_{sd} = (1+\sigma T_r p)L_s G_{\psi}(s)(\psi_{sd}^{*} - \psi_{sd}) + (1+\sigma T_r p)L_s i_{dq} - \omega_{sl} T_r \sigma L_s i_{sq}$$

为了将 i_{sd} 从中解耦出来，消除 i_{sq} 耦合项的影响，令

$$(1+\sigma T_r p)L_s i_{dq} - \omega_{sl} T_r \sigma L_s i_{sq} = 0$$

即

$$i_{dq} = \frac{\omega_{sl} T_r \sigma L_s i_{sq}}{(1+\sigma T_r p)L_s} \tag{2.140}$$

又由式（2.136）得

$$\omega_{sl} = \frac{(1+\sigma T_r p)L_s i_{sq}}{T_r(\psi_{sd} - \sigma L_s i_{sd})} \tag{2.141}$$

将式（2.141）代入式（2.140）得

$$i_{dq} = \frac{(1+\sigma T_r p)L_s i_{sq}}{T_r(\psi_{sd} - \sigma L_s i_{sd})} \times \frac{T_r \sigma L_s i_{sq}}{(1+\sigma T_r p)L_s} = \frac{\sigma L_s i_{sq}^2}{\psi_{sd} - \sigma L_s i_{sd}} \tag{2.142}$$

式（2.142）为推导出的解耦器输出和输入的关系式。如果控制系统采用转速、转矩双闭环控制，则另一种控制系统结构图如图 2.27 所示。

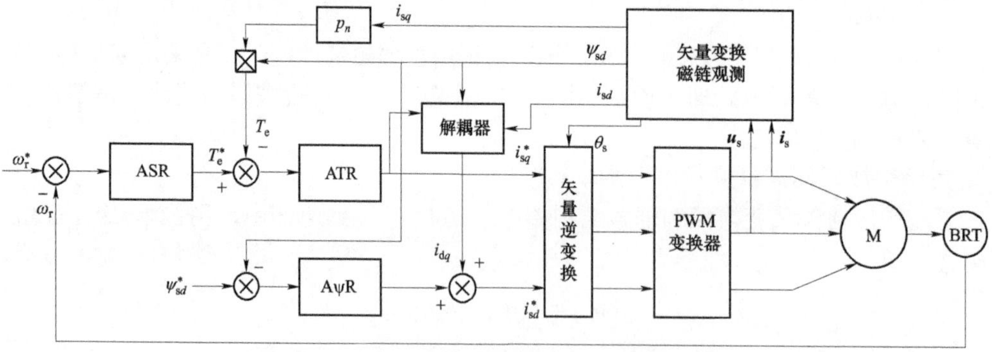

图 2.27　定子磁场定向矢量控制系统结构图

2.3.5 气隙磁场定向矢量变换控制

1. 基本方程式

dq 同步旋转坐标系下的气隙磁链可表示为

$$\begin{cases}\psi_{md}=M_m(i_{sd}+i_{rd})\\ \psi_{mq}=M_m(i_{sq}+i_{rq})\end{cases} \tag{2.143}$$

当 d 轴定向于气隙磁场方向时，$\psi_{mq}=0$，则根据同步旋转 dq 坐标系中的电压方程和磁链方程式（2.116）和式（2.117），推导由 ψ_m 表示的电压方程如下：

$$\begin{aligned}u_{sd}&=R_s i_{sd}+p\psi_{sd}-\omega_s\psi_{sq}=R_s i_{sd}+p(L_s i_{sd}+M_m i_{rd})-\omega_s(L_s i_{sq}+M_m i_{rq})\\ &=R_s i_{sd}+p(L_s i_{sd}+M_m i_{rd}+M_m i_{sd}-M_m i_{sd})-\omega_s(L_s i_{sq}+M_m i_{rq}+M_m i_{sq}-M_m i_{sq})\\ &=R_s i_{sd}+p(L_s-M_m)i_{sd}+p\psi_{md}-\omega_s(L_s-M_m)i_{sq}\end{aligned}$$

整理得

$$u_{sd}=R_s i_{sd}+L_{s\sigma}pi_{sd}+p\psi_{md}-\omega_s L_{s\sigma}i_{sq} \tag{2.144}$$

同理可推得 u_{sq}、u_{rd}、u_{rq} 表示式，得到气隙磁场定向时异步电动机的电压方程式为

$$\begin{cases}u_{sd}=R_s i_{sd}+L_{s\sigma}pi_{sd}+p\psi_{md}-\omega_s L_{s\sigma}i_{sq}\\ u_{sq}=R_s i_{sq}+L_{s\sigma}pi_{sq}+\omega_s L_{s\sigma}i_{sd}+\omega_s\psi_{md}\\ 0=R_r i_{rd}+L_{r\sigma}pi_{rd}+p\psi_{md}-\omega_{sl}L_{r\sigma}i_{rq}\\ 0=R_r i_{rq}+L_{r\sigma}pi_{rq}+\omega_{sl}\psi_{md}+\omega_{sl}L_{r\sigma}i_{rd}\end{cases} \tag{2.145}$$

式中，$L_{s\sigma}=L_s-M_m, L_{r\sigma}=L_r-M_m$ 分别是定子漏感和转子漏感。

下面推导气隙磁场定向时，i_{sd} 和 ψ_{md} 的关系以及 i_{sq} 和 T_e 的关系为

由式（2.143）第一式得
$$i_{rd}=\frac{\psi_{md}}{M_m}-i_{sd} \tag{2.146}$$

由式（2.143）第二式得
$$i_{rq}=-i_{sq} \tag{2.147}$$

将式（2.146）、式（2.147）代入式（2.145）第四式，得

$$\omega_{sl}\left[\psi_{md}+L_{r\sigma}\left(\frac{\psi_{md}}{M_m}-i_{sd}\right)\right]=(R_r+pL_{r\sigma})i_{sq}$$

$$\omega_{sl}\left[\left(\frac{M_m}{M_m}+\frac{L_{r\sigma}}{M_m}\right)\psi_{md}-L_{r\sigma}i_{sd}\right]=(R_r+pL_{r\sigma})i_{sq}$$

$$\omega_{sl}=\frac{R_r+pL_{r\sigma}}{\dfrac{M_m+L_{r\sigma}}{M_m}\psi_{md}-L_{r\sigma}i_{sd}}i_{sq}=\frac{R_r+pL_{r\sigma}}{\dfrac{L_r}{M_m}\psi_{md}-L_{r\sigma}i_{sd}}i_{sq} \tag{2.148}$$

将式（2.146）、式（2.147）代入式（2.145）第三式，得

$$\omega_{sl}L_{r\sigma}i_{sq}+R_r\left(\frac{\psi_{md}}{M_m}-i_{sd}\right)+pL_{r\sigma}\left(\frac{\psi_{md}}{M_m}-i_{sd}\right)+p\psi_{md}=0$$

$$\omega_{\mathrm{sl}}L_{\mathrm{r}\sigma}i_{\mathrm{s}q}+\left(\frac{R_{\mathrm{r}}}{M_{\mathrm{m}}}+p\frac{L_{\mathrm{r}\sigma}}{M_{\mathrm{m}}}+p\right)\psi_{\mathrm{m}d}-(R_{\mathrm{r}}+pL_{\mathrm{r}\sigma})i_{\mathrm{s}d}=0$$

$$\omega_{\mathrm{sl}}L_{\mathrm{r}\sigma}i_{\mathrm{s}q}+\left(\frac{R_{\mathrm{r}}}{M_{\mathrm{m}}}+p\frac{M_{\mathrm{m}}+L_{\mathrm{r}\sigma}}{M_{\mathrm{m}}}\right)\psi_{\mathrm{m}d}-(R_{\mathrm{r}}+pL_{\mathrm{r}\sigma})i_{\mathrm{s}d}=0$$

上式乘以 $\frac{M_{\mathrm{m}}}{L_{\mathrm{r}}}$ 得 $\left(\frac{R_{\mathrm{r}}}{L_{\mathrm{r}}}+p\right)\psi_{\mathrm{m}d}=\frac{M_{\mathrm{m}}}{L_{\mathrm{r}}}(R_{\mathrm{r}}+pL_{\mathrm{r}\sigma})i_{\mathrm{s}d}-\omega_{\mathrm{sl}}\frac{M_{\mathrm{m}}}{L_{\mathrm{r}}}L_{\mathrm{r}\sigma}i_{\mathrm{s}q}$

即

$$\left(\frac{1}{T_{\mathrm{r}}}+p\right)\psi_{\mathrm{m}d}=\frac{M_{\mathrm{m}}}{L_{\mathrm{r}}}(R_{\mathrm{r}}+pL_{\mathrm{r}\sigma})i_{\mathrm{s}d}-\omega_{\mathrm{sl}}\frac{M_{\mathrm{m}}}{L_{\mathrm{r}}}L_{\mathrm{r}\sigma}i_{\mathrm{s}q} \tag{2.149}$$

由式（2.119）及气隙磁链方程式（2.143），可推得转矩方程式为

$$\begin{aligned}T_{\mathrm{e}}&=p_{\mathrm{n}}M_{\mathrm{m}}(i_{\mathrm{s}q}i_{\mathrm{r}d}-i_{\mathrm{s}d}i_{\mathrm{r}q})=p_{\mathrm{n}}(M_{\mathrm{m}}i_{\mathrm{s}q}i_{\mathrm{r}d}+M_{\mathrm{m}}i_{\mathrm{s}q}i_{\mathrm{s}d}-M_{\mathrm{m}}i_{\mathrm{s}q}i_{\mathrm{s}d}-M_{\mathrm{m}}i_{\mathrm{s}d}i_{\mathrm{r}q})\\&=p_{\mathrm{n}}(\psi_{\mathrm{m}d}i_{\mathrm{s}q}-\psi_{\mathrm{m}q}i_{\mathrm{s}d})=p_{\mathrm{n}}\psi_{\mathrm{m}d}i_{\mathrm{s}q}\end{aligned} \tag{2.150}$$

由式（2.150）可以看出，如果保持气隙磁链 $\psi_{\mathrm{m}d}$ 恒定，转矩直接和定子 q 轴电流 $i_{\mathrm{s}q}$ 成正比。因此，通过 $i_{\mathrm{s}q}$ 可以实现转矩的瞬时控制。

另外，由式（2.149）不难看出，磁链 $\psi_{\mathrm{m}d}$ 与 $i_{\mathrm{s}q}$ 之间存在耦合关系，控制系统中也必须考虑解耦。

2. 气隙磁场定向矢量变换控制基本结构

气隙磁场定向矢量变换控制基本结构如图 2.28 所示。磁链采用闭环控制，气隙磁链采用电压模型，即

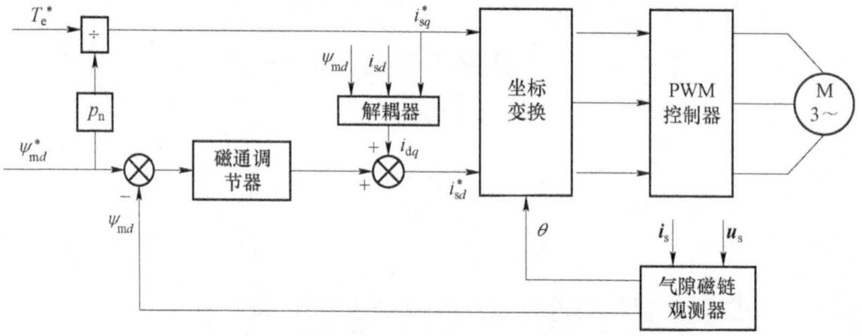

图 2.28　气隙磁场定向矢量变换控制基本结构

$$\begin{cases}\psi_{\mathrm{m}\alpha}=\int(u_{\mathrm{s}\alpha}-R_{\mathrm{s}}i_{\mathrm{s}\alpha})\mathrm{d}t-L_{\mathrm{s}\alpha}i_{\mathrm{s}\alpha}\\ \psi_{\mathrm{m}\beta}=\int(u_{\mathrm{s}\beta}-R_{\mathrm{s}}i_{\mathrm{s}\beta})\mathrm{d}t-L_{\mathrm{s}\beta}i_{\mathrm{s}\beta}\end{cases} \tag{2.151}$$

它是由 $\alpha\beta$ 坐标系电压和磁链方程推导得到的。由于磁链 $\psi_{\mathrm{m}d}$ 与定子电流 $i_{\mathrm{s}q}$ 之间存在耦合关系，基本结构中设计了解耦器。解耦器的具体设计与特定的调速系统结构有关，下面分析图 2.28 结构中解耦器的设计方法。

根据图 2.28 可知

$$i_{\mathrm{s}d}=G_{\psi}(s)(\psi_{\mathrm{m}d}^*-\psi_{\mathrm{m}d})+i_{\mathrm{d}q} \tag{2.152}$$

式中，$G_{\psi}(s)=K_p+\frac{K_i}{p}$ 表示磁链调节器的传递函数；$i_{\mathrm{d}q}$ 为解耦器输出。

将式（2.152）代入式（2.149）得

$$\left(\frac{1}{T_{\mathrm{r}}}+p\right)\psi_{\mathrm{m}d}=\frac{M_{\mathrm{m}}}{L_{\mathrm{r}}}(R_{\mathrm{r}}+pL_{\mathrm{r}\sigma})G_{\psi}(s)(\psi_{\mathrm{m}d}^{*}-\psi_{\mathrm{m}d})+\frac{M_{\mathrm{m}}}{L_{\mathrm{r}}}(R_{\mathrm{r}}+pL_{\mathrm{r}\sigma})i_{\mathrm{d}q}-\omega_{\mathrm{sl}}\frac{M_{\mathrm{m}}}{L_{\mathrm{r}}}L_{\sigma}i_{\mathrm{s}q}$$

为了将 $i_{\mathrm{s}d}$ 从中解耦出来，消除 $i_{\mathrm{s}q}$ 对磁链 $\psi_{\mathrm{m}d}$ 的耦合项，令

$$\frac{M_{\mathrm{m}}}{L_{\mathrm{r}}}(R_{\mathrm{r}}+pL_{\mathrm{r}\sigma})i_{\mathrm{d}q}=\omega_{\mathrm{sl}}\frac{M_{\mathrm{m}}}{L_{\mathrm{r}}}L_{\sigma}i_{\mathrm{s}q}$$

即

$$i_{\mathrm{d}q}=\frac{\dfrac{M_{\mathrm{m}}}{L_{\mathrm{r}}}L_{\sigma}i_{\mathrm{s}q}}{\dfrac{M_{\mathrm{m}}}{L_{\mathrm{r}}}(R_{\mathrm{r}}+pL_{\mathrm{r}\sigma})}\omega_{\mathrm{sl}} \tag{2.153}$$

将式（2.148）代入式（2.153）得

$$i_{\mathrm{d}q}=\frac{\dfrac{M_{\mathrm{m}}}{L_{\mathrm{r}}}L_{\sigma}i_{\mathrm{s}q}}{\dfrac{M_{\mathrm{m}}}{L_{\mathrm{r}}}(R_{\mathrm{r}}+pL_{\mathrm{r}\sigma})}\times\frac{R_{\mathrm{r}}+pL_{\mathrm{r}\sigma}}{\dfrac{L_{\mathrm{r}}}{M_{\mathrm{m}}}\psi_{\mathrm{m}d}-L_{\mathrm{r}\sigma}i_{\mathrm{s}d}}\times i_{\mathrm{s}q}=\frac{L_{\sigma}i_{\mathrm{s}q}^{2}}{\dfrac{L_{\mathrm{r}}}{M_{\mathrm{m}}}\psi_{\mathrm{m}d}-L_{\mathrm{r}\sigma}i_{\mathrm{s}d}} \tag{2.154}$$

式（2.154）为解耦器输出与输入之间的关系式。根据图 2.28 气隙磁场定向的基本结构图，参照转子磁场定向和定子磁场定向闭环控制系统的思路，可以很容易构成气隙磁场定向矢量控制闭环调速系统，这里不再赘述。

重新整理前面分析的转子磁场定向、定子磁场定向和气隙磁场定向的转矩控制式如下，

转子磁场定向　　$T_{\mathrm{e}}=p_{\mathrm{n}}\frac{M_{\mathrm{m}}}{L_{\mathrm{r}}}\psi_{\mathrm{r}d}i_{\mathrm{s}q}$ 或 $T_{\mathrm{e}}=p_{\mathrm{n}}\frac{M_{\mathrm{m}}}{L_{\mathrm{r}}}\psi_{\mathrm{r}}i_{\mathrm{s}T}$

定子磁场定向　　$T_{\mathrm{e}}=p_{\mathrm{n}}\psi_{\mathrm{s}d}i_{\mathrm{s}q}$

气隙磁场定向　　$T_{\mathrm{e}}=p_{\mathrm{n}}\psi_{\mathrm{m}d}i_{\mathrm{s}q}$

三种磁场定向矢量变换控制方法都是高性能的调速方法，其中又以转子和定子磁场定向方法应用较多。三种方法各有特点，转子磁场定向的优点是转矩控制达到完全解耦控制，定子磁场定向和气隙磁场定向方法中均含有耦合项，需要增加解耦器。但是转子磁链的检测受参数影响较大，一定程度上影响了系统的性能。气隙磁链和定子磁链的检测受转子参数的影响较小。磁链的准确观测，在磁场定向矢量变换控制中起到关键的作用，关于磁链观测方法还有组合观测模型及基于现代控制理论的各种闭环观测方法，读者可参考文献[2]。

2.4　异步电动机的直接转矩控制

直接转矩控制（Direct Torque Control）方法是 1985 年由德国鲁尔大学的 Depenbrock 教授首次提出的，它是继矢量控制技术之后发展起来的一种交流电动机变频调速控制技术。

直接转矩控制的特点如下：

（1）直接转矩控制在定子坐标系中分析交流电动机数学模型，直接控制磁链和转矩，计算简单；

（2）直接转矩控制用电压矢量直接控制转矩，控制信号的物理概念明确；

（3）直接转矩控制方法，转矩和磁链都采用两点式调节器（带滞环的 bang-bang 控制），把误差限制在容许的范围内，控制直接又简化。

直接转矩控制是通过控制电压矢量直接控制转矩的。那么，控制电压矢量如何实现对转矩的控制呢？这要从分析电压空间矢量及其对转矩的影响入手。

2.4.1 直接转矩控制的基本原理

1. 空间电压矢量及其空间位置

图 2.29 所示为理想的电压型逆变器，它由三组、六个开关（S_A，$\overline{S_A}$，S_B，$\overline{S_B}$，S_C，$\overline{S_C}$）组成。上下两个开关（S_A与$\overline{S_A}$，S_B与$\overline{S_B}$，S_C与$\overline{S_C}$）之间按互补导通模式，上管导通状态为 1，下管导通状态为 0。所以，三组开关有 8 种组合，对应 8 种电压状态。即 000，001，010，011，100，101，110，111。其中 001，010，011，100，101，110 为工作状态。而 000，111 分别表示 A、B、C 三相上桥臂或下桥臂同时导通。因为它们相当于将电动机三相绕组短接，因此称为零状态。由逆变器的知识可知，逆变器的 8 种开关状态S_{ABC}与对应的相电压输出u_A、u_B、u_C如表 2.1 所示，其中$U_d = 2E$。

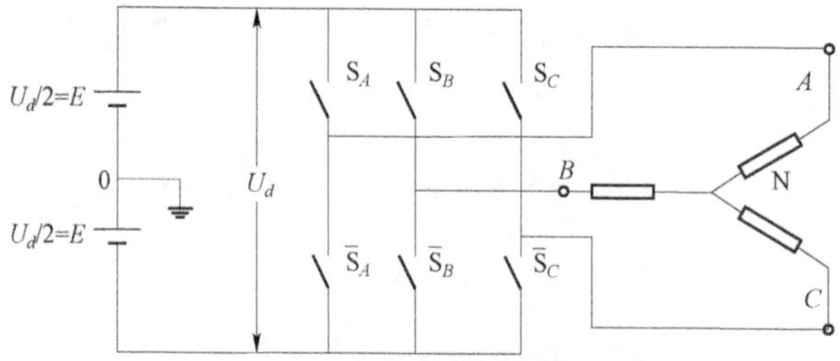

图 2.29 理想的电压型逆变器

表 2.1 逆变器的开关状态与对应的相电压输出

S_{ABC}	011	001	101	100	110	010	000	111
u_A	$-\frac{4E}{3}$	$-\frac{2E}{3}$	$\frac{2E}{3}$	$\frac{4E}{3}$	$\frac{2E}{3}$	$-\frac{2E}{3}$	0	0
u_B	$\frac{2E}{3}$	$-\frac{2E}{3}$	$-\frac{4E}{3}$	$-\frac{2E}{3}$	$\frac{2E}{3}$	$\frac{4E}{3}$	0	0
u_C	$\frac{2E}{3}$	$\frac{4E}{3}$	$\frac{2E}{3}$	$-\frac{2E}{3}$	$-\frac{4E}{3}$	$-\frac{2E}{3}$	0	0

如果把逆变器的输出电压用空间矢量来表示，则逆变器的各种电压状态就有了空间的概念。引入 Park 矢量，可以将三维标量变换为一个两维矢量。取 Park 矢量复平面的实轴α轴

与三相电动机（定子接成星型）的 A 轴重合（图 2.30），逆变器空间矢量 $\boldsymbol{u}_s(t)$ 的 Park 矢量表达式为

$$\boldsymbol{u}_s(t)=\frac{2}{3}(u_A+u_B e^{j2\pi/3}+u_C e^{j4\pi/3}) \tag{2.155}$$

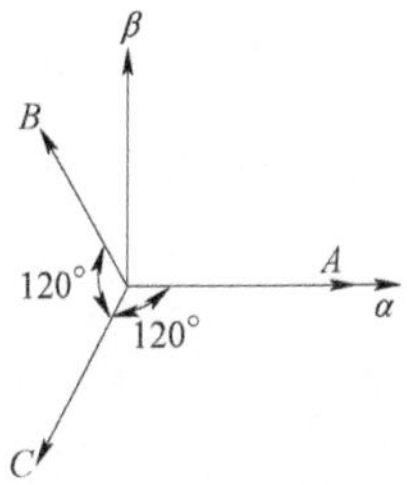

图 2.30　Park 变换时的 ABC 和 $\alpha\beta$ 坐标系

式（2.155）与 2.2.3 节中空间矢量的定义是一致的。利用式（2.155）可对电压空间矢量在坐标系 $\alpha\beta$ 中的离散位置进行计算。利用式（2.155）并根据逆变器开关状态对应的相电压值（表 2.1），可求得

$$\begin{aligned}\boldsymbol{u}_s(100)&=\frac{2}{3}\left(\frac{4}{3}E-\frac{2}{3}Ee^{j2\pi/3}-\frac{2}{3}Ee^{j4\pi/3}\right)\\&=\frac{2}{3}\left[\frac{4}{3}E-\frac{2}{3}E\left(-\frac{1}{2}+j\frac{\sqrt{3}}{2}\right)-\frac{2}{3}E\left(-\frac{1}{2}-j\frac{\sqrt{3}}{2}\right)\right]\\&=\frac{4}{3}E=\frac{4}{3}Ee^{j0}\end{aligned}$$

$$\begin{aligned}\boldsymbol{u}_s(011)&=\frac{2}{3}\left(-\frac{4}{3}E+\frac{2}{3}Ee^{j2\pi/3}+\frac{2}{3}Ee^{j4\pi/3}\right)\\&=\frac{2}{3}\left[-\frac{4}{3}E+\frac{2}{3}E\left(-\frac{1}{2}+j\frac{\sqrt{3}}{2}\right)+\frac{2}{3}E\left(-\frac{1}{2}-j\frac{\sqrt{3}}{2}\right)\right]\\&=-\frac{4}{3}E=\frac{4}{3}Ee^{j\pi}\end{aligned}$$

$$\begin{aligned}\boldsymbol{u}_s(001)&=\frac{2}{3}\left(-\frac{2}{3}E-\frac{2}{3}Ee^{j2\pi/3}+\frac{4}{3}Ee^{j4\pi/3}\right)\\&=\frac{2}{3}\left[-\frac{2}{3}E-\frac{2}{3}E\left(-\frac{1}{2}+j\frac{\sqrt{3}}{2}\right)+\frac{4}{3}E\left(-\frac{1}{2}-j\frac{\sqrt{3}}{2}\right)\right]\\&=\frac{4}{3}E\left(-\frac{1}{2}-j\frac{\sqrt{3}}{2}\right)=\frac{4}{3}Ee^{j4\pi/3}\end{aligned}$$

同理可得

$$\boldsymbol{u}_s(010)=\frac{4}{3}Ee^{j2\pi/3}\qquad \boldsymbol{u}_s(101)=\frac{4}{3}Ee^{j5\pi/3}$$

$$\boldsymbol{u}_s(110)=\frac{4}{3}Ee^{j\pi/3}\qquad \boldsymbol{u}_s(000)=\boldsymbol{u}_s(111)=0$$

于是，六个工作电压矢量处于如图 2.31 所示位置，它们的幅值相等，相邻两个矢量之间相差 60°，六个工作电压矢量的顶点构成正六边形。

按照 α 轴为起点，依空间电压矢量逆时针旋转的工作顺序分别定义 $\boldsymbol{u}_s(100)$为$\boldsymbol{u}_{s1}$，$\boldsymbol{u}_s(110)$为$\boldsymbol{u}_{s2}$，$\boldsymbol{u}_s(010)$为$\boldsymbol{u}_{s3}$，$\boldsymbol{u}_s(011)$为$\boldsymbol{u}_{s4}$，$\boldsymbol{u}_s(001)$为$\boldsymbol{u}_{s5}$，$\boldsymbol{u}_s(101)$为$\boldsymbol{u}_{s6}$，而定义 $\boldsymbol{u}_s(000)$和$\boldsymbol{u}_s(111)$为$\boldsymbol{u}_{s7}$ 或 $\boldsymbol{u}_{s0}$，称为零矢量，零矢量位于六边形的中心。

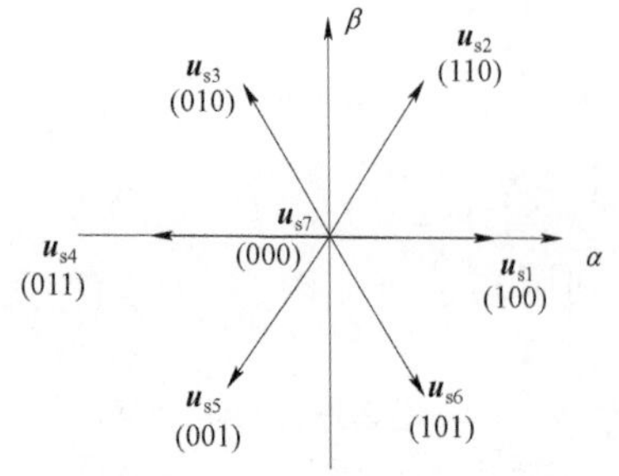

图 2.31 电压空间矢量分布图

2. 磁链开环直接转矩控制系统

根据定子电压方程式可得定子磁链空间矢量 $\boldsymbol{\psi}_s(t)$ 与定子电压矢量 $\boldsymbol{u}_s(t)$ 的关系如下：

$$\boldsymbol{\psi}_s(t)=\int[\boldsymbol{u}_s(t)-R_s\boldsymbol{i}_s(t)]\mathrm{d}t \qquad (2.156)$$

若忽略定子电阻压降的影响，则

$$\boldsymbol{\psi}_s(t)\approx\int\boldsymbol{u}_s(t)\mathrm{d}t \qquad (2.157)$$

也就是说，定子磁链空间矢量 $\boldsymbol{\psi}_s(t)$ 与定子电压空间矢量 $\boldsymbol{u}_s(t)$ 之间近似为积分关系。因此，定子磁链空间矢量的顶点的运动轨迹将朝着定子电压空间矢量 $\boldsymbol{u}_s(t)$ 所作用的方向运动，其运动速度由定子电压矢量的幅值 $|\boldsymbol{u}_s(t)|$ 决定。合理选择非零电压矢量 $\boldsymbol{u}_s$ 的施加顺序及作用时间长短，可以形成多边形磁链轨迹。当定子电压矢量按顺序 1、2、3、4、5、6 作用时，定子磁链矢量的顶点沿六条边 $S1$、$S2$、$S3$、$S4$、$S5$、$S6$ 运动，如图 2.32 所示。例如，当定子磁链空间矢量 $\boldsymbol{u}_s$ 处于图 2.32 所示位置时，加到定子上的电压空间矢量为 $\boldsymbol{u}_{s1}$，定子磁链空间矢量顶点将沿着边 $S1$ 的轨迹朝着电压空间矢量 $\boldsymbol{u}_{s1}$ 所指的方向运动；当定子磁链空间矢量的顶点到达点 6 时，改加电压矢量 $\boldsymbol{u}_{s2}$，则定子磁链空间矢量的顶点将沿着边 $S2$ 的轨迹，朝着电压空间矢量 $\boldsymbol{u}_{s2}$ 所指的方向运动。以此类推，即形成六边形磁链轨迹。传统的直接转矩控制原理中，矢量切换的适当时刻和电压矢量的选择是由磁链自控制单元和电压矢量选择表来完成的，控制系统原理框图如图 2.33 所示。由六个离散的电压空间矢量形成的六边形磁链的幅值和旋转的角速度都是变化的，从而会引起电动机转矩脉动和电动机损耗等现象。

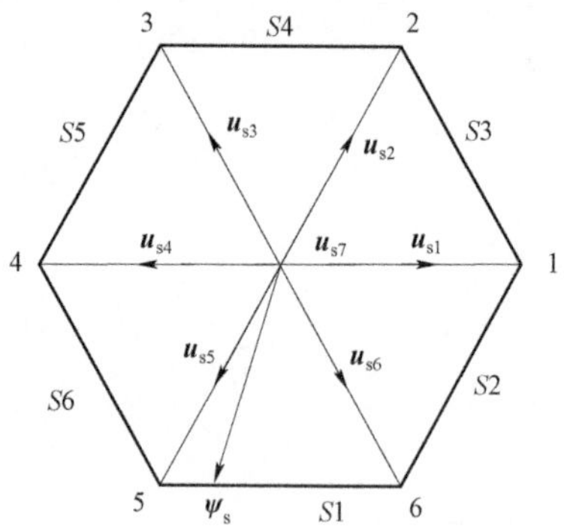

图 2.32 电压矢量与六边形磁链轨迹

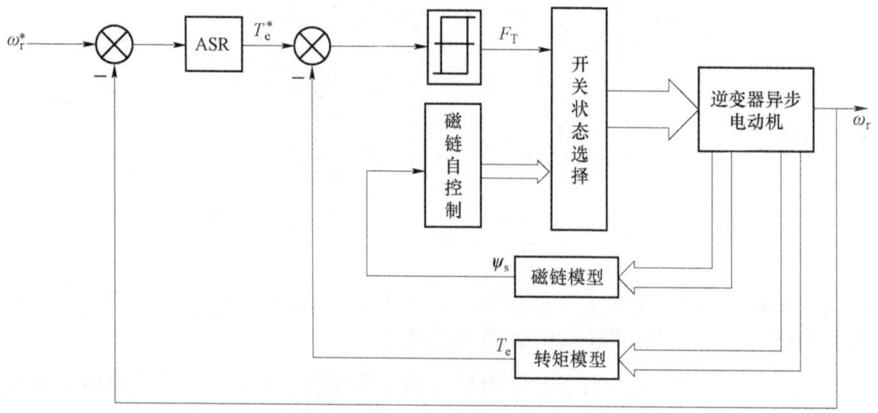

图 2.33 传统直接转矩控制原理框图

3. 磁链闭环直接转矩控制系统

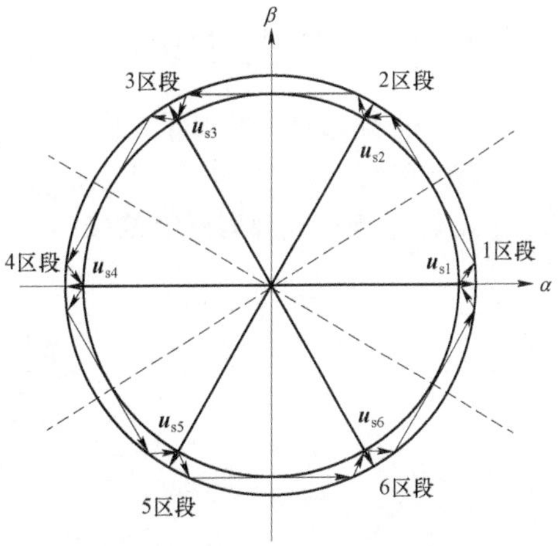

图 2.34　磁链闭环控制及区段划分

圆形磁链多采用控制电压空间矢量的作用时间和作用顺序的方法，用尽可能多的多边形磁链轨迹逼近理想磁链圆。具体的方法有两种：一是磁链开环方式，即矢量合成法；二是磁链闭环方法，即磁链滞环比较法。

磁链闭环控制方法的基本思路是，给定一个磁链环形误差带，通过转矩和磁链的双值调节来选取合适的电压矢量 $\boldsymbol{u}_K$，强迫定子磁链矢量的顶点不超出圆形误差带。

为了确定各电压矢量的作用区间，以 α 轴为 1 区段的中心，沿逆时针方向把整个圆均分为六个区段，如图 2.34 所示。每个区段中磁链顶点运行轨迹由该区段对应的两个电压矢量形成。对逆时针运行的磁链，如 1 区段由 $\boldsymbol{u}_{s2}$、$\boldsymbol{u}_{s3}$ 形成，对 2 区段由 $\boldsymbol{u}_{s3}$、$\boldsymbol{u}_{s4}$ 形成。对顺时针运行的磁链，每个边的形成取此位置上在空间相反的电压矢量，如 1 区段由 $\boldsymbol{u}_{s5}$、$\boldsymbol{u}_{s6}$ 形成，对于 2 区段由 $\boldsymbol{u}_{s6}$、$\boldsymbol{u}_{s1}$ 形成，由此控制磁链的旋转方向。这样合理的选择误差带和电压矢量，即可控制圆形磁链的大小和方向。

在异步电动机闭环控制系统中，磁链的控制往往和转矩的控制结合考虑。磁链闭环直接转矩控制系统原理框图如图 2.35 所示。其中，磁链观测采用电压模型，即式（2.156）；转矩观测采用磁链、电流模型，即

$$T_e = p_n(\psi_{s\alpha} i_{s\beta} - \psi_{s\beta} i_{s\alpha}) \tag{2.158}$$

磁链控制和转矩控制都是采用滞环控制方法。

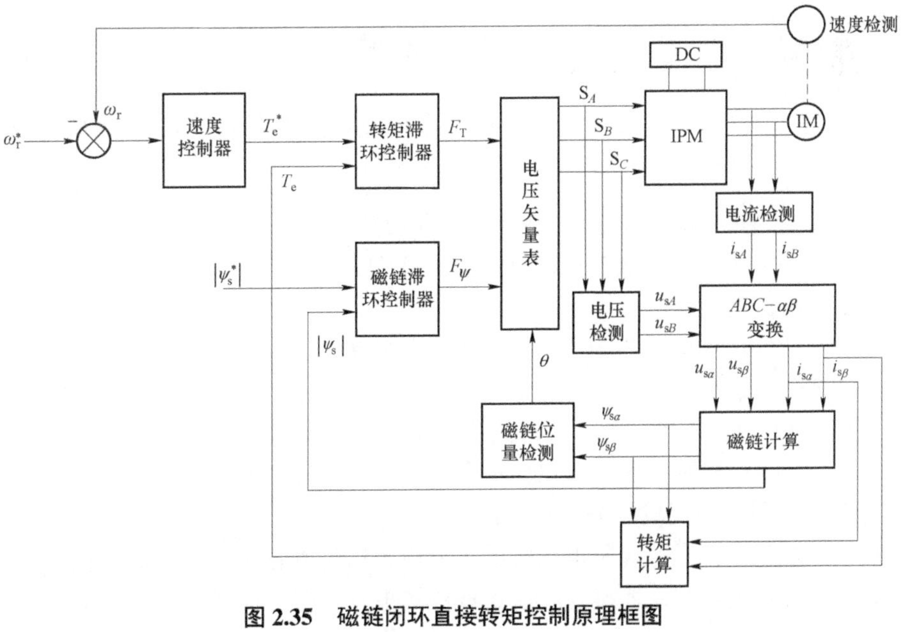

图 2.35　磁链闭环直接转矩控制原理框图

2.4.2 定子电压矢量对磁链和转矩的控制

为了正确选择电压矢量，实现对磁链和转矩的控制，必须对各电压矢量在某一区间对转矩和磁链的影响及控制性能进行分析。

1. 定子电压矢量对磁链的控制

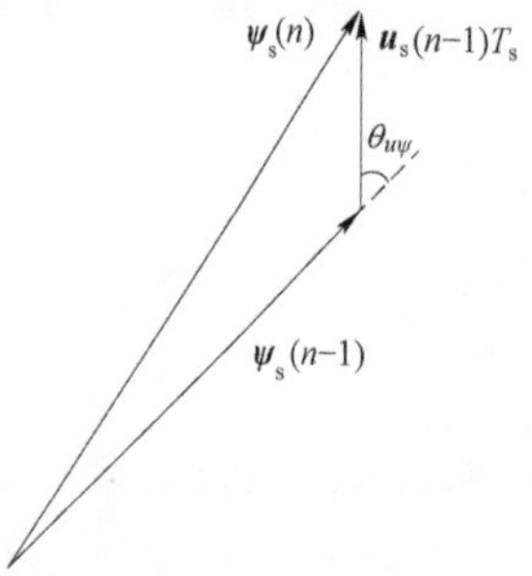

图 2.36 定子磁链、电压矢量关系图

在传统直接转矩控制中，每个单一电压矢量作用在整个控制周期。将方程式（2.157）写成微分形式 $\dfrac{d\boldsymbol{\psi}_s}{dt}\approx\boldsymbol{u}_s$，并进行离散化可得

$$\boldsymbol{\psi}_s(n)=\boldsymbol{\psi}_s(n-1)+\boldsymbol{u}_s(n-1)T_s \tag{2.159}$$

式中，T_s 为采样周期。式（2.159）可用矢量三角形的方式描述，如图 2.36 所示。

图 2.36 中，$\theta_{u\psi}$ 为电压矢量和磁链矢量的夹角。通常，采样周期 T_s 为几十至几百微秒，所以，以下关系式成立

$$\left|\boldsymbol{u}_s(n-1)T_s\right|\ll\left|\boldsymbol{\psi}_s(n)\right|$$
$$\left|\boldsymbol{u}_s(n-1)T_s\right|\ll\left|\boldsymbol{\psi}_s(n-1)\right|$$
$$\left|\boldsymbol{\psi}_s(n-1)\right|\approx\left|\boldsymbol{\psi}_s(n)\right|$$

于是，定子磁链的变化量为

$$\Delta\psi_s=\left|\boldsymbol{\psi}_s(n)-\boldsymbol{\psi}_s(n-1)\right|\approx\left|\boldsymbol{u}_s(n-1)T_s\right|\cos\theta_{u\psi} \tag{2.160}$$

由式（2.160）可得：

（1）$\theta_{u\psi}=\pm\dfrac{\pi}{2}, \Delta\psi_s\approx 0$，定子磁链的幅值基本不变；

（2）$-\dfrac{\pi}{2}<\theta_{u\psi}<\dfrac{\pi}{2}, \Delta\psi_s>0$，定子磁链的幅值增加；

（3）$\dfrac{\pi}{2}<\theta_{u\psi}<\pi$，$-\pi<\theta_{u\psi}<-\dfrac{\pi}{2}$，$\Delta\psi_s<0$，定子磁链的幅值减小，并且 $\theta_{u\psi}=180^\circ$ 时，$\Delta\psi_s$ 取最大值。

因此，可以得到定子电压矢量对磁链幅值作用的结论 2.1：

（1）当所施加的电压矢量与当前磁链矢量之间的夹角的绝对值小于 90°时，该矢量作用的结果使得磁链幅值增加；

（2）当所施加的电压矢量与当前磁链矢量之间的夹角的绝对值大于 90°时，该矢量作用的结果使得磁链幅值减小；

（3）当所施加的电压矢量与当前磁链矢量之间的夹角的绝对值等于 90°时（包括零矢量），该矢量作用的结果使得磁链幅值基本保持不变。

2. 定子电压矢量对转矩的控制

在直接转矩控制中，通过控制电动机的输入电压来达到直接控制转矩的目的。为了分析电压空间矢量对转矩的影响，需推导电压矢量对转矩变化率的作用。电磁转矩公式为

$$T_e=p_n(\psi_{s\alpha}i_{s\beta}-\psi_{s\beta}i_{s\alpha})=p_n(\boldsymbol{\psi}_s\times\boldsymbol{i}_s) \tag{2.161}$$

对转矩式（2.161）两边进行求导得

$$\frac{\mathrm{d}}{\mathrm{d}t}T_{\mathrm{e}}=p_{\mathrm{n}}\left(\frac{\mathrm{d}}{\mathrm{d}t}\boldsymbol{\psi}_{\mathrm{s}}\times\boldsymbol{i}_{\mathrm{s}}+\boldsymbol{\psi}_{\mathrm{s}}\times\frac{\mathrm{d}}{\mathrm{d}t}\boldsymbol{i}_{\mathrm{s}}\right)\tag{2.162}$$

由定子和转子磁链方程可得

$$\frac{L_{\mathrm{r}}}{M_{\mathrm{m}}}\boldsymbol{\psi}_{\mathrm{s}}=\boldsymbol{\psi}_{\mathrm{r}}+\left(\frac{L_{\mathrm{r}}}{M_{\mathrm{m}}}L_{\mathrm{s}}-M_{\mathrm{m}}\right)\boldsymbol{i}_{\mathrm{s}}=\boldsymbol{\psi}_{\mathrm{r}}+L_{\sigma}\boldsymbol{i}_{\mathrm{s}}\tag{2.163}$$

式中，$L_{\sigma}=(L_{\mathrm{s}}L_{\mathrm{r}}-M_{\mathrm{m}}^{2})/M_{\mathrm{m}}$。

由转子电压方程和转子磁链方程可得

$$T_{\mathrm{r}}\frac{\mathrm{d}}{\mathrm{d}t}\boldsymbol{\psi}_{\mathrm{r}}=M_{\mathrm{m}}\boldsymbol{i}_{\mathrm{s}}-\boldsymbol{\psi}_{\mathrm{r}}+\mathrm{j}T_{\mathrm{r}}\omega_{\mathrm{r}}\boldsymbol{\psi}_{\mathrm{r}}\tag{2.164}$$

对式（2.163）两边微分，再将定子电压方程和式（2.164）代入可得

$$L_{\sigma}\frac{\mathrm{d}}{\mathrm{d}t}\boldsymbol{i}_{\mathrm{s}}=\frac{L_{\mathrm{r}}}{M_{\mathrm{m}}}(\boldsymbol{u}_{\mathrm{s}}-R_{\mathrm{s}}\boldsymbol{i}_{\mathrm{s}})-\frac{M_{\mathrm{m}}}{T_{\mathrm{r}}}\boldsymbol{i}_{\mathrm{s}}-\left(\mathrm{j}\omega_{\mathrm{r}}-\frac{1}{T_{\mathrm{r}}}\right)\boldsymbol{\psi}_{\mathrm{r}}\tag{2.165}$$

把式（2.164）、式（2.165）代入式（2.162），并整理可得转矩变化率公式

$$L_{\sigma}\frac{\mathrm{d}}{\mathrm{d}t}T_{\mathrm{e}}=p_{\mathrm{n}}(\boldsymbol{\psi}_{\mathrm{s}}\times\boldsymbol{u}_{\mathrm{s}})-p_{\mathrm{n}}\omega_{\mathrm{r}}\boldsymbol{\psi}_{\mathrm{s}}\bullet\boldsymbol{\psi}_{\mathrm{r}}-R_{\mathrm{m}}T_{\mathrm{e}}\tag{2.166}$$

式中，$R_{\mathrm{m}}=\dfrac{L_{\mathrm{r}}}{M_{\mathrm{m}}}R_{\mathrm{s}}+\dfrac{L_{\mathrm{s}}}{L_{\mathrm{r}}}R_{\mathrm{r}}$。

由式（2.166）可以得到定子电压矢量对转矩作用的结论 2.2：

当定子电压矢量与定子磁链之间的夹角为90°时，可最大增加转矩；当定子电压矢量与定子磁链之间的夹角为-90°时，可以最大减小转矩。

下面分析其他电压矢量对转矩变化的影响。在直接转矩控制中，对电流进行限制的情况下，转子磁链与定子磁链很接近，在负载不超过额定负载很多时，可以认为$\boldsymbol{\psi}_{\mathrm{s}}\approx\boldsymbol{\psi}_{\mathrm{r}}$，于是，式（2.166）可近似得

$$L_{\sigma}\frac{\mathrm{d}}{\mathrm{d}t}T_{\mathrm{e}}\approx p_{\mathrm{n}}(\boldsymbol{\psi}_{\mathrm{s}}\times\boldsymbol{u}_{\mathrm{s}})-p_{\mathrm{n}}\omega_{\mathrm{r}}|\boldsymbol{\psi}_{\mathrm{s}}|^{2}-R_{\mathrm{m}}T_{\mathrm{e}}\tag{2.167}$$

式（2.167）表示在非零电压矢量作用下而产生的转矩变化。若电动机逆时针方向运行，根据右手法则，当定子电压矢量超前于定子磁链矢量的相位在180°范围内时，$(\boldsymbol{\psi}_{\mathrm{s}}\times\boldsymbol{u}_{\mathrm{s}})>0$；当定子电压矢量落后于定子磁链矢量的相位在$180^{\circ}$范围内时，$(\boldsymbol{\psi}_{\mathrm{s}}\times\boldsymbol{u}_{\mathrm{s}})<0$。但由式（2.167）可以看出，只有当$p_{\mathrm{n}}(\boldsymbol{\psi}_{\mathrm{s}}\times\boldsymbol{u}_{\mathrm{s}})>p_{\mathrm{n}}\omega_{\mathrm{r}}|\boldsymbol{\psi}_{\mathrm{s}}|^{2}+R_{\mathrm{m}}T_{\mathrm{e}}$时，转矩才增加。也就是说，当定子电压矢量超前于一定的角度θ_{2}后，才能使转矩增加。角度θ_{2}可用式（2.168）表示

$$\theta_{2}=\arcsin[(p_{\mathrm{n}}\omega_{\mathrm{r}}|\boldsymbol{\psi}_{\mathrm{s}}|^{2}+R_{\mathrm{m}}T_{\mathrm{e}})/p_{\mathrm{n}}|\boldsymbol{\psi}_{\mathrm{s}}||\boldsymbol{u}_{\mathrm{s}}|]\tag{2.168}$$

因此，在规定电动机逆时针旋转为正方向时，可以得到定子电压矢量对转矩作用的结论 2.3：

当定子电压矢量与定子磁链矢量的夹角为$(\theta_{2}\sim180^{\circ}-\theta_{2})$时，可以增加转矩；当定子电压矢量与定子磁链矢量的夹角为$(180^{\circ}-\theta_{2}\sim360^{\circ}+\theta_{2})$时，可以减小转矩，如图 2.37 所示。

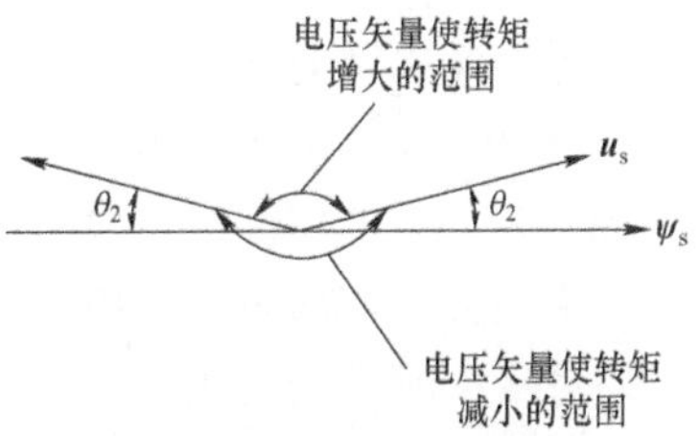

图 2.37　电压矢量对转矩影响范围

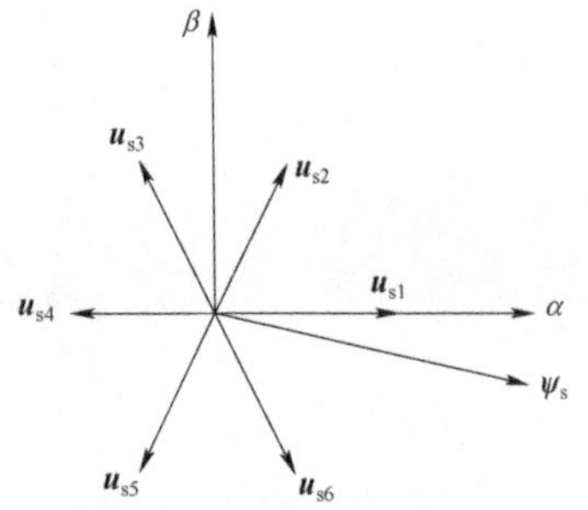

图 2.38　定子电压矢量及磁链矢量

下面分析 θ_2 对定子电压矢量选择的影响。不失一般性，考虑图 2.38 所示定子磁链所处的位置。要使转矩增加，可选择定子电压矢量 $\boldsymbol{u}_{s1}$、$\boldsymbol{u}_{s2}$、$\boldsymbol{u}_{s3}$，而 $\boldsymbol{u}_{s2}$ 可以较大的增加转矩，$\boldsymbol{u}_{s1}$ 只能较小的增加转矩，如果 $\boldsymbol{u}_{s1}$ 和 $\boldsymbol{\psi}_s$ 的夹角小于 θ_2，则 $\boldsymbol{u}_{s1}$ 将产生减小转矩的作用。因此，应该选择定子电压矢量超前于定子磁链矢量 90° 附近的定子电压矢量作为增加转矩的矢量。要使转矩减小，可选择定子电压矢量 $\boldsymbol{u}_{s4}$、$\boldsymbol{u}_{s5}$、$\boldsymbol{u}_{s6}$，而 $\boldsymbol{u}_{s5}$ 可以较大的减小转矩。于是，在规定电动机逆时针旋转为正方向时，可以得到定子电压矢量对转矩作用的结论 2.4：

要使转矩增加，应该选择定子电压矢量与定子磁链矢量夹角为 90° 附近的定子电压矢量；要使转矩减小，应该选择定子电压矢量与转子电压矢量夹角为 270° 附近的定子电压矢量。

在零电压矢量作用下，转矩的变化可以用式（2.169）表示

$$L_\sigma \frac{\mathrm{d}}{\mathrm{d}t} T_e = -p_n \omega_r |\boldsymbol{\psi}_s|^2 - R_m T_e \tag{2.169}$$

由式（2.169）可知，零电压矢量的作用始终使转矩减小。

2.4.3　直接转矩控制的电压矢量表

1. 六区段电压矢量表

根据以上分析，可以得出电压矢量对磁链和转矩的作用如表 2.2 所示。从而可设计出各个区间内，控制磁链幅值和转矩所选的电压矢量。

表 2.2　电压矢量对磁链和转矩的作用

电压矢量与磁链的夹角范围	电压矢量对磁链的作用	电压矢量对转矩的作用
θ_2～90°	$\|\boldsymbol{\psi}_s\|$ ↗	T_e ↗
90°～180° − θ_2	$\|\boldsymbol{\psi}_s\|$ ↘	T_e ↗
180° − θ_2～270°	$\|\boldsymbol{\psi}_s\|$ ↘	T_e ↘
270°～360° + θ_2	$\|\boldsymbol{\psi}_s\|$ ↗	T_e ↘

以磁链矢量处于 1 区段为例分析。根据表 2.2，对于逆时针运行，当定子磁链矢量增加时，选电压矢量 $\boldsymbol{u}_2$ 为增加转矩，选电压矢量 $\boldsymbol{u}_6$ 为减小转矩；当定子磁链矢量减小时，选电压矢量 $\boldsymbol{u}_3$ 为增加转矩，选定子电压矢量 $\boldsymbol{u}_5$、$\boldsymbol{u}_0$ 为减小转矩。以此类推，假设定子磁链矢量处于第 K（K=1，2，3，4，5，6）区段，而处于第 K 区段的定子电压矢量为 $\boldsymbol{u}_K$。对于逆时针运行，当定子磁链矢量增加时，选电压矢量 $\boldsymbol{u}_{K+1}$ 为增加转矩，选电压矢量 $\boldsymbol{u}_{K-1}$ 为减小转矩；当定子磁链矢量减小时，选电压矢量 $\boldsymbol{u}_{K+2}$ 为增加转矩，选定子电压矢量 $\boldsymbol{u}_{K-2}$、$\boldsymbol{u}_0$ 为减小转矩。于是，就得到逆时针旋转时的电压矢量表如表 2.3 所示。

在电压选取表中，F_ψ 表示是否需增加磁链，$F_\psi = 1$ 时表示需要增加磁链，$F_\psi = 0$ 时表

示需要减小磁链。F_T 表示是否需增加转矩，$F_T=1$ 时表示需要增加转矩，$F_T=0$ 表示需要减小转矩。F_ψ 和 F_T 分别表示磁链和转矩双位调节器的输出。区段 1，…，6 表示定子磁链所在的区段。

表 2.3　逆时针旋转时的电压矢量表

F_ψ	F_T	区段					
		1	2	3	4	5	6
1	1	$\boldsymbol{u}_{s2}$	$\boldsymbol{u}_{s3}$	$\boldsymbol{u}_{s4}$	$\boldsymbol{u}_{s5}$	$\boldsymbol{u}_{s6}$	$\boldsymbol{u}_{s1}$
	0	$\boldsymbol{u}_{s6}$	$\boldsymbol{u}_{s1}$	$\boldsymbol{u}_{s2}$	$\boldsymbol{u}_{s3}$	$\boldsymbol{u}_{s4}$	$\boldsymbol{u}_{s5}$
0	1	$\boldsymbol{u}_{s3}$	$\boldsymbol{u}_{s4}$	$\boldsymbol{u}_{s5}$	$\boldsymbol{u}_{s6}$	$\boldsymbol{u}_{s1}$	$\boldsymbol{u}_{s2}$
	0	$\boldsymbol{u}_{s5}/\boldsymbol{u}_0$	$\boldsymbol{u}_{s6}/\boldsymbol{u}_0$	$\boldsymbol{u}_{s1}/\boldsymbol{u}_0$	$\boldsymbol{u}_{s2}/\boldsymbol{u}_0$	$\boldsymbol{u}_{s3}/\boldsymbol{u}_0$	$\boldsymbol{u}_{s4}/\boldsymbol{u}_0$

2.4.4　十二区段电压矢量表

前面的分析电压矢量对磁链幅值控制作用时，忽略了定子电阻压降。当考虑定子电阻压降时，根据定子电压方程式（2.156）可得

$$\frac{\mathrm{d}\boldsymbol{\psi}_\mathrm{s}}{\mathrm{d}t}=\boldsymbol{u}_\mathrm{s}-R_\mathrm{s}\boldsymbol{i}_\mathrm{s}=\boldsymbol{E}_\mathrm{s} \tag{2.170}$$

式中，$\boldsymbol{E}_\mathrm{s}$ 为定子反电势矢量。

对式（2.170）离散化，可得

$$\boldsymbol{\psi}_\mathrm{s}(n)-\boldsymbol{\psi}_\mathrm{s}(n-1)=\Delta\boldsymbol{\psi}_\mathrm{s}(n)=\boldsymbol{E}_\mathrm{s}(n-1)T_\mathrm{s} \tag{2.171}$$

而定子电压矢量和反电势矢量的夹角 θ_1 为

$$\theta_1=\arcsin\left(\frac{|R_\mathrm{s}\boldsymbol{i}_\mathrm{s}|}{|\boldsymbol{u}_\mathrm{s}|}\right) \tag{2.172}$$

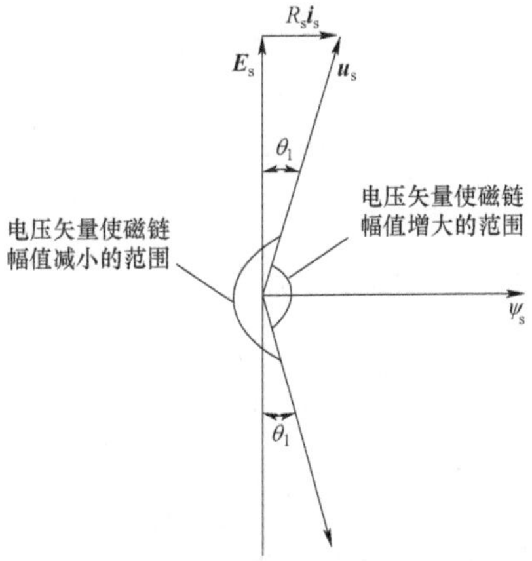

图 2.39　电压矢量对磁链幅值的影响

于是，可以进一步得到考虑定子电阻压降时电压矢量对磁链幅值作用的结论，即当所施加的电压矢量与当前磁链矢量之间的夹角为（$-90°+\theta_1$～$90°-\theta_1$）时，该矢量作用的结果使得磁链幅值增加；当所施加的电压矢量与当前磁链矢量之间的夹角为（$90°-\theta_1$～$270°+\theta_1$），该矢量作用的结果使得磁链幅值减小，如图 2.39 所示。

实际上，综合 2.4.2 节中定子电压矢量对定子磁链和电磁转矩的作用的分析结论和图 2.37、图 2.39，可以得到考虑定子电阻压降的影响时，定子电压矢量对定子磁链和电磁转矩的作用的结论 2.5：

（1）当所施加的电压矢量与当前定子磁链矢量之间的夹角为（θ_2～$90°-\theta_1$）时，该矢量的作用使得定子磁链幅值增加同时使得电磁转矩增加；

（2）当所施加的电压矢量与当前定子磁链矢量之间的夹角为（$90°-\theta_1\sim180°-\theta_2$）时，该矢量的作用使得定子磁链幅值减小同时使得电磁转矩增加；

（3）当所施加的电压矢量与当前定子磁链矢量之间的夹角为（$180°-\theta_2\sim270°+\theta_1$）时，该矢量的作用使得定子磁链幅值减小同时使得电磁转矩减小；

（4）当所施加的电压矢量与当前定子磁链矢量之间的夹角为（$270°+\theta_1\sim360°+\theta_2$）时，该矢量的作用使得定子磁链幅值增加同时使得电磁转矩减小；

（5）零电压矢量的作用使得电磁转矩减小。

其中，θ_1 角和 θ_2 角的值由式（2.172）和式（2.168）给出，用表格表示如表 2.4 所示。

表 2.4　考虑定子电阻压降时电压矢量对磁链和转矩的作用

电压矢量与磁链的夹角范围	电压矢量对磁链的作用	电压矢量对转矩的作用
$\theta_2\sim90°-\theta_1$	$\lvert\boldsymbol{\psi}_s\rvert$ ↗	T_e ↗
$90°-\theta_1\sim180°-\theta_2$	$\lvert\boldsymbol{\psi}_s\rvert$ ↘	T_e ↗
$180°-\theta_2\sim270°+\theta_1$	$\lvert\boldsymbol{\psi}_s\rvert$ ↘	T_e ↘
$270°+\theta_1\sim360°+\theta_2$	$\lvert\boldsymbol{\psi}_s\rvert$ ↗	T_e ↘

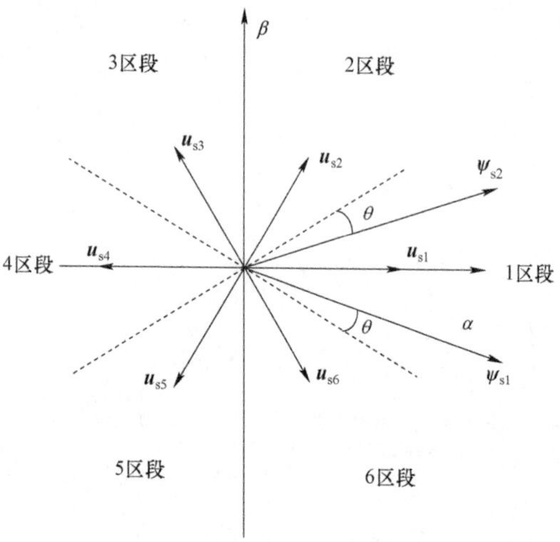

图 2.40　定子电压选择分析

下面分析一下考虑定子电阻压降后，对各区段电压矢量选择的影响。以 1 区段为例分析，考虑如图 2.40 所示磁链矢量位置的情况。

根据 2.4.2 节分析，当定子磁链处于 1 区段时，选定子电压矢量 $\boldsymbol{u}_{s2}$ 为增加磁链幅值和增加转矩。实际上，当定子磁链矢量处于图 2.40 中 1 区段 $\boldsymbol{\psi}_{s1}$ 的位置时，如果图中对应的 θ 角小于图 2.39 中的 θ_1，那么 $\boldsymbol{u}_{s2}$ 的作用是使磁链幅值减小。

同样，根据 2.4.2 节分析，当定子磁链处于 1 区段时，选定子电压矢量 $\boldsymbol{u}_{s6}$ 为增加磁链幅值和减小转矩。实际上，当定子磁链矢量处于图 2.40 中 1 区段 $\boldsymbol{\psi}_{s2}$ 的位置时，如果图中对应的 θ 角小于图 2.39 中的 θ_1 角，那么 $\boldsymbol{u}_{s6}$ 的作用是使磁链幅值减小。也就是说，考虑定子电阻压降影响时，2.4.3 分析的电压矢量选择表（表 2.3）在某些情况下是不正确的。

根据结论 2.5，对于六个工作电压矢量、六区段的磁链控制方法，若考虑定子电阻压降影响后，很难在一个区段内选用一个电压矢量来同时实现定子磁链幅值和转矩的增加，或选用一个电压矢量来同时实现定子磁链幅值增加和转矩减小。

因此，将区段进一步细分，将原六区段线附近的部分作为另外六个新区段，将圆分成了十二个区段，每个区段为30°，如图 2.41 所示。

当将圆划分为如图 2.41 所示的十二区段后，定子磁链矢量处于图 2.40 中 1 区段$\boldsymbol{\psi}_{s1}$的位置和 1 区段$\boldsymbol{\psi}_{s2}$的位置时，在十二区段划分中，$\boldsymbol{\psi}_{s1}$和$\boldsymbol{\psi}_{s2}$分别处于第 12 和第 2 区段。根据表 2.4，对图 2.40 中$\boldsymbol{\psi}_{s1}$所处的位置，将选$\boldsymbol{u}_{s1}$作为增加磁链幅值和增加转矩的定子电压矢量选用；对图 2.40 中$\boldsymbol{\psi}_{s2}$所处位置，将选$\boldsymbol{u}_{s1}$作为增加磁链幅值和减小转矩的定子电压矢量。以此分析可得十二区段的电压矢量表如表 2.5 所示。

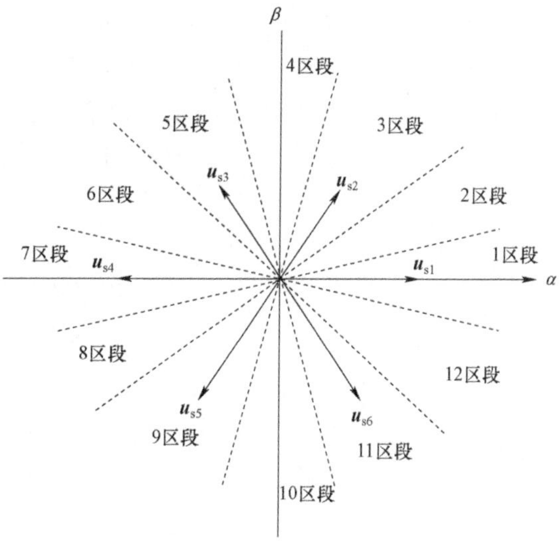

图 2.41　十二区段的定义图

表 2.5　十二区段电压矢量表

F_ψ	F_T	区段											
		1	2	3	4	5	6	7	8	9	10	11	12
1	1	$\boldsymbol{u}_{s2}$	$\boldsymbol{u}_{s2}$	$\boldsymbol{u}_{s3}$	$\boldsymbol{u}_{s3}$	$\boldsymbol{u}_{s4}$	$\boldsymbol{u}_{s4}$	$\boldsymbol{u}_{s5}$	$\boldsymbol{u}_{s5}$	$\boldsymbol{u}_{s6}$	$\boldsymbol{u}_{s6}$	$\boldsymbol{u}_{s1}$	$\boldsymbol{u}_{s1}$
	0	$\boldsymbol{u}_{s6}$	$\boldsymbol{u}_{s1}$	$\boldsymbol{u}_{s1}$	$\boldsymbol{u}_{s2}$	$\boldsymbol{u}_{s2}$	$\boldsymbol{u}_{s3}$	$\boldsymbol{u}_{s3}$	$\boldsymbol{u}_{s4}$	$\boldsymbol{u}_{s4}$	$\boldsymbol{u}_{s5}$	$\boldsymbol{u}_{s5}$	$\boldsymbol{u}_{s6}$
0	1	$\boldsymbol{u}_{s3}$	$\boldsymbol{u}_{s4}$	$\boldsymbol{u}_{s4}$	$\boldsymbol{u}_{s5}$	$\boldsymbol{u}_{s5}$	$\boldsymbol{u}_{s6}$	$\boldsymbol{u}_{s6}$	$\boldsymbol{u}_{s1}$	$\boldsymbol{u}_{s1}$	$\boldsymbol{u}_{s2}$	$\boldsymbol{u}_{s2}$	$\boldsymbol{u}_{s3}$
	0	$\boldsymbol{u}_{s5}/\boldsymbol{u}_{s0}$	$\boldsymbol{u}_{s5}/\boldsymbol{u}_{s0}$	$\boldsymbol{u}_{s6}/\boldsymbol{u}_{s0}$	$\boldsymbol{u}_{s6}/\boldsymbol{u}_{s0}$	$\boldsymbol{u}_{s1}/\boldsymbol{u}_{s0}$	$\boldsymbol{u}_{s1}/\boldsymbol{u}_{s0}$	$\boldsymbol{u}_{s2}/\boldsymbol{u}_{s0}$	$\boldsymbol{u}_{s2}/\boldsymbol{u}_{s0}$	$\boldsymbol{u}_{s3}/\boldsymbol{u}_{s0}$	$\boldsymbol{u}_{s3}/\boldsymbol{u}_{s0}$	$\boldsymbol{u}_{s4}/\boldsymbol{u}_{s0}$	$\boldsymbol{u}_{s4}/\boldsymbol{u}_{s0}$

可以证明，采用十二区段控制方法后，还可以改善磁链和转矩控制的平稳性。

习题与思考题

2.1　为什么异步电动机要采用转差频率控制方式？

2.2　转差频率控制的条件是什么？实际系统是如何实现转差频率控制的条件的？

2.3　转差频率控制有什么优缺点？

2.4　简述矢量变换控制的基本思路，并分析矢量变换控制的优缺点。

2.5　简述产生相同旋转磁场的三个等效绕组及各绕组所加的电流。

2.6　矢量变换控制是如何实现对异步电动机中的等效直流电动机转矩和励磁电流的控制？

2.7　试推导由定子电压和定子电流表示的转子磁链观测模型的数学表达式。

2.8　3/2 变换和旋转变换分别是哪两个坐标系之间的变化？

2.9 什么是直接磁场定向矢量控制系统？什么是间接磁场定向矢量控制系统？

2.10 直接转矩控制有哪些特点？

2.11 直接转矩控制系统是如何实现定子电压矢量对转矩控制和对磁链幅值控制的？

2.12 写出电压矢量 $U_s(101)$ 的 PARK 矢量表达式，并标出其在 $\alpha\beta$ 坐标系上的位置。

第 3 章 同步电动机变频调速系统

同步电动机变频调速是交流电动机调速的一个重要方面，其曾一度因为失步和启动问题而在应用上受到限制。随着变频技术的发展和成熟，电力电子装置实现电压－频率协调控制，同步电动机调速性能得以提高，其应用得到了迅猛发展，作为伺服电动机在航空航天、工业机器人、数控机床、家用电器以及电动汽车等领域中得到了广泛应用。

按照励磁方式不同，同步电动机可以分为可控励磁同步电动机和永磁同步电动机两类。可控励磁同步电动机在转子侧有独立的直流励磁绕组，可以通过调节转子的直流励磁电流改变输入功率因数，可以滞后，也可以超前。当功率因数为 1 时，电枢铜损最小。永磁同步电动机的转子用永磁材料励磁，无须直流绕组励磁。永磁同步电动机通过调整转子永磁体的几何形状使得转子磁场的空间分布为正弦波或者梯形波，即当转子旋转时，在定子绕组上产生的反电势波形会有正弦波和梯形波两种。其中反电势为正弦波的一般称为正弦波永磁同步电动机，或简称永磁同步电动机（Permanent Magnet Synchronous Motor，PMSM），反电势为梯形波的一般称为梯形波永磁同步电动机，其性能更接近于直流电动机，又称无刷直流电动机（Brushless DC Motor，BLDM）。本章首先介绍可控励磁同步电动机的多变量数学模型以及它的矢量变换控制，之后介绍永磁同步电动机的多变量数学模型以及它的矢量变换控制，最后介绍无刷直流电动机的工作原理、数学模型和调速控制系统。

3.1 可控励磁同步电动机变频调速系统

3.1.1 可控励磁同步电动机的多变量数学模型

可控励磁同步电动机有凸极式和隐极式之分，从数学模型的角度上来看，隐极式同步电动机可以看作为凸极同步电动机的特例。下面以三相凸极同步电动机为主建立可控励磁同步电动机的多变量数学模型。

1. 在三相静止 *ABC* 坐标系中的可控励磁同步电动机的数学模型

如图 3.1 所示，三相凸极同步电动机定子上装有空间对称分布的三相绕组，转子上装有直流供电励磁绕组和短路的阻尼绕组。三相凸极同步电动机的气隙不均匀，通常把转子的励磁绕组轴线称为直轴（d 轴），把与其正交的轴线称为交轴（q 轴）。凸极同步电动机的阻尼绕组是一个多导条的短路绕组，在分析时可以简化为两个独立的等效阻尼绕组，分别在直轴 d 和交轴 q 方向上，各自短路。这样，凸极可控励磁同步电动机总共有六个绕组，其中，定子上有 A、B、C 三个绕组，转子直轴方向有励磁绕组 f 和直轴阻尼绕组 r_d，交轴上有交轴阻尼

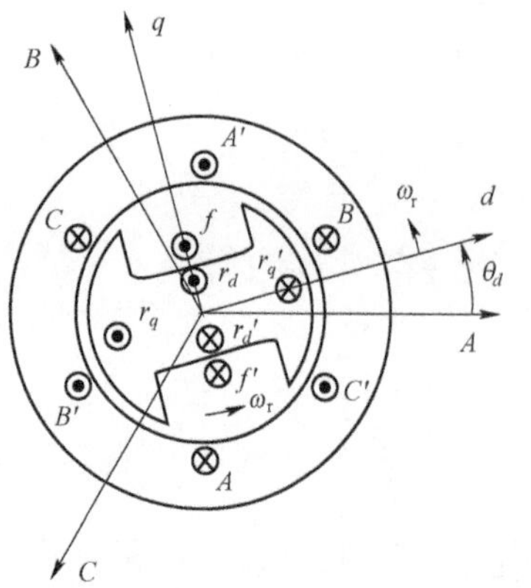

图 3.1　理想化三相凸极同步结构原理图

绕组 r_q，这六个绕组有复杂的电磁耦合关系。为了简化分析，通常假设同步电动机满足以下条件：

（1）忽略磁饱和、磁滞和涡流的影响，磁路是线性的，因此可以采用叠加原理进行分析。

（2）忽略磁场的高阶谐波，定子绕组的电流在电动机气隙中只产生正弦分布的磁势。

（3）定子三相对称，三相绕组是三个完全相同的绕组，各绕组的轴线在空间互差 120° 电角度。

（4）同步电动机定子的空载电势是正弦波，即转子绕组和定子绕组之间的互感是转子位置角的正弦（或余弦）函数。

1）ABC 坐标系下的电压方程

考虑凸极效应、阻尼绕组和定子漏磁阻抗，则同步电动机的动态电压方程式可表示为

$$\left.\begin{aligned} u_A &= R_s i_A + \frac{\mathrm{d}\psi_A}{\mathrm{d}t} \\ u_B &= R_s i_B + \frac{\mathrm{d}\psi_B}{\mathrm{d}t} \\ u_C &= R_s i_C + \frac{\mathrm{d}\psi_C}{\mathrm{d}t} \\ u_f &= R_f i_f + \frac{\mathrm{d}\psi_f}{\mathrm{d}t} \\ 0 &= R_d i_{r_d} + \frac{\mathrm{d}\psi_{r_d}}{\mathrm{d}t} \\ 0 &= R_q i_{r_q} + \frac{\mathrm{d}\psi_{r_q}}{\mathrm{d}t} \end{aligned}\right\} \tag{3.1}$$

式中，前三个方程是定子 A、B、C 三相的电压方程，第四个方程是励磁绕组直流电压方程，最后两个方程是转子阻尼绕组的电压方程。实际阻尼绕组是多导条，类似笼型绕组，这里把它等效成 d 轴和 q 轴各自短路的两个独立绕组。

2）ABC 坐标系下的磁链方程

同步电动机的磁链方程为

$$\begin{bmatrix} \psi_A \\ \psi_B \\ \psi_C \\ \psi_f \\ \psi_{r_d} \\ \psi_{r_q} \end{bmatrix} = \begin{bmatrix} L_{AA} & M_{AB} & M_{AC} & M_{Af} & M_{Ar_d} & M_{Ar_q} \\ M_{BA} & L_{BB} & M_{BC} & M_{Bf} & M_{Br_d} & M_{Br_q} \\ M_{CA} & M_{CB} & L_{CC} & M_{Cf} & M_{Cr_d} & M_{Cr_q} \\ M_{fA} & M_{fB} & M_{fC} & L_f & M_{fr_d} & 0 \\ M_{r_dA} & M_{r_dB} & M_{r_dC} & M_{r_df} & L_{r_d} & 0 \\ M_{r_qA} & M_{r_qB} & M_{r_qC} & 0 & 0 & L_{r_q} \end{bmatrix} \begin{bmatrix} i_A \\ i_B \\ i_C \\ i_f \\ i_{r_d} \\ i_{r_q} \end{bmatrix} = \begin{bmatrix} \boldsymbol{L}_{ss} & \boldsymbol{M}_{sr} \\ \boldsymbol{M}_{rs} & \boldsymbol{L}_{rr} \end{bmatrix} \begin{bmatrix} \boldsymbol{i}_s \\ \boldsymbol{i}_r \end{bmatrix} \tag{3.2}$$

式中，电感矩阵是 6×6 的矩阵，其中各元素分别是各绕组的自感和互感。在凸极同步电动机中，由于各绕组的磁通路所对应的磁导随转子位置变化而变化，所以式（3.2）中的自感系数

和互感系数将随转子位置的变化而变化。式（3.2）的自感和互感系数可以分为以下几类：定子自感系数，定子互感系数，定子和转子之间的互感系数和转子自感系数、转子互感系数。

（1）定子自感系数。

在同步电动机定子绕组通电之后，由电流产生的磁链按其性质可以分为两类：一类是漏磁链，与它对应的电感系数与转子位置无关，为恒值；另一类是穿过气隙并与定子、转子交链的互感磁链，它是磁链中的主要部分。当转子旋转引起磁阻变化时，与这种磁链对应的电感系数将发生相应的变化。

对于理想的凸极同步电动机，以 d 轴为参考轴，A 相轴线的气隙磁导可以精确表示为

$$\lambda_{\mathrm{m}}=\lambda_{\mathrm{m0}}+\lambda_{\mathrm{m2}}\cos 2\theta_d \tag{3.3}$$

式中，θ_d 为 d 轴超前 A 相定子绕组轴线的角度；λ_{m0} 为磁导平均值；λ_{m2} 为磁导的二次谐波幅值。当 $\theta_d=0°$ 时，d 轴方向的气隙磁导 $\lambda_{\mathrm{m}d}=\lambda_{\mathrm{m0}}+\lambda_{\mathrm{m2}}$；当 $\theta_d=90°$ 时，q 轴方向的气隙磁导 $\lambda_{\mathrm{m}q}=\lambda_{\mathrm{m0}}-\lambda_{\mathrm{m2}}$。由此可得

$$\left.\begin{aligned}\lambda_{\mathrm{m0}}&=\frac{1}{2}\left(\lambda_{\mathrm{m}d}+\lambda_{\mathrm{m}q}\right)\\ \lambda_{\mathrm{m2}}&=\frac{1}{2}\left(\lambda_{\mathrm{m}d}-\lambda_{\mathrm{m}q}\right)\end{aligned}\right\} \tag{3.4}$$

所以

$$\lambda_{\mathrm{m}}=\frac{1}{2}\left(\lambda_{\mathrm{m}d}+\lambda_{\mathrm{m}q}\right)+\frac{1}{2}\left(\lambda_{\mathrm{m}d}-\lambda_{\mathrm{m}q}\right)\cos 2\theta_d \tag{3.5}$$

当 A 相通以电流 i_A 时，A 相轴线方向的磁势 $F_A=K_1 i_A$（K_1 是比例系数），与气隙磁导 λ_{m} 相对应的 A 相磁链 $\psi_{\mathrm{m}A}$ 及 F_A、λ_{m} 成正比，因此 A 相磁链可以表示为

$$\begin{aligned}\psi_{\mathrm{m}A}&=K\bullet F_A\lambda_{\mathrm{m}}=K\bullet K_1 i_A\left[\frac{1}{2}\left(\lambda_{\mathrm{m}d}+\lambda_{\mathrm{m}q}\right)+\frac{1}{2}\left(\lambda_{\mathrm{m}d}-\lambda_{\mathrm{m}q}\right)\cos 2\theta_d\right]\\ &=\left[\frac{1}{2}K\bullet K_1\left(\lambda_{\mathrm{m}d}+\lambda_{\mathrm{m}q}\right)+\frac{1}{2}K\bullet K_1\left(\lambda_{\mathrm{m}d}-\lambda_{\mathrm{m}q}\right)\cos 2\theta_d\right]i_A\\ &=\left[\frac{1}{2}\left(L_{AAd}+L_{AAq}\right)+\frac{1}{2}\left(L_{AAd}-L_{AAq}\right)\cos 2\theta_d\right]i_A\end{aligned} \tag{3.6}$$

式中，K 为 $\psi_{\mathrm{m}A}$ 与 $F_A\lambda_{\mathrm{m}}$ 的比例系数，$L_{AAd}=KK_1\lambda_{\mathrm{m}d}$，$L_{AAq}=KK_1\lambda_{\mathrm{m}q}$。

如果 A 相电流产生的漏磁链为 $\psi_{A\sigma}$，与漏磁链对应的漏感为 $L_{AA\sigma}$，那么，根据自感的定义，A 相的自感系数为

$$L_{AA}=\frac{\psi_{\mathrm{m}A}+\psi_{A\sigma}}{i_A} \tag{3.7}$$

所以

$$L_{AA}=L_{\mathrm{s0}}+L_{\mathrm{s2}}\cos 2\theta_d \tag{3.8}$$

式中，自感系数平均值 $L_{\mathrm{s0}}=L_{AA\sigma}+\frac{1}{2}\left(L_{AAd}+L_{AAq}\right)$；自感系数二次谐波幅值 $L_{\mathrm{s2}}=\frac{1}{2}\left(L_{AAd}-L_{AAq}\right)$。由于 B 相和 C 相绕组与 A 相绕组在空间中互差 120°，因此将式（3.8）中 θ_d 分别用 $\theta_d-120°$，$\theta_d+120°$ 代替，即可求得 B 相和 C 相绕组的自感系数。这样，A、B、C 三相的自感系数为

$$
\left.\begin{aligned}
L_{AA} &= L_{s0} + L_{s2}\cos 2\theta_d \\
L_{BB} &= L_{s0} + L_{s2}\cos 2\left(\theta_d - 120^\circ\right) \\
L_{CC} &= L_{s0} + L_{s2}\cos 2\left(\theta_d + 120^\circ\right)
\end{aligned}\right\} \tag{3.9}
$$

隐极同步电动机和异步电动机一样，具有均匀的气隙。在此情况下，气隙各处的磁导和转子位置角无关，为一个恒值，即 $L_{m2}=0$ 。于是有

$$
L_{AA} = L_{BB} = L_{CC} = L_{s0} \tag{3.10}
$$

（2）定子互感系数。

同步电动机 A 相绕组产生的磁势 F_A 可以分解为 d 轴分量 F_{Ad} 和 q 轴分量 F_{Aq} ，分别为

$$
\left.\begin{aligned}
F_{Ad} &= K_1 i_A \cos\theta_d \\
F_{Aq} &= K_1 i_A \sin\theta_d
\end{aligned}\right\} \tag{3.11}
$$

F_{Ad} 在 d 轴方向上产生的磁链为

$$
\psi_{Ad} = KF_{Ad}\lambda_{md} = L_{AAd} i_A \cos\theta_d \tag{3.12}
$$

同理， F_{Aq} 在 q 轴方向上产生的磁链为

$$
\psi_{Aq} = KF_{Aq}\lambda_{md} = L_{AAq} i_A \sin\theta_d \tag{3.13}
$$

由于 d 轴与 B 相定子绕组轴线相差 θ_d-120°，因此，ψ_{Ad} 只有 $\psi_{Ad}\cos\left(\theta_d-120^\circ\right)$ 部分与 B 相定子绕组交链，ψ_{Aq} 只有 $\psi_{Aq}\cos\left(\theta_d-120^\circ+90^\circ\right)=\psi_{Aq}\sin\left(\theta_d-120^\circ\right)$ 部分与 B 相定子绕组交链，因此 A 相电流经过气隙所产生与 B 相交链的磁链 ψ_{mBA} 为

$$
\psi_{mBA} = -\left[\frac{1}{4}\left(L_{AAd}+L_{AAq}\right)+\frac{1}{2}\left(L_{AAd}-L_{AAq}\right)\cos 2\left(\theta_d+30^\circ\right)\right] i_A \tag{3.14}
$$

设 A、B 两相之间的漏磁互感系数为 $M_{BA\sigma}$ ，它所对应的漏磁互感磁链为 $\psi_{BA\sigma}$ ，则 $\psi_{BA\sigma}=M_{BA\sigma}i_A$。$M_{BA\sigma}$ 是一个与转子位置 θ_d 无关的系数，而且由于 A、B 相绕组在空间相差 120° ，故 $M_{BA\sigma}$ 是一个负值。令 $M_{BA\sigma}=-M_{m\sigma}$ ，则

$$
\psi_{BA\sigma} = -M_{m\sigma} i_A \tag{3.15}
$$

定义 M_{BA} 为定子 A 相绕组与 B 相绕组之间的互感，则

$$
M_{BA} = \frac{\psi_{mBA}+\psi_{BA\sigma}}{i_A} \tag{3.16}
$$

根据式（3.14）和漏磁链的表达式，可得 M_{BA} 的表达式为

$$
M_{BA} = -\left[M_{s0}+M_{s2}\cos 2\left(\theta_d+30^\circ\right)\right] \tag{3.17}
$$

式中， $M_{s0}=M_{m\sigma}+\frac{1}{4}\left(L_{AAd}+L_{AAq}\right)$； $M_{s2}=\frac{1}{2}\left(L_{AAd}-L_{AAq}\right)$。

将式（3.17）中的 θ_d 分别用 θ_d-120°， θ_d+120° 代替，即可求得 B、C 两相和 C、A 两相绕组的互感系数。这样，A、B、C 三相的互感系数分别为

$$
\left.\begin{aligned}
M_{BA} = M_{AB} &= -\left[M_{s0} + M_{s2}\cos 2\left(\theta_d + 30^\circ\right)\right] \\
M_{CB} = M_{BC} &= -\left[M_{s0} + M_{s2}\cos 2\left(\theta_d - 90^\circ\right)\right] \\
M_{AC} = M_{CA} &= -\left[M_{s0} + M_{s2}\cos 2\left(\theta_d + 150^\circ\right)\right]
\end{aligned}\right\} \tag{3.18}
$$

隐极同步电动机定子各绕组系数中的二次谐波分量为零，此时，定子各相之间的互感都相等，并且是与转子位置无关的恒值，即

$$
M_{BA} = M_{BC} = M_{AB} = M_{AC} = M_{CA} = M_{CB} = -M_{s0} \tag{3.19}
$$

（3）定子和转子之间的互感系数。

对于理想同步电动机，定子和转子电流之间所产生的气隙磁场均为正弦分布，因此定子、转子绕组之间的互感系数随角度 θ_d 按余弦变化。励磁绕组 f 与定子三相绕组之间的互感系数分别为

$$
\left.\begin{aligned}
M_{Af} &= M_{sf}\cos\theta_d \\
M_{Bf} &= M_{sf}\cos\left(\theta_d - 120^\circ\right) \\
M_{Cf} &= M_{sf}\cos\left(\theta_d + 120^\circ\right)
\end{aligned}\right\} \tag{3.20}
$$

式中，M_{sf} 为励磁绕组与定子绕组轴线重合时的互感系数。同理，转子 d 轴和 q 轴阻尼绕组与定子三相绕组之间的互感系数分别为

$$
\left.\begin{aligned}
M_{Ar_d} &= M_{sr_d}\cos\theta_d \\
M_{Br_d} &= M_{sr_d}\cos\left(\theta_d - 120^\circ\right) \\
M_{Cr_d} &= M_{sr_d}\cos\left(\theta_d + 120^\circ\right)
\end{aligned}\right\} \tag{3.21}
$$

$$
\left.\begin{aligned}
M_{Ar_q} &= -M_{sr_q}\sin\theta_d \\
M_{Br_q} &= -M_{sr_q}\sin\left(\theta_d - 120^\circ\right) \\
M_{Cr_q} &= -M_{sr_q}\sin\left(\theta_d + 120^\circ\right)
\end{aligned}\right\} \tag{3.22}
$$

式中，M_{sr_d} 和 M_{sr_q} 分别是 d 轴和 q 轴阻尼绕组与定子绕组轴线重合时的互感系数。

（4）转子自感系数和转子互感系数。

由于转子 d 轴和 q 轴在空间中正交，因此它们之间没有交链的磁链，从而 d 轴上的励磁绕组 f 和阻尼绕组 r_d 与 q 轴阻尼绕组 r_q 之间的互感为零，即

$$
M_{fr_q} = M_{r_q f} = M_{r_d r_q} = M_{r_q r_d} = 0 \tag{3.23}
$$

励磁绕组 f 与 d 轴阻尼绕组 r_d 的互感系数 M_{fr_d} 与转子位置角 θ_d 无关，根据互感的定义可知

$$
M_{fr_q} = M_{r_q f} = \frac{\psi_{fr_d}}{i_f} \tag{3.24}
$$

式中，ψ_{fr_d} 由两部分组成，一部分是由 i_f 产生的经过气隙的公共磁链，另一部分是由 i_f 产生的只与 d 轴阻尼绕组 r_d 交链的互漏磁链 $\psi_{fr_d\sigma}$。由于互漏磁链远小于公共磁链，所以实际上可认为互感 M_{fr_d} 只由穿过气隙的公共磁链所决定。同理，也可以认为互感 M_{sf} 和 M_{sr_d} 也只由 d

轴方向穿过气隙的公共磁链决定。

转子绕组的自感系数 L_f、L_{r_d} 和 L_{r_q} 都是与转子位置角 θ_d 无关的量，其表达式可以根据自感的定义得到。

3）*ABC* 坐标系下的转矩方程

根据机电能量方程，同步电动机的转矩方程为

$$T_{\mathrm{e}}=\frac{1}{2}p_{\mathrm{n}}\boldsymbol{i}^{\mathrm{T}}\frac{\partial \boldsymbol{L}}{\partial\theta_d}\boldsymbol{i} \tag{3.25}$$

将电感矩阵代入式（3.25）可得

$$T_{\mathrm{e}}=\frac{1}{2}p_{\mathrm{n}}\boldsymbol{i}_{\mathrm{s}}^{\mathrm{T}}\frac{\partial \boldsymbol{L}_{\mathrm{ss}}}{\partial\theta_d}\boldsymbol{i}_{\mathrm{s}}+\frac{1}{2}p_{\mathrm{n}}\boldsymbol{i}_{\mathrm{s}}^{\mathrm{T}}\frac{\partial\left[\boldsymbol{M}_{\mathrm{s}f}\right]}{\partial\theta_d}i_f+\frac{1}{2}p_{\mathrm{n}}\boldsymbol{i}_{\mathrm{s}}^{\mathrm{T}}\frac{\partial\left[\boldsymbol{M}_{\mathrm{sr}_d}\right]}{\partial\theta_d}i_{r_d}+\frac{1}{2}p_{\mathrm{n}}\boldsymbol{i}_{\mathrm{s}}^{\mathrm{T}}\frac{\partial\left[\boldsymbol{M}_{\mathrm{sr}_q}\right]}{\partial\theta_d}i_{r_q} \tag{3.26}$$

式中，

$$\left[\boldsymbol{M}_{\mathrm{s}f}\right]=\begin{bmatrix}M_{\mathrm{s}f}\cos\theta_d\\ M_{\mathrm{s}f}\cos\left(\theta_d-120^\circ\right)\\ M_{\mathrm{s}f}\cos\left(\theta_d+120^\circ\right)\end{bmatrix},\quad \left[\boldsymbol{M}_{\mathrm{sr}_d}\right]=\begin{bmatrix}M_{\mathrm{sr}_d}\cos\theta_d\\ M_{\mathrm{sr}_d}\cos\left(\theta_d-120^\circ\right)\\ M_{\mathrm{sr}_d}\cos\left(\theta_d+120^\circ\right)\end{bmatrix},\quad \left[\boldsymbol{M}_{\mathrm{sr}_q}\right]=\begin{bmatrix}-M_{\mathrm{sr}_q}\cos\theta_d\\ -M_{\mathrm{sr}_q}\cos\left(\theta_d-120^\circ\right)\\ -M_{\mathrm{sr}_q}\cos\left(\theta_d+120^\circ\right)\end{bmatrix}。$$

2. 在两相同步旋转 *dq* 坐标系中的可控励磁同步电动机的数学模型

1）*dq* 坐标系下的电压方程

按照坐标变换原理，将模型从三相静止 *ABC* 坐标系变换到两相同步旋转 *dq* 坐标系，并用 p 代表对时间的微分算子，则同步电动机的三个定子电压方程变为

$$\left.\begin{aligned}u_{\mathrm{s}d}&=R_{\mathrm{s}}i_{\mathrm{s}d}+p\psi_{\mathrm{s}d}-\omega_{\mathrm{r}}\psi_{\mathrm{s}q}\\ u_{\mathrm{s}q}&=R_{\mathrm{s}}i_{\mathrm{s}q}+p\psi_{\mathrm{s}q}+\omega_{\mathrm{r}}\psi_{\mathrm{s}d}\end{aligned}\right\} \tag{3.27}$$

三个转子电压方程可以改写为

$$\left.\begin{aligned}u_f&=R_f i_f+p\psi_f\\ 0&=R_d i_{r_d}+p\psi_{r_d}\\ 0&=R_q i_{r_q}+p\psi_{r_q}\end{aligned}\right\} \tag{3.28}$$

2）*dq* 坐标系下的磁链方程

和第二章的方法类似，利用坐标变换可以得到 *dq* 坐标系下的同步电动机磁链方程为

$$\begin{bmatrix}\psi_{\mathrm{s}d}\\ \psi_{\mathrm{s}q}\\ \psi_f\\ \psi_{r_d}\\ \psi_{r_q}\end{bmatrix}=\begin{bmatrix}L_{\mathrm{s}d} & 0 & \sqrt{\frac{3}{2}}M_{\mathrm{s}f} & \sqrt{\frac{3}{2}}M_{\mathrm{sr}_d} & 0\\ 0 & L_{\mathrm{s}q} & 0 & 0 & \sqrt{\frac{3}{2}}M_{\mathrm{sr}_q}\\ \sqrt{\frac{3}{2}}M_{\mathrm{s}f} & 0 & L_f & M_{fr_d} & 0\\ \sqrt{\frac{3}{2}}M_{\mathrm{sr}_d} & 0 & M_{r_d f} & L_{r_d} & 0\\ 0 & \sqrt{\frac{3}{2}}M_{r_q\mathrm{s}} & 0 & 0 & L_{r_q}\end{bmatrix}\begin{bmatrix}i_{\mathrm{s}d}\\ i_{\mathrm{s}q}\\ i_f\\ i_{r_d}\\ i_{r_q}\end{bmatrix} \tag{3.29}$$

式中，L_{sd}、L_{sq} 分别称为直轴同步电感和交轴同步电感，其中 $L_{sd}=L_{s0}+M_{s0}+\frac{3}{2}L_{s2}$，$L_{sq}=L_{s0}+M_{s0}-\frac{3}{2}L_{s2}$。

为了便于分析，在同步电动机分析中常用标幺值来描述电动机模型。工程上，常用 x_{md} 基准标幺值。x_{md} 基准的基值定义为：在额定角速度条件下，选择励磁电流的基值 i_{fb}，在定子绕组中感应幅值为 $\sqrt{\frac{3}{2}}x_{md}\cdot i_{sb}$ 的空载电压，即满足等式

$$\omega_b M_{sf} i_{fb}=\sqrt{\frac{3}{2}}x_{md}i_{sb} \tag{3.30}$$

式中，i_{sb} 为定子基值电流；ω_b 为角频率基值；x_{md} 是同步电动机 d 轴电枢反应电抗，表示为

$$x_{md}=\omega_b M_{md} \tag{3.31}$$

式中，M_{md} 为 d 轴定子与转子绕组之间的互感，相当于同步电动机 d 轴电枢反应电感。由式（3.30）可以推出同步电动机转子各电流基值为

$$\left.\begin{aligned} i_{fb}&=\sqrt{\frac{3}{2}}\frac{M_{md}}{M_{sf}}i_{sb}\\ i_{r_d b}&=\sqrt{\frac{3}{2}}\frac{M_{md}}{M_{sr_d}}i_{sb}\\ i_{r_q b}&=\sqrt{\frac{3}{2}}\frac{M_{md}}{M_{sr_q}}i_{sb}\end{aligned}\right\} \tag{3.32}$$

根据电流基值可以得到定子磁链和转子磁链的基值，从而可将式（3.29）改写成用标幺值表示的磁链方程，如式（3.33）所示。为简单起见，标幺值符号未用特殊标注。

$$\begin{bmatrix}\psi_{sd}\\ \psi_{sq}\\ \psi_f\\ \psi_{r_d}\\ \psi_{r_q}\end{bmatrix}=\begin{bmatrix}L_{sd} & 0 & M_{md} & M_{md} & 0\\ 0 & L_{sq} & 0 & 0 & M_{mq}\\ M_{md} & 0 & L_f & M_{md} & 0\\ M_{md} & 0 & M_{md} & L_{r_d} & 0\\ 0 & M_{mq} & 0 & 0 & L_{r_q}\end{bmatrix}\begin{bmatrix}i_{sd}\\ i_{sq}\\ i_f\\ i_{r_d}\\ i_{r_q}\end{bmatrix} \tag{3.33}$$

式中，L_{sd} 为等效两相定子绕组 d 轴自感，$L_{sd}=L_{s\sigma}+M_{md}$；$L_{sq}$ 为等效两相定子绕组 q 轴自感，$L_{sq}=L_{s\sigma}+M_{mq}$；$L_{s\sigma}$ 为等效两相定子漏感；L_f 为励磁绕组自感，$L_f=L_{f\sigma}+M_{md}$；L_{r_d} 为 d 轴阻尼绕组自感，$L_{r_d}=L_{r_d\sigma}+M_{md}$；$L_{r_q}$ 为 q 轴阻尼绕组自感，$L_{r_q}=L_{r_q\sigma}+M_{mq}$，$L_{f\sigma}$ 为励磁绕组漏感；$L_{r_d\sigma}$ 为 d 轴阻尼绕组漏感；$L_{r_q\sigma}$ 为 q 轴阻尼绕组漏感。由式（3.33）可以看出在标幺值条件下，磁链方程更为简单。

3）dq 坐标系下的转矩方程和运动方程

在 dq 坐标系下同步电动机的运动方程为

$$T_e - T_L = J\frac{d\omega_r}{dt} \tag{3.34}$$

转矩方程为

$$T_e = p_n(\psi_{sd} i_{sq} - \psi_{sq} i_{sd}) \tag{3.35}$$

将式（3.33）中前两表达式代入式（3.35），整理可得

$$T_e = p_n M_{md} i_f i_{sq} + p_n(L_{sd} - L_{sq}) i_{sd} i_{sq} + p_n(M_{md} i_{r_d} i_{sq} - M_{mq} i_{r_q} i_{sd}) \tag{3.36}$$

式（3.36）的第一项 $p_n M_{md} i_f i_{sq}$ 是转子励磁绕组磁动势和定子电枢反应磁动势的转矩分量相互作用产生的电磁转矩，是同步电动机的主要转矩；第二项 $p_n(L_{sd} - L_{sq}) i_{sd} i_{sq}$ 称为反应转矩或磁阻转矩，是由凸极效应产生的磁阻变化在电枢反应磁动势作用下产生的转矩，这是凸极电动机所特有的，对于隐极电动机，$L_{sd} = L_{sq}$，该项为零；第三项 $p_n(M_{md} i_{r_d} i_{sq} - M_{mq} i_{r_q} i_{sd})$ 称为阻尼转矩，是电枢反应磁动势与阻尼绕组磁动势相互作用所产生的转矩，如果没有阻尼绕组或者电动机在稳态下运行，阻尼绕组不感应电流，此项为零。只有当同步电动机处于动态过程中时，阻尼绕组才感应阻尼电流，产生阻尼转矩，使电动机恢复到稳态。

对于隐极同步电动机来说，由于隐极同步电动机的 dp 轴对称，故 $L_{sd} = L_{sq} = L_s$，$M_{md} = M_{mq} = M_m$，若忽略阻尼绕组的作用，则隐极同步电动机的电压方程为

$$\begin{bmatrix} u_{sd} \\ u_{sq} \\ u_f \end{bmatrix} = \begin{bmatrix} R_s + L_s p & -\omega_r L_s & M_m p \\ \omega_r L_s & R_s + L_s p & \omega_r M_m \\ M_m p & 0 & R_f + L_f p \end{bmatrix} \begin{bmatrix} i_{sd} \\ i_{sq} \\ i_f \end{bmatrix} \tag{3.37}$$

转矩方程为

$$T_e = p_n M_m i_f i_{sq} \tag{3.38}$$

3.1.2 可控励磁同步电动机按气隙磁链定向矢量控制系统

为了获得高动态性能，同步电动机也可采用矢量变换控制，其基本原理和异步电动机相似，通过坐标变换将同步电动机模拟成等效直流电动机，再用控制直流电动机的方法进行控制。为了突出主要问题，这里假设：

（1）转子是隐极或忽略凸极的气隙不同所带来的磁阻变化；

（2）假设没有阻尼绕组或忽略它的作用和影响；

（3）忽略磁化曲线的非线性。

（4）忽略谐波、铁损和磁饱和等的影响。二极同步电动机的物理模型如图3.2所示。定子三相绕组轴线 A、B、C 是静止的，三相电压 u_A、u_B、u_C 和三相电流 i_A、i_B、i_C 都是对称的。转子电转速为同步转速，即 $\omega_r = \omega_s$，转子上的励磁绕组在励磁电压 u_f 供电下流过励磁电流为 i_f。沿磁极的轴线为 d 轴，与 d 轴正交的为 q 轴。dq 坐标在空间以同步转速旋转，d 轴与静止的 A 轴夹角为 θ_d。

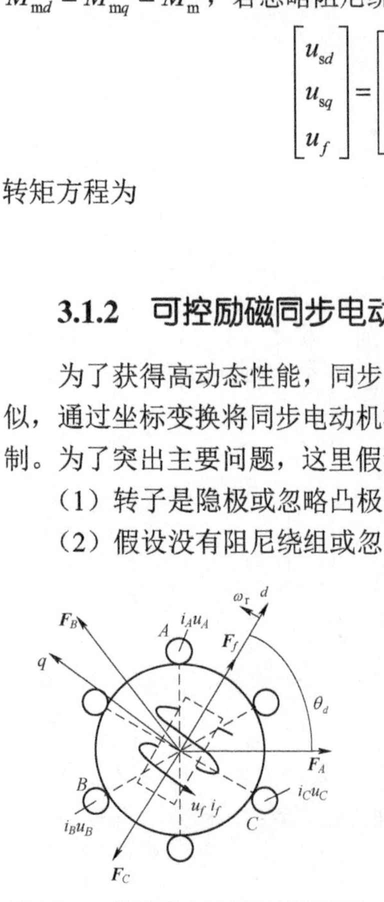

图3.2 二极同步电动机的物理模型

忽略阻尼绕组的作用，在可控励磁同步电动机中，除转子直流励磁外，定子磁动势还产生电枢反应，直流励磁与电

枢反应合成起来产生气隙磁链 ψ_m。该磁链与定子和转子都交链，沿 dq 轴分解得 ψ_m 在 dq 坐标系的表达式为

$$\psi_{md} = M_m i_{sd} + M_m i_f \tag{3.39}$$

$$\psi_{mq} = M_m i_{sq} \tag{3.40}$$

由于忽略阻尼绕组，即 $i_{r_d} = i_{r_q} = 0$，则式（3.33）定子磁链变换可得

$$\psi_{sd} = L_{s\sigma} i_{sd} + M_m i_{sd} + M_m i_f = L_{s\sigma} i_{sd} + \psi_{md} \tag{3.41}$$

$$\psi_{sq} = L_{s\sigma} i_{sq} + M_m i_{sq} = L_{s\sigma} i_{sq} + \psi_{mq} \tag{3.42}$$

将式（3.41）和式（3.42）代入式（3.35）中可得电磁转矩为

$$T_e = p_n(\psi_{md} i_{sq} - \psi_{mq} i_{sd}) \tag{3.43}$$

气隙磁链矢量可以用其幅值和相角来表示

$$\boldsymbol{\psi}_m = \psi_m e^{j\theta_{md}} = \sqrt{\psi_{md}^2 + \psi_{mq}^2}\, e^{j\arctan\frac{\psi_{mq}}{\psi_{md}}} \tag{3.44}$$

式中，θ_{md} 为气隙磁链矢量与 d 轴的夹角。这样，可以以气隙磁链矢量为 M 轴，定义两相同步旋转 MT 坐标系，其中，T 轴与气隙磁链矢量正交。将三相定子电流合成矢量沿 M 轴和 T 轴分解，可以得到定子电流的励磁分量 i_{sM} 和转矩分量 i_{sT}。同样，励磁电流 $\boldsymbol{i}_f$ 同样可以分解为励磁分量 i_{fM} 和转矩分量 i_{fT}。图 3.3 所示为可控励磁同步电动机磁动势的空间矢量图，图中 $\boldsymbol{i}_m$ 为忽略铁损时的等效励磁电流矢量，$\boldsymbol{i}_s$ 与 $\boldsymbol{i}_m$ 之间的夹角为 θ_1。

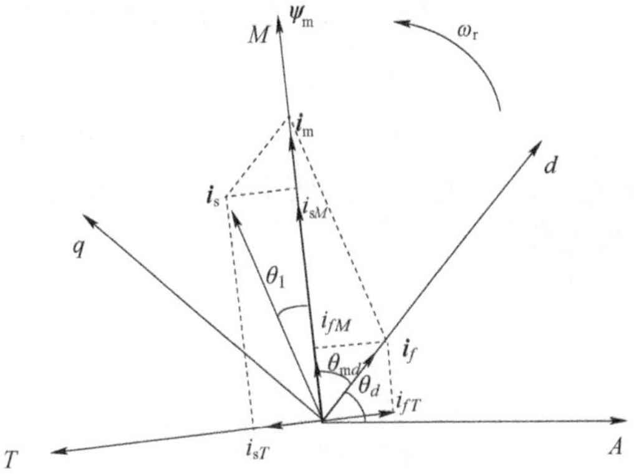

图 3.3 可控励磁同步电动机磁动势的空间矢量图

通过坐标变换，可以得到 MT 坐标系下定子电流矢量 $\boldsymbol{i}_s$ 和励磁电流矢量 $\boldsymbol{i}_f$ 的表达式为

$$\begin{bmatrix} i_{sM} \\ i_{sT} \end{bmatrix} = \begin{bmatrix} \cos\theta_{md} & \sin\theta_{md} \\ -\sin\theta_{md} & \cos\theta_{md} \end{bmatrix} \begin{bmatrix} i_{sd} \\ i_{sq} \end{bmatrix} \tag{3.45}$$

$$\begin{bmatrix} i_{fM} \\ i_{fT} \end{bmatrix} = \begin{bmatrix} \cos\theta_{md} & \sin\theta_{md} \\ -\sin\theta_{md} & \cos\theta_{md} \end{bmatrix} \begin{bmatrix} i_f \\ 0 \end{bmatrix} \tag{3.46}$$

同样利用坐标变换，可得到气隙磁链在 MT 坐标系中的两个分量为

$$\begin{bmatrix} \psi_{mM} \\ \psi_{mT} \end{bmatrix} = \begin{bmatrix} \cos\theta_{md} & \sin\theta_{md} \\ -\sin\theta_{md} & \cos\theta_{md} \end{bmatrix} \begin{bmatrix} \psi_{md} \\ \psi_{mq} \end{bmatrix} = \begin{bmatrix} M_m i_{sM} + M_m i_{fM} \\ M_m i_{sT} + M_m i_{fT} \end{bmatrix} = \begin{bmatrix} M_m i_m \\ 0 \end{bmatrix} \tag{3.47}$$

式（3.45）和式（3.47）的逆变换分别为

$$\begin{bmatrix} i_{sd} \\ i_{sq} \end{bmatrix}=\begin{bmatrix} \cos\theta_{md} & -\sin\theta_{md} \\ \sin\theta_{md} & \cos\theta_{md} \end{bmatrix}\begin{bmatrix} i_{sM} \\ i_{sT} \end{bmatrix} \tag{3.48}$$

$$\begin{bmatrix} \psi_{md} \\ \psi_{mq} \end{bmatrix}=\begin{bmatrix} \cos\theta_{md} & -\sin\theta_{md} \\ \sin\theta_{md} & \cos\theta_{md} \end{bmatrix}\begin{bmatrix} \psi_{mM} \\ \psi_{mT} \end{bmatrix} \tag{3.49}$$

将式（3.48）和式（3.49）代入式（3.43）中可得可控励磁同步电动机的电磁转矩为

$$T_e = p_n\psi_{mM}i_{sT} = -p_n\psi_{mM}i_{fT} \tag{3.50}$$

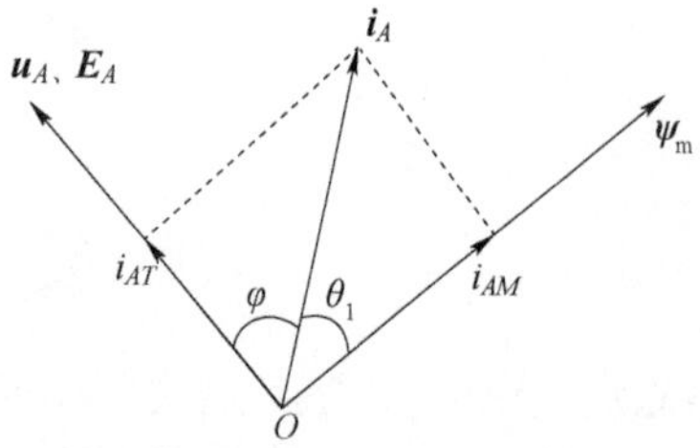

图 3.4　定子 A 相绕组的电流、电压与磁链的时间相量图

从式（3.50）可知，按气隙磁场定向后，同步电动机的转矩公式与直流电动机转矩表达式相同。只要保证气隙磁链 ψ_{mM} 恒定，控制定子电流的转矩分量 i_{sT} 就可以方便灵活地控制同步电动机的电磁转矩。

图 3.4 所示为定子 A 相绕组的电流、电压与磁链的时间相量图。根据电机学原理，$\boldsymbol{\psi}_m$ 和 $\boldsymbol{i}_s$ 空间矢量的空间角差 θ_1 与 $\boldsymbol{\psi}_m$ 和 $\boldsymbol{i}_A$ 时间相量的时间角差相等，i_{AT} 和 i_{AM} 是 i_A 时间相量的转矩分量和励磁分量。为了方便分析，忽略定子电阻和漏抗，则该相电压与感应电动势近似相等

$$u_A \approx E_A = 4.44 f_s \boldsymbol{\psi}_m \tag{3.51}$$

其相量超前于 $\boldsymbol{\psi}_m$ 90°。u_A 与 i_A 相量的夹角 φ 就是同步电动机的功率因数角，即

$$\varphi = 90^\circ - \theta_1 \tag{3.52}$$

定子电流的励磁分量 i_{AM} 可以根据 i_A 和 φ 的期望值求出。最简单的情况是希望 $\cos\varphi = 1$，也就是 $i_{AM} = 0$，再由期望的 $\cos\varphi$ 所确定的 i_{AM} 可作为矢量控制时的给定值 i_{AM}^*。

由图 3.3 不难看出下列关系

$$i_{fT} = -i_{sT} \tag{3.53}$$

$$i_m = i_{sM} + i_{fM} \tag{3.54}$$

$$i_s = \sqrt{i_{sT}^2 + i_{sM}^2} \tag{3.55}$$

$$i_f = \sqrt{i_{fT}^2 + i_{fM}^2} = \sqrt{i_{fT}^2 + (i_m - i_{sM})^2} \tag{3.56}$$

相应的相角为

$$\theta_1 = \arctan\frac{i_{sT}}{i_{sM}} \tag{3.57}$$

$$\theta_{md} = \arctan\frac{-i_{fT}}{i_{fM}} = \arctan\frac{i_{sT}}{i_{fM}} \tag{3.58}$$

考虑到 θ_{md} 逆时针为正，所以式（3.58）中 i_{fT} 前取负号。以 A 轴为参考坐标，$\boldsymbol{i}_s$ 的相角为

$$\lambda = \theta_1 + \theta_{md} + \theta_d \tag{3.59}$$

式中，转子轴的位置角 $\theta_d = \int \omega_r \mathrm{d}t$，可通过转子轴上的位置变换器测得。由 i_s 的幅值和相位角 λ 可求得三相定子电流

$$
\begin{cases}
i_A = i_s \cos\lambda \\
i_B = i_s \cos(\lambda - 120^\circ) \\
i_C = i_s \cos(\lambda + 120^\circ)
\end{cases}
\tag{3.60}
$$

按照上面的推导，可以构成同步电动机矢量运算器，如图 3.5 所示。

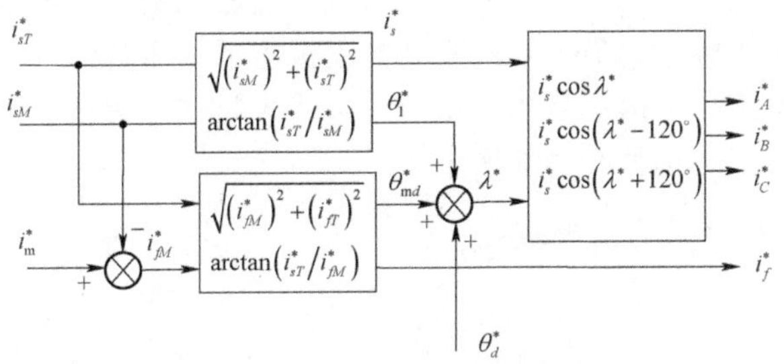

图 3.5　同步电动机矢量运算器

图 3.6 所示为同步电动机矢量变换控制变频调速系统，采用了和直流电动机调速系统相似的双闭环结构形式。转速调节器 ASR 的输入为转速给定 ω_r^* 和转速检测器 BRT 测出的转速 ω_r 之间的误差信号，输出是转矩给定信号 T_e^*；按照式（3.50），T_e^* 除以气隙磁链 ψ_m^* 即得定子电流转矩分量 i_{sT}^*。ψ_m^* 乘以系数 K_ψ 后得到合成励磁电流给定信号 i_m^*。将 i_{sT}^*、i_m^* 按功率因数要求给定的 i_{sM}^* 和来自位置检测器 BQ 测出的相位角 θ_d 一起输送给矢量运算器，按式（3.55）至式（3.60）算出定子三相电流给定值 i_A^*、i_B^*、i_C^* 和励磁电流给定值 i_f^*。i_A^*、i_B^*、i_C^* 送给电流调节器 ACR，通过电流闭环调节，使实际定子三相电流 i_A、i_B、i_C 跟随其给定值，而 i_f^* 则通过励磁电流调节器 AFR 控制转子励磁电流 i_f。这样设计的矢量变换控制系统，除动态性能接近直流双闭环系统外，还能在负载变换时尽量保持同步电动机的磁通、定子磁动势及功率因数不变。

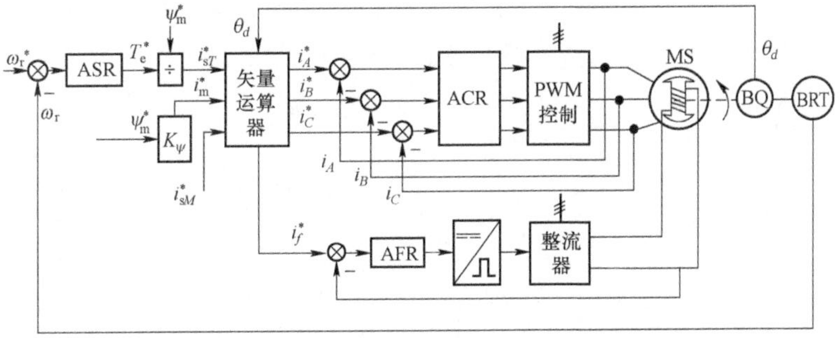

图 3.6　同步电动机矢量变换控制变频调速系统

需要说明的是，以上是同步电动机矢量变换控制的基本原理，是在忽略一系列因素后得出的，如定子电阻、定子漏磁等。实际同步电动机常为凸极式，直轴和交轴的磁路不同，因此电感值也不一样。定子和转子绕组电阻、漏磁电抗和磁化曲线的非线性也会影响系统的调节性能。此外在矢量控制中，在不同的场合可选择不同的磁场矢量作为定向坐标轴，这里是按气隙磁场定向，还可以按转子磁链定向、定子磁链定向、阻尼磁场定向等。

3.2 永磁同步电动机变频调速系统

永磁同步电动机控制系统是一种高性能的伺服系统，由于转子使用永磁材料，永磁同步电动机具有转矩纹波系数小、运行平稳、动态响应快、高效率、体积小、质量轻等优点。依靠其优点，永磁同步电动机已在从小到大，从一般控制驱动到高精度的伺服驱动，从日常生活到各种高精尖的科技领域作为最主要的驱动电动机出现，而且前景会越来越明显。

按照转子结构的不同，永磁同步电动机可以分为表贴式永磁同步电动机和内置式永磁同步电动机两大类，其转子结构如图 3.7 所示。

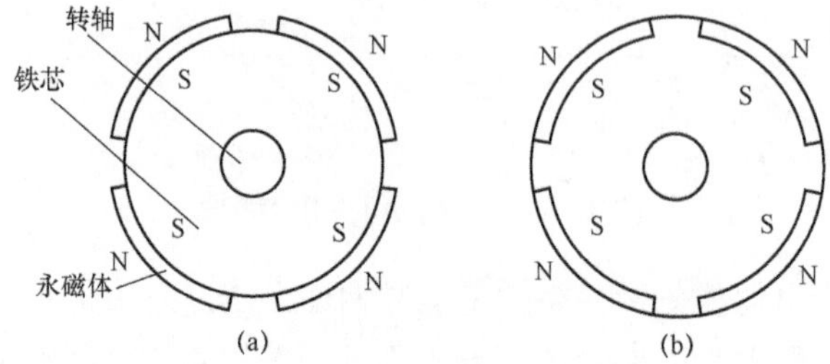

图 3.7 表贴式和内置式永磁同步电动机转子结构

（a）表贴式；（b）内置式

对于二极表贴式永磁同步电动机［图 3.8（a）］来说，由于永磁体内部磁导率很小，接近于空气，可以将至于转子表面的永磁体等效为转子槽内的励磁绕组［图 3.8（b）］，这励磁绕组在气隙中产生的正弦分布励磁磁场与永磁体产生的磁场相同，即 $\psi_f = L_f i_f$，L_f 为等效励磁电感，i_f 为等效励磁电流。由于永磁体内部的磁导率接近于空气，因此对于定子三相绕组产生的电枢磁动势而言，电动机气隙是均匀的，气隙长度为 g，相当于将表贴式永磁同步电动机等效为一台电励磁三相隐极同步电动机，其互感有 $M_{md} = M_{mq} = M_m$，且有 $M_m = L_f$。它们之间唯一的差别是电励磁同步电动机的转子励磁磁场可以调节，而表贴式永磁同步电动机的励磁磁场不可调节。在电动机运行中，若不计温度变化对永磁体供磁能力的影响，可以认定励磁磁链 ψ_f 是恒定的，即励磁电流 i_f 是个常值。

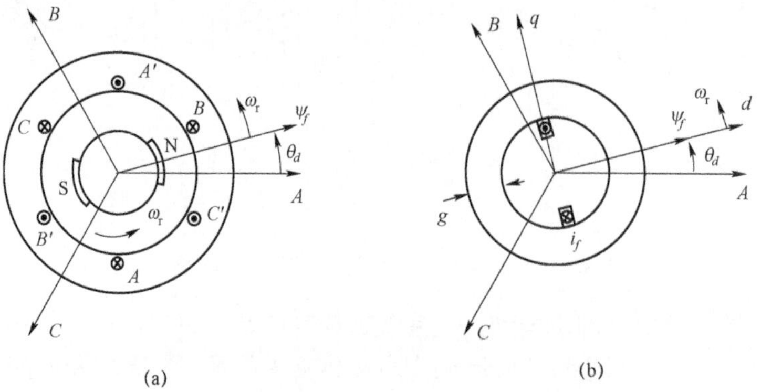

图 3.8 二极表贴式永磁同步电动机模型

（a）结构图；（b）转子等效励磁绕组

对于二极内置式转子永磁同步电动机［图 3.9（a）］，同样可以将转子的两个永磁体等效为转子槽内的励磁绕组，如图 3.9（b）所示。不过，与表贴式永磁同步电动机不同的是，内置式永磁同步电动机气隙不是均匀的，此时面对永磁体部分的气隙长度为 $g+h$，h 为永磁体高度，而面对转子铁芯部分的气隙长度依旧为 g，因此转子 d 轴方向上的气隙磁阻要大于 q 轴方向上的气隙磁阻。这样，在相同的定子电流作用下，d 轴电枢反应磁场要弱于 q 轴电枢反应磁场，即 $M_{md} < M_{mq}$。

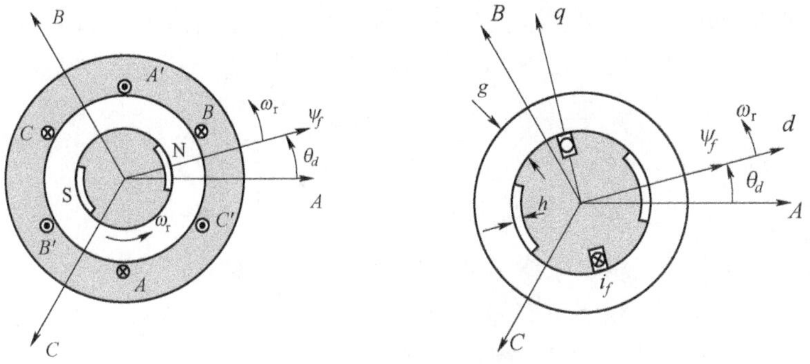

(a)　　(b)

图 3.9　二极内置式永磁同步电动机模型

（a）结构图；（b）转子等效励磁绕组

3.2.1　永磁同步电动机的多变量数学模型

考虑到表贴式永磁同步电动机和内置式永磁同步电动机的物理模型特点，本书以内置式永磁同步电动机为例，建立永磁同步电动机多变量数学模型。表贴式永磁同步电动机的多变量数学模型可以由内置式永磁同步电动机数学模型推导得到。为便于建模，这里假设：

（1）定子三相绕组在空间对称分布，三相对称绕组轴线在磁场上互差 120° 电角度；

（2）忽略磁路饱和以及永磁铁芯损耗；

（3）设定电动机的正方向为逆时针运动；

（4）忽略温度对电动机参数的影响；

（5）转子上没有阻尼绕组。

在分析三相永磁同步电动机时，常用的坐标系有三相静止 ABC 坐标系、两相同步旋转 dq 坐标系、两相同步旋转 MT 坐标系，各个坐标系之间的关系如图 3.10 所示。以三相永磁同步电动机的 ABC 三相绕组为基准建立三相静止 ABC 坐标系，ABC 坐标系的 A 轴、B 轴和 C 轴分别位于 A 相、B 相和 C 相绕组的轴线上，它们在空间上相差 120°。以三相永磁同步电动机转子的磁极为基准建立两相同步旋转 dq 坐标系，d 轴为转子永磁体磁链的轴线，即 d 轴方向和永磁体磁链的方向一致。定子三相绕组通三相交流电后，形成旋转的磁场，以该旋转磁场的轴线为基准建立两相同步旋转 MT 坐标系，M 轴和定子磁场轴线重合，T 轴超前 M 轴 90°。

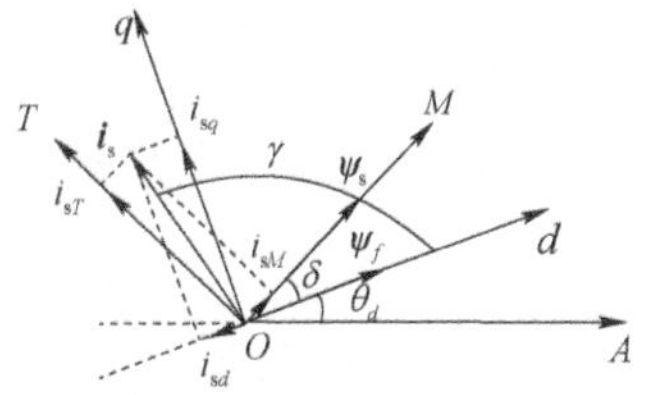

图 3.10　永磁同步电动机常用的空间坐标系以及矢量图

1. 在三相静止 *ABC* 坐标系中永磁同步电动机的数学模型

根据电磁感应定律和基尔霍夫第二定律，内置式永磁同步电动机在 *ABC* 坐标系下的电压方程为

$$\begin{bmatrix} u_A \\ u_B \\ u_C \end{bmatrix} = \begin{bmatrix} R_s & 0 & 0 \\ 0 & R_s & 0 \\ 0 & 0 & R_s \end{bmatrix} \begin{bmatrix} i_A \\ i_B \\ i_C \end{bmatrix} + p \begin{bmatrix} \psi_A \\ \psi_B \\ \psi_C \end{bmatrix} \tag{3.61}$$

各相绕组的总磁链等于该相自感及与其他两相互感产生的磁链再加上转子磁链在其上的耦合分量，永磁同步电动机在 *ABC* 坐标系下的磁链方程为

$$\begin{bmatrix} \psi_A \\ \psi_B \\ \psi_C \end{bmatrix} = \begin{bmatrix} L_{AA} & M_{AB} & M_{AC} \\ M_{BA} & L_{BB} & M_{BC} \\ M_{CA} & M_{CB} & L_{CC} \end{bmatrix} \begin{bmatrix} i_A \\ i_B \\ i_C \end{bmatrix} + \begin{bmatrix} \psi_{fA} \\ \psi_{fB} \\ \psi_{fC} \end{bmatrix} \tag{3.62}$$

式中，L_{AA}、L_{BB}、L_{CC} 为三相定子绕组的自感，其表达式见式（3.9）；M_{AB}、M_{AC}、M_{BA}、M_{BC}、M_{CA}、M_{CB} 为定子各相绕组间的互感，其表达式见式（3.18）；ψ_{fA}、ψ_{fB}、ψ_{fC} 为永磁体磁链在 *A*、*B*、*C* 三相绕组中产生的耦合磁链。

把磁链方程式（3.62）代入电压方程式（3.61），可以得到

$$\begin{bmatrix} u_A \\ u_B \\ u_C \end{bmatrix} = \begin{bmatrix} R_s & 0 & 0 \\ 0 & R_s & 0 \\ 0 & 0 & R_s \end{bmatrix} \begin{bmatrix} i_A \\ i_B \\ i_C \end{bmatrix} + p \begin{bmatrix} L_{AA} & M_{AB} & M_{AC} \\ M_{BA} & L_{BB} & M_{BC} \\ M_{CA} & M_{CB} & L_{CC} \end{bmatrix} \begin{bmatrix} i_A \\ i_B \\ i_C \end{bmatrix} + p \begin{bmatrix} \psi_{fA} \\ \psi_{fB} \\ \psi_{fC} \end{bmatrix} \tag{3.63}$$

永磁体磁链 ψ_f 在 *A*、*B*、*C* 三相绕组中的耦合磁链可以表示为

$$\begin{bmatrix} \psi_{fA} \\ \psi_{fB} \\ \psi_{fC} \end{bmatrix} = \psi_f \begin{bmatrix} \cos\theta_d \\ \cos(\theta_d - 120^\circ) \\ \cos(\theta_d + 120^\circ) \end{bmatrix} \tag{3.64}$$

对于表贴式永磁同步电动机，假设定子三相绕组星形连接，则绕组的电流满足 $i_A + i_B + i_C = 0$，同时有 $L_{AA} = L_{BB} = L_{CC} = L_{s0}$，$M_{AB} = M_{AC} = M_{BA} = M_{BC} = M_{CA} = M_{CB} = -M_{s0}$，根据永磁体磁链在定子各项中的交链式（3.64），那么式（3.63）可化简为

$$\begin{bmatrix} u_A \\ u_B \\ u_C \end{bmatrix} = \begin{bmatrix} R_s + L_s p & 0 & 0 \\ 0 & R_s + L_s p & 0 \\ 0 & 0 & R_s + L_s p \end{bmatrix} \begin{bmatrix} i_A \\ i_B \\ i_C \end{bmatrix} - \omega_r \psi_f \begin{bmatrix} \sin\theta_d \\ \sin(\theta_d - 120^\circ) \\ \sin(\theta_d + 120^\circ) \end{bmatrix} \tag{3.65}$$

式中，$L_s = L_{s0} + M_{s0}$ 为定子电感；ω_r 为转子的电角速度。

2. 在两相同步旋转 *dq* 坐标系中永磁同步电动机的数学模型

对于内置式永磁同步电动机，根据三相静止 *ABC* 坐标系和两相同步旋转 *dq* 坐标系变换关系可以得到两相同步旋转 *dq* 坐标系下的定子电压方程

$$\begin{bmatrix} u_{sd} \\ u_{sq} \end{bmatrix} = \begin{bmatrix} R_s + L_{sd} p & -\omega_r L_{sq} \\ \omega_r L_{sd} & R_s + L_{sq} p \end{bmatrix} \begin{bmatrix} i_{sd} \\ i_{sq} \end{bmatrix} + \begin{bmatrix} 0 \\ \omega_r \psi_f \end{bmatrix} \tag{3.66}$$

式中，$L_{sd} = L_{s0} + M_{s0} + \dfrac{3}{2} L_{s2}$ 和 $L_{sq} = L_{s0} + M_{s0} - \dfrac{3}{2} L_{s2}$ 为两相同步旋转 *dq* 坐标系下的定子等效

绕组相电感。

永磁同步电动机在两相同步旋转 dq 坐标系下的定子电压方程也可表示为

$$\left.\begin{aligned} u_{sd} &= R_s i_{sd} + \frac{d\psi_{sd}}{dt} - \omega_r \psi_{sq} \\ u_{sq} &= R_s i_{sq} + \frac{d\psi_{sq}}{dt} + \omega_r \psi_{sd} \end{aligned}\right\} \tag{3.67}$$

定子磁链方程为

$$\left.\begin{aligned} \psi_{sd} &= L_{sd} i_{sd} + \psi_f \\ \psi_{sq} &= L_{sq} i_{sq} \end{aligned}\right\} \tag{3.68}$$

根据机电转换原理，永磁同步电动机的电磁转矩表达式为

$$T_e = p_n \boldsymbol{\psi}_s \times \boldsymbol{i}_s \tag{3.69}$$

在两相旋转 dq 坐标系下用矢量来表示 $\boldsymbol{\psi}_s$ 和 $\boldsymbol{i}_s$，即

$$\boldsymbol{\psi}_s = \psi_{sd} + j\psi_{sq} \tag{3.70}$$

$$\boldsymbol{i}_s = i_{sd} + ji_{sq} \tag{3.71}$$

将式（3.70）和式（3.71）代入式（3.69）可得永磁同步电动机电磁转矩 T_e 为

$$T_e = p_n(\psi_{sd} i_{sq} - \psi_{sq} i_{sd}) \tag{3.72}$$

把定子磁链方程式（3.68）代入式（3.72），可进一步将内置式永磁同步电动机的电磁转矩表达式写为

$$T_e = p_n[\psi_f i_{sq} - (L_{sq} - L_{sd}) i_{sd} i_{sq}] \tag{3.73}$$

对于表贴式永磁同步电动机，其定子电压方程的形式和式（3.66）一样，但是其等效绕组相电感 $L_{sd} = L_{sq} = L_s$。这样，表贴式永磁同步电动机电磁转矩方程式可化简为

$$T_e = p_n \psi_f i_{sq} \tag{3.74}$$

3. 在两相同步旋转 *MT* 坐标系中永磁同步电动机的数学模型

由于 M 轴与定子磁链矢量 $\boldsymbol{\psi}_s$ 重合，则定子磁链矢量 $\boldsymbol{\psi}_s$ 在 MT 坐标系的分量满足下面的关系，即

$$\left.\begin{aligned} \psi_{sM} &= |\boldsymbol{\psi}_s| \\ \psi_{sT} &= 0 \end{aligned}\right\} \tag{3.75}$$

图 3.10 中 M 轴和 d 轴之间夹角为 δ，δ 称为磁通角或转矩角，可以得到

$$\psi_{sq} = |\boldsymbol{\psi}_s|\sin\delta = \psi_{sM}\sin\delta,\quad \psi_{sd} = |\boldsymbol{\psi}_s|\cos\delta = \psi_{sM}\cos\delta \tag{3.76}$$

以及坐标变换关系式

$$\begin{bmatrix} i_{sd} \\ i_{sq} \end{bmatrix} = \begin{bmatrix} \cos\delta & -\sin\delta \\ \sin\delta & \cos\delta \end{bmatrix} \begin{bmatrix} i_{sM} \\ i_{sT} \end{bmatrix} \tag{3.77}$$

由式（3.77）和式（3.66）得在两相同步旋转 MT 坐标系下定子电压方程为

$$\begin{bmatrix} u_{sM} \\ u_{sT} \end{bmatrix} = \begin{bmatrix} R_s + L_{sd}p & -\omega_r L_{sq} \\ \omega_r L_{sd} & R_s + L_{sq}p \end{bmatrix} \begin{bmatrix} i_{sM} \\ i_{sT} \end{bmatrix} + \omega_r \psi_f \begin{bmatrix} \sin\delta \\ \cos\delta \end{bmatrix} \tag{3.78}$$

将坐标变换式（3.77）和式（3.76）代入式（3.72）中，可以得到两相同步旋转 MT 坐标系下永磁同步电动机的电磁转矩为

$$\begin{aligned} T_e &= p_n[\psi_{sd}(i_{sM}\sin\delta + i_{sT}\cos\delta) - \psi_{sq}(i_{sM}\cos\delta - i_{sT}\sin\delta)] \\ &= p_n\left(i_{sM}\frac{\psi_{sd}\psi_{sq}}{|\boldsymbol{\psi}_s|} + i_{sT}\frac{\psi_{sd}^2}{|\boldsymbol{\psi}_s|} - i_{sM}\frac{\psi_{sq}\psi_{sd}}{|\boldsymbol{\psi}_s|} + i_{sT}\frac{\psi_{sq}^2}{|\boldsymbol{\psi}_s|}\right) \\ &= p_n|\boldsymbol{\psi}_s|i_{sT} \end{aligned} \tag{3.79}$$

式（3.79）表明，当定子磁链的幅值 $|\boldsymbol{\psi}_s|$ 恒定时，电磁转矩 T_e 与定子电流的 T 轴分量 i_{sT} 成正比关系，因此通过对 i_{sT} 控制就可以实现对电磁转矩 T_e 的控制。

把坐标变换式（3.77）代入定子磁链式（3.68）得

$$\begin{bmatrix} \cos\delta & -\sin\delta \\ \sin\delta & \cos\delta \end{bmatrix} \begin{bmatrix} \psi_{sM} \\ \psi_{sT} \end{bmatrix} = \begin{bmatrix} L_{sd} & 0 \\ 0 & L_{sq} \end{bmatrix} \begin{bmatrix} \cos\delta & -\sin\delta \\ \sin\delta & \cos\delta \end{bmatrix} \begin{bmatrix} i_{sM} \\ i_{sT} \end{bmatrix} + \psi_f \begin{bmatrix} 1 \\ 0 \end{bmatrix} \tag{3.80}$$

式（3.80）可变为

$$\begin{bmatrix} \psi_{sM} \\ \psi_{sT} \end{bmatrix} = \begin{bmatrix} L_{sd}\cos^2\delta + L_{sq}\sin^2\delta & \frac{1}{2}(L_{sq} - L_{sd})\sin 2\delta \\ \frac{1}{2}(L_{sq} - L_{sd})\sin 2\delta & L_{sd}\cos^2\delta + L_{sq}\sin^2\delta \end{bmatrix} \begin{bmatrix} i_{sM} \\ i_{sT} \end{bmatrix} + \psi_f \begin{bmatrix} \cos\delta \\ -\sin\delta \end{bmatrix} \tag{3.81}$$

对于表贴式永磁同步电动机而言，它的直轴电感和交轴电感满足 $L_{sd} = L_{sq} = L_s$，则两相同步旋转 MT 坐标系下定子磁链方程式（3.81）可以写成

$$\left.\begin{aligned} \psi_{sM} &= L_s i_{sM} + \psi_f\cos\delta \\ \psi_{sT} &= L_s i_{sT} - \psi_f\sin\delta \end{aligned}\right\} \tag{3.82}$$

将式（3.75）中的 $\psi_{sT} = 0$ 代入式（3.82）可得

$$i_{sT} = \frac{\psi_f\sin\delta}{L_s} \tag{3.83}$$

把式（3.83）代入式（3.79），得电磁转矩方程为

$$T_e = p_n|\boldsymbol{\psi}_s|i_{sT} = \frac{p_n}{L_s}|\boldsymbol{\psi}_s|\psi_f\sin\delta \tag{3.84}$$

式（3.84）表明，若定子磁链的幅值 $|\boldsymbol{\psi}_s|$ 保持恒定，且磁通角 δ 控制在 $-90°$ ～$90°$，则电磁转矩 T_e 将随着磁通角 δ 的增加而增加，而且当 $\delta = 90°$ 时，电磁转矩 T_e 达到最大值。

对式（3.84）求导数，可以得到转矩变化率的表达式为

$$\frac{dT_e}{dt} = \frac{p_n}{L_s}|\boldsymbol{\psi}_s|\psi_f\cos\delta\frac{d\delta}{dt} \tag{3.85}$$

当磁通角 δ 控制在 $-90°$ ～$90°$ 时，$\cos\delta$ 恒为正值。由式（3.84）和式（3.85）可知，在一定的条件下，保持定子磁链为恒定值，电动机的电磁转矩 T_e 随着 δ 的变化而变化，转矩的变化率与 δ 以及 δ 的变化率存在一定关系，通过控制 δ 以及 δ 的变化率就可以实现对永磁同步电动机转矩的有效控制。

3.2.2 永磁同步电动机的矢量变换控制

和异步电动机的矢量变换控制一样，永磁同步电动机的矢量变换控制有多种定向方式。这里主要讲解两种最常用的矢量控制系统：基于转子磁场定向的永磁同步电动机矢量变换控制和基于定子磁场定向的永磁同步电动机矢量变换控制。

1. 基于转子磁场定向的永磁同步电动机矢量变换控制

对于永磁同步电动机来说，由于转子磁极在物理上是可观测的，因此通过传感器可直接检测转子磁场轴线的位置。而根据 dq 坐标系的定义可知，d 轴和转子磁链的轴线是重合的，因此，可以利用 dq 坐标系中永磁同步电动机的多变量数学模型对永磁同步电动机进行基于转子磁场定向的矢量变换控制。

1）表贴式永磁同步电动机矢量变换控制

式（3.74）给出了表贴式永磁同步电动机的转矩矢量表达式，结合图 3.10，转矩表达式可化为

$$T_e = p_n \Psi_f i_{sq} = p_n \Psi_f i_s \sin\gamma \tag{3.86}$$

由式（3.86）可知，如果 γ 为 90° 电角度，则 $i_{sd}=0$，定子电流全部为转矩电流。此时能够以最小的电流值产生最大的转矩输出。换种说法就是，在同样的转矩需求下，只需要提供最小的电流输入，从而可以降低能量的损耗，提高效率。而且，此时定子电流矢量 $\boldsymbol{i}_s$ 和转子磁链矢量 $\boldsymbol{\psi}_f$ 在 dq 坐标系中始终相对静止且正交，如图 3.11 所示。从原理上看，此时的表贴式永磁同步电动机可等效为他励直流电动机。其中，交轴电流 i_{sq} 相当于他励直流电动机的电枢电流，可以获得与他励直流电动机同样的转矩控制效果。

图 3.12 所示为一种典型的 $i_{sd}=0$ 控制的表贴式永磁同步电动机转子磁场定向矢量变换控制系统，该系统由电流内环和转速外环组成。电流传感器测出三相电流信号，经过坐标变换得到 dq 旋转坐标系中的电流 i_{sq} 和 i_{sd}。测速装置将测得的永磁同步电动机的转速信号和位置信号，经过 PI 控制器后得到交轴电流参考信号，直轴电流参考信号为 0。将旋转坐标系中的两电流 i_{sq} 和 i_{sd} 与参考电流信号做比较并经过控制器调节后得到 SVPWM 的控制信号，控制逆变器输出三相交流电给永磁同步电动机。

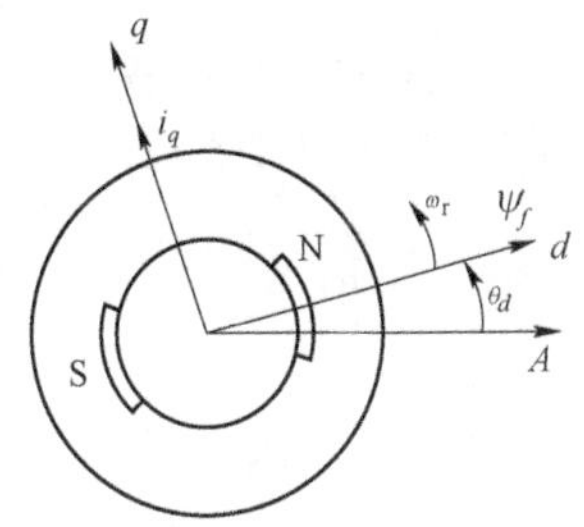

图 3.11　表贴式永磁同步电动机的转矩控制（$i_{sd}=0$ 控制）

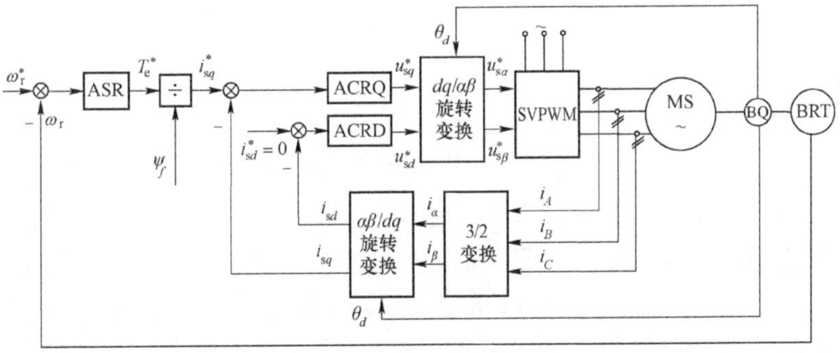

图 3.12　基于转子磁场定向的表贴式永磁同步电动机矢量控制系统（$i_{sd}=0$ 控制）

2）内置式永磁同步电动机矢量变换控制

内置式永磁同步电动机的转矩矢量表达式见式（3.73），即

$$T_e = p_n[\psi_f i_{sq} - (L_{sq} - L_{sd}) i_{sd} i_{sq}]$$

式（3.73）表明内置式永磁同步电动机电磁转矩的大小受定子电流的两个分量决定。按照不同的控制规律，在工程中主要有 $i_{sd}=0$ 控制、最大转矩/电流控制、功率因数为1控制、恒磁链控制、弱磁控制、最大输出功率控制等方法。这里主要介绍 $i_d=0$ 控制和最大转矩/电流比控制。

（1）$i_{sd}=0$ 控制。

当 $i_{sd}=0$ 时，定子电流全为交轴电流分量。此时，内置式永磁同步电动机的转矩表达式和表贴式永磁同步电动机的一样，可以按照表贴式永磁同步电动机的控制方法对内置式永磁同步电动机控制，具有控制简单、易于实现的优点。但是，这种方案也存在明显的不足，具体表现在：

① 磁阻转矩未得到充分发挥。由式（3.73）可知，由于 $L_{sd} < L_{sq}$，若采用 $i_{sd} < 0$ 的控制方案，凸极效应转矩将由零变为驱动性的转矩，从而有可能产生更大的电磁转矩。

② 功率因数可进一步优化。由电动机学原理可知，内置式永磁同步电动机的时空相量图如图3.13所示，若采用 $i_{sd} < 0$ 的控制方案，则定子侧的功率因数角 φ 将减小，定子功率因数可进一步提高。

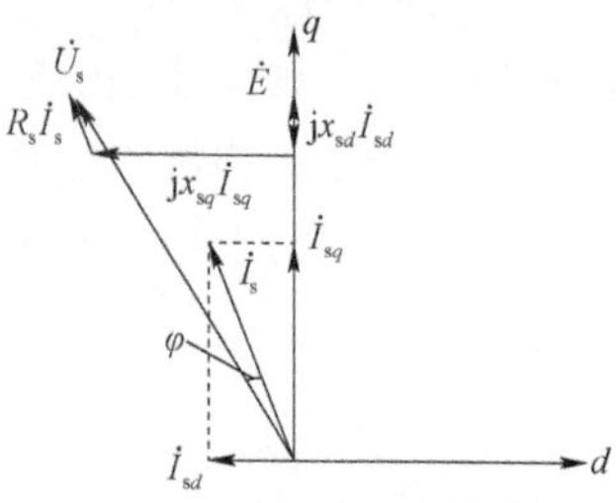

图3.13　$i_{sd}<0$ 时内置式永磁同步电动机的时空相量图

（2）最大转矩/电流比控制。

当永磁同步电动机在恒转矩运行区内，因转速在基速以下，铁耗不是最主要的，而铜耗占的比例较大。这时，通常选择转矩/电流比最大的原则来控制定子电流，不仅能使电动机铜损最小，还能减小逆变器和整流器的损耗，整个传动系统的效率运行在最佳状态。

为了便于分析，可以将转矩方程（3.73）标幺值化。此时，电磁转矩的基值为

$$T_{eb} = p_n \psi_f i_b \tag{3.87}$$

其中，电流的基值定义为

$$i_b = \frac{\psi_f}{L_{sq} - L_{sd}} \tag{3.88}$$

这样，将式（3.87）和式（3.88）代入式（3.72）可得电磁转矩标幺值 T_{en} 为

$$T_{en} = i_{qn}(1 - i_{dn}) \tag{3.89}$$

式中，$i_{qn} = \dfrac{i_{sq}}{i_b}$，$i_{dn} = \dfrac{i_{sd}}{i_b}$。

根据式（3.89）可以求出在恒转矩区内，每一个转矩值对应的电流标幺值 i_{dn} 和 i_{qn}，可以在 $i_{dn}-i_{qn}$ 平面内得到与该转矩对应的恒转矩曲线，如图3.14虚线所示。每条恒转矩曲线上有一点与坐标原点最近，这点上的电流就是定子电流最小值。将各条虚曲线上的电流最小点连起来就确定了最小定子电流矢量轨迹，如图3.14实线所示。从图3.14中可以看出，定子电流矢量轨迹在第二和第三象限内对称分布。第二象限内转矩为正，起电动作用，第三象限内转矩为负，起制动作用，表明改变 i_{sq} 方向可以改变转矩方向。

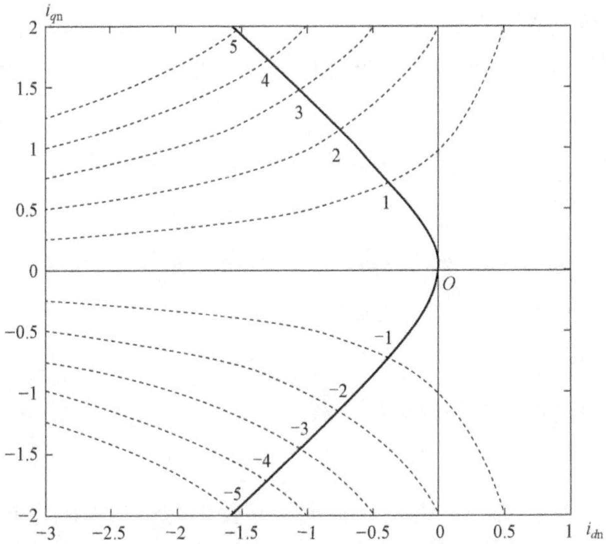

图 3.14　可获得最大转矩/电流比的定子电流轨迹曲线

对式（3.89）求极值，可得这两个电流分量与转矩的关系为

$$T_{en} = \sqrt{i_{dn}\left(i_{dn} - 1\right)^3} \tag{3.90}$$

$$T_{en} = \frac{i_{qn}}{2}\left(1 + \sqrt{1 + 4i_{qn}^2}\right) \tag{3.91}$$

利用式（3.90）和式（3.91）可以构建函数发生器，得到任意给定转矩所需的电流值。图 3.15 所示为常用的内置式永磁同步电动机恒转矩矢量变换控制系统框图。该系统为转速、电流双闭环控制系统。FG_1 和 FG_2 是分别由式（3.90）和式（3.91）构建的函数发生器，其输入为转速调节器的输出，即转矩给定值，其输出为两轴电流给定信号 i_{sd}^* 和 i_{sq}^*。利用坐标变换和电流跟随控制，可得到相应的三相定子电流，从而对内置式永磁同步电动机进行最大转矩/电流比控制。

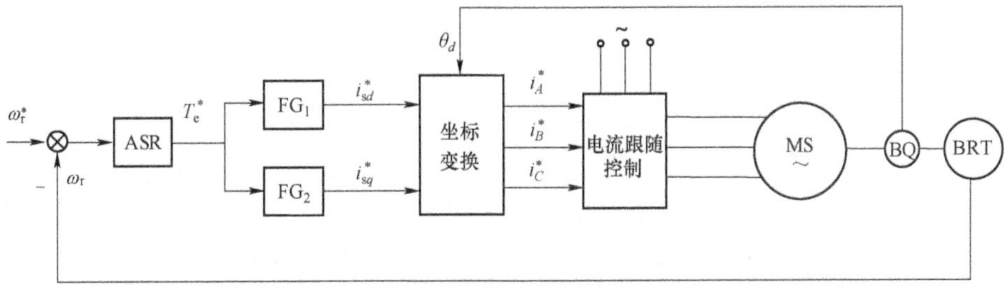

图 3.15　常用的内置式永磁同步电动机恒转矩矢量变换控制系统框图

2. 基于定子磁场定向的永磁同步电动机矢量变换控制

由 MT 坐标系的定义可知，M 轴的轴线与定子磁场的轴线是重合的，因此，可以利用 MT 坐标系中永磁同步电动机的多变量数学模型，对永磁同步电动机进行基于定子磁场定向的矢量变换控制。由 MT 坐标系中内置式永磁同步电动机电磁转矩的表达式（3.79）可知，当定子磁链的幅值 $|\boldsymbol{\psi}_s|$ 恒定时，电磁转矩 T_e 与定子电流的 T 轴分量 i_{sT} 成正比关系，因此通过对 i_{sT}

控制就可以实现对电磁转矩T_e的控制。

为了方便，这里以表贴式永磁同步电动机为例进行分析。由式（3.82）可知，此时定子磁链的幅值为

$$|\boldsymbol{\psi}_s| = \psi_{sM} = L_s i_{sM} + \psi_f \cos\delta \tag{3.92}$$

如果假设永磁体磁链$\psi_f = L_s i_f$，则式（3.92）可改为

$$|\boldsymbol{\psi}_s| = L_s i_{sM} + L_s i_f \cos\delta = L_s i_\mu \tag{3.93}$$

式中，i_μ为假设的磁化电流，它的表达式为

$$i_\mu = i_{sM} + i_f \cos\delta \tag{3.94}$$

由式（3.84）可知，永磁同步电动机空载时，$\delta = 0$。此时，$i_{sM} = 0$，因此可得

$$i_f = i_\mu \tag{3.95}$$

而永磁同步电动机的永磁体励磁电流i_f为常值，不受电动机状态的影响，另外按定子磁场定向控制时，$|\boldsymbol{\psi}_s|$恒定，即i_μ恒定，因此式（3.94）可化为

$$i_\mu = i_{sM} + i_\mu \cos\delta \tag{3.96}$$

这样，定子电流的励磁分量为

$$i_{sM} = i_\mu(1-\cos\delta) = \frac{|\boldsymbol{\psi}_s|}{L_s}(1-\cos\delta) \tag{3.97}$$

由式（3.83）可知

$$\sin\delta = \frac{i_{sT}}{i_f} \tag{3.98}$$

则

$$\cos\delta = \sqrt{1-\sin^2\delta} = \sqrt{1-\frac{i_{sT}^2}{i_f^2}} = \frac{1}{i_f}\sqrt{i_f^2 - i_{sT}^2} \tag{3.99}$$

将式（3.99）代入式（3.97）可得

$$i_{sM} = i_\mu(1-\cos\delta) = i_f - \sqrt{i_f^2 - i_{sT}^2} \tag{3.100}$$

式（3.100）表明在永磁同步电动机运行时，要使得定子磁链幅值$|\boldsymbol{\psi}_s|$不变，则在负载增大，定子电流转矩分量i_{sT}增大时，定子电流励磁分量i_{sM}也应该相应地增大。

图3.16所示为基于定子磁场定向的矢量控制系统框图，图中FG_1特性曲线是某台同步电动机为提高效率而对铁芯损耗进行优化的结果，如图3.17所示，点1对应的零转矩输出（空载状态）定子磁链值，点2对应的是额定转矩输出（额定负载状态）时定子磁链值。图3.16中FG_2为矢量控制中i_{sM}和i_{sT}应满足式（3.100）。

定子磁链幅值$|\boldsymbol{\psi}_s^*|$由FG_1给出。$|\boldsymbol{\psi}_s^*|$与实际值比较后，将其差值输入定子磁链调节器，得到Δi_{sM}^*，该值可对FG_2特性曲线的输出进行修正，得到i_{sM}^*。根据转矩调节器的输出i_{sT}^*，可以通过电流闭环，通过变频器控制永磁同步电动机的输入电流，从而对永磁同步电动机进行矢量变换控制。

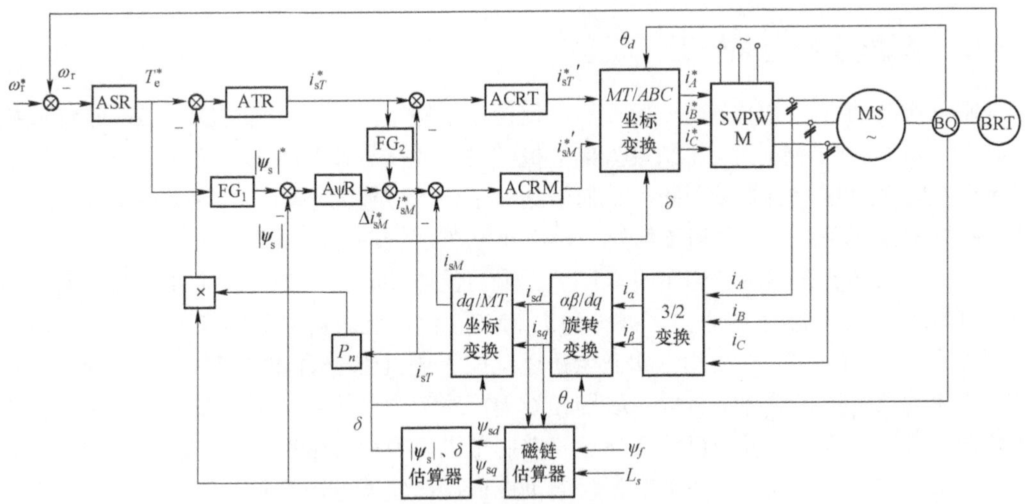

图 3.16　基于定子磁场定向的矢量控制系统框图

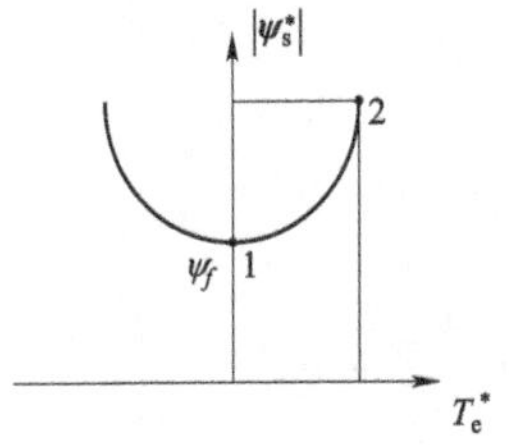

图 3.17　FG1 特性曲线

3.3　无刷直流电动机变频调速系统

无刷直流调速系统实质上是一种用于伺服系统的小容量永磁式自控变频同步电动机调速系统。由于现代永磁材料的性能不断提高，价格不断下降，再加上无刷直流电动机克服了有刷直流电动机存在电刷和机械换向器而带来的各种限制。因此，无刷直流电动机在工业自动化中获得广泛应用，目前在数控机床、工业机器人等小功率应用场合更为广泛。

无刷直流电动机是一种典型的机电一体化产品，它是由电动机本体、位置检测器、逆变器和控制器组成的自同步电动机系统或自控式变频同步电动机，如图 3.18 所示。位置检测器检测转子磁极的位置信号，控制器对转子位置信号进行逻辑处理，产生相应的开关信号，开关信号以一定的顺序触发逆变器中的功率开关器件，将电源功率以一定的逻辑关系分配给电动机定子各相绕组，使电动机按照需求运行。

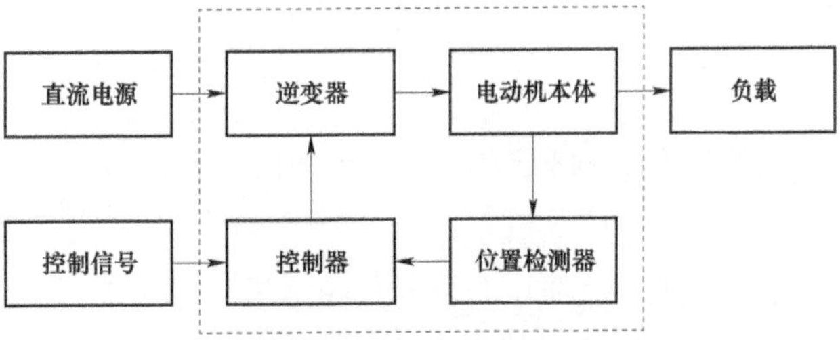

图 3.18　无刷直流电动机系统的组成

3.3.1　无刷直流电动机工作原理

有刷直流电动机，通过电刷与换相器，使得电枢绕组产生的磁场与励磁磁场始终保持垂直，以生成最大的电磁转矩。无刷直流电动机是通过控制电路和驱动电路，使定子绕组不断地按照一定时序换相导通或者关断，从而根据转子磁场位置的不同，产生旋转磁场，并保持与转子磁场的垂直关系，产生电磁转矩，驱动电动机运转。

以最广泛采用的三相六状态全桥驱动的无刷直流电动机为例说明其工作原理，其结构如图 3.19 所示。该系统由三相永磁方波电动机 PMS、位置检测器 BQ、控制电路 CT、驱动电路 GD 和逆变器 UI 等组成。三相六状态全桥驱动的无刷直流电动机与带有三个换向片的直流电动机的原理及工作特性基本相同，区别在于无刷直流电动机由全控功率开关器件和位置检测传感器代替了直流电动机的机械换向器和电刷来进行换相，两者的比较如图 3.20 所示。无刷直流电动机的这种结构，避免了换相时的机械摩擦，使其寿命更长，可靠性更高。

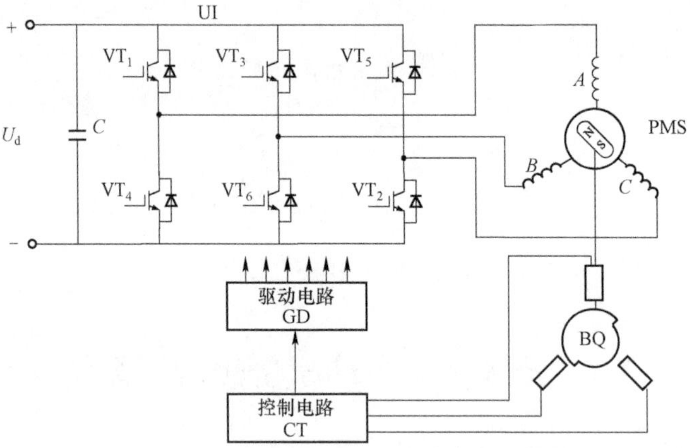

图 3.19　无刷直流电动机系统的结构原理图

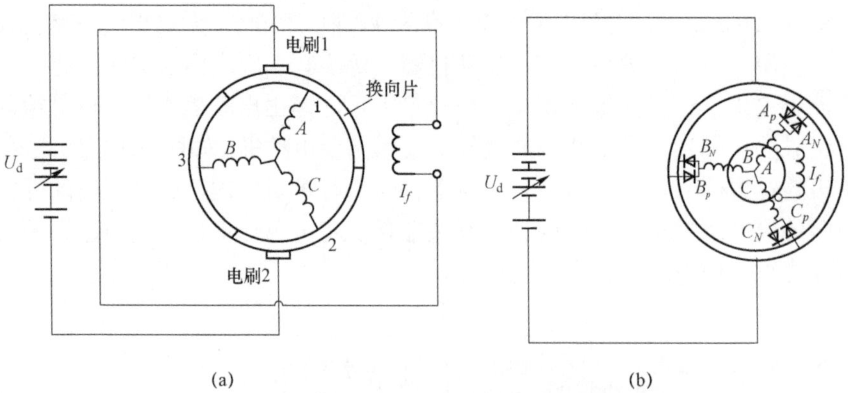

图 3.20　无刷直流电动机与直流电动机的比较图

（a）直流电动机；（b）无刷直流电动机

给三相六状态全桥驱动的无刷直流电动机的三相定子绕组通以正向电流，根据右手螺旋法则，三相电流将会在空间中产生三个相隔 120° 的磁场矢量，如图 3.21 中的 $\boldsymbol{F}_A$、$\boldsymbol{F}_B$ 和 $\boldsymbol{F}_C$。

当三相绕组按照图 3.19 所示 Y 形连接时，那么给其中的任意两相绕组供电就会产生合成的磁场矢量，图 3.21 中的 $\boldsymbol{F}_{AB}$、$\boldsymbol{F}_{BA}$、$\boldsymbol{F}_{AC}$、$\boldsymbol{F}_{CA}$、$\boldsymbol{F}_{BC}$、$\boldsymbol{F}_{CB}$，其中 $\boldsymbol{F}_{AB}=\boldsymbol{F}_{A}-\boldsymbol{F}_{B}$，$\boldsymbol{F}_{BA}=\boldsymbol{F}_{B}-\boldsymbol{F}_{A}$，$\boldsymbol{F}_{AC}$、$\boldsymbol{F}_{CA}$、$\boldsymbol{F}_{BC}$、$\boldsymbol{F}_{CB}$ 矢量的表达式以此类推。

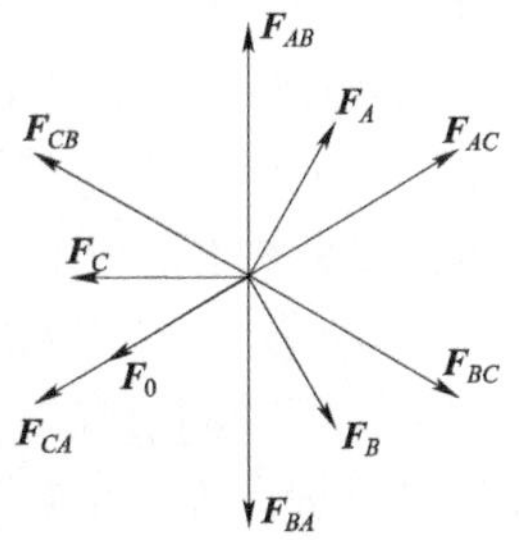

图 3.21　任意两相绕组通电时产生的磁场矢量

结合分析图 3.19 与图 3.21 可以发现，当控制信号驱动 VT_1、VT_6 管导通时，电流以电源正极、VT_1、A 相、B 相、VT_6、电源负极的顺序流经。此时刻的定子电枢电势为图 3.21 中的 $\boldsymbol{F}_{AB}$ 方向，为 A、B 两相磁势的叠加结果。如果此时转子磁场的位置为 $\boldsymbol{F}_0$ 方向，则转子磁场 $\boldsymbol{F}_0$ 与定子电枢磁场 $\boldsymbol{F}_{AB}$ 相差 120°，定子磁场 $\boldsymbol{F}_{AB}$ 对转子磁场 $\boldsymbol{F}_0$ 产生吸引作用，拖动转子做顺时针转动。当转子旋转到 C 相轴线时，二者相差 90°，电动机产生最大的电磁转矩。转子继续旋转，当再旋转过 30°，转子磁场到达 $\boldsymbol{F}_{CB}$ 位置时，转子磁场与定子磁场相差 60°。此时，通过控制电路与驱动电路，切换功率开关管，VT_6 截止，VT_2 导通，VT_1 不变。此时电流的流向为电源正极、VT_1、A 相、C 相、VT_2、电源负极。此时电枢磁势为 $\boldsymbol{F}_{AC}$，$\boldsymbol{F}_0$ 和 $\boldsymbol{F}_{AC}$ 相位差相差仍为 120°，如此循环往复进行，转子可实现顺时针转动。每当磁极转动 60° 时，通过位置传感器检测转子位置，通过控制电路，对绕组进行一次换相操作，使稳定运行的励磁磁场和定子磁势的相位差始终保持在 60°～120° 之间。

电动机逆时针旋转时，转子磁极初始位置为 $\boldsymbol{F}_0$ 方向，导通 VT_3、VT_2 管，电流流经方向为：电源正极、VT_3、B 相、C 相、VT_2、电源负极，定子磁势为 $\boldsymbol{F}_{BC}$。将拖动转子做逆时针转动，转子转过 60° 后，再导通 VT_1 管，关断 VT_3 管，VT_2 保持不变，电流流向为：电源正极、VT_1、A 相、C 相、VT_2、电源负极，定子磁势为 $\boldsymbol{F}_{AC}$，转子逆时针转动。与顺时针旋转时类似，以此类推，即可驱动电动机逆时针旋转。由于在换相过程中，电枢磁场在空间上有 60° 的跃变，故在换相时，无刷直流电动机会产生较大的转矩脉动。正反转时功率开关管导通的顺序如表 3.1 所示。

表 3.1　正反转时电枢电流方向和功率开关管导通的顺序

<table>
<tr><td colspan="2">时间（电角度）</td><td>0°</td><td colspan="2">120°</td><td colspan="2">240°</td><td>360°</td></tr>
<tr><td rowspan="3">正转</td><td>电枢绕组电流方向</td><td>$A \to B$</td><td>$A \to C$</td><td>$B \to C$</td><td>$B \to A$</td><td>$C \to A$</td><td>$C \to B$</td></tr>
<tr><td>（+）侧导通开关管</td><td colspan="2">VT_1</td><td colspan="2">VT_3</td><td colspan="2">VT_5</td></tr>
<tr><td>（−）侧导通开关管</td><td>VT_6</td><td colspan="2">VT_2</td><td colspan="2">VT_4</td><td>VT_6</td></tr>
<tr><td rowspan="3">反转</td><td>电枢绕组电流方向</td><td>$A \to B$</td><td>$C \to B$</td><td>$C \to A$</td><td>$B \to A$</td><td>$B \to C$</td><td>$A \to C$</td></tr>
<tr><td>（+）侧导通开关管</td><td>VT_1</td><td colspan="2">VT_5</td><td colspan="2">VT_3</td><td>VT_1</td></tr>
<tr><td>（−）侧导通开关管</td><td colspan="2">VT_6</td><td colspan="2">VT_4</td><td colspan="2">VT_2</td></tr>
</table>

前面所述的无刷直流电动机的控制方式为 120° 导通模式，即每个功率开关管连续导通 120° 电角度，每一时刻同时有两个功率开关管导通，也称为“两两通电”模式。在该模式下，逆变器有 6 种工作状态，对应的状态电压矢量有 6 个。除“两两通电”模式以外，还有“三

三通电”和“二三轮换通电”的控制方式。在“三三通电”模式下，每个功率开关管连续导通 180° 电角度，每一时刻同时有三个功率开关管导通，电动机的三相绕组总是处于通电状态。在该模式下，逆变器有 6 种工作状态，对应的状态电压矢量有 6 个。“二三轮换通电”模式中，某瞬间若是两相同时通电，接着则是三相同时通电，然后再变成两相同时通电，依次轮换，每隔 30° 电角度就进行一次换流，每个功率开关管连续导通 150° 电角度。在该模式下，逆变器有 12 种工作状态，对应的状态电压矢量有 12 个。

在换相逻辑正确的情况下，无刷直流电动机控制系统中电动机的换相点由传感器输出的转子位置信号决定，因此电动机稳定运行需要位置传感器实时采集精确的转子磁极和定子旋转磁场间的相对位置，并由它发出控制信号控制逆变器触发换相。位置检测器根据结构和原理的不同，有很多不同的形式，其中应用较广泛的有电磁感应式、光电式、霍尔元件式、接近开关式、旋转变压器式等。下面主要介绍电磁感应式和光电式两种检测器。

1. 电磁感应式位置检测器

电磁感应式位置检测器及差动变压器如图 3.22 所示。电磁感应式位置检测器由定子和转子两部分组成。转子为一块导磁的扇形圆盘，扇形的机械角度为$360°/2p_n$。如电动机的极数$2p_n=4$，则扇形为 90°，如图 3.22（a）所示；而定子装有检测元件，如图 3.22（a）中的 A、B、C 所示。此检测元件由 3 只开口的 E 形变压器组成，3 只变压器在空间互差 120° 电角度，当$2p_n=4$时，在空间互差 60° 机械角度。差动变压器如图 3.22（b）所示，在中心柱上绕有次级线圈，外侧两铁芯柱上绕有初级线圈，其绕向如图 3.22（b）所示，它由高频电源供电。当转子圆盘的缺口处于变压器的铁芯边缘时，由于磁路对称，中芯柱的合成磁通为零，次级中无感应电流输出；反之，当转子圆盘的凸起（扇形）部分转到变压器铁芯边缘的两芯柱下时，对应磁路的磁导增大，而另一侧芯柱下的磁导不变，所以两侧磁路变为不对称，次级绕组有感应信号输出。当电动机旋转时，转子圆盘的凸起部分也依次扫过变压器 A、B、C，于是 3 个检测元件分别输出 3 个相差 120° 电角度的感应信号，经滤波整流后成为矩形波信号输出，再经逻辑电路处理后，向逆变器提供驱动信号。这种电磁感应式位置检测器由于定子检测元件是 3 只 E 形变压器，故又称为差动变压器式位置检测器。综上所述可见，这种形式的位置检测器结构比较简单，工作比较可靠，应用较多。

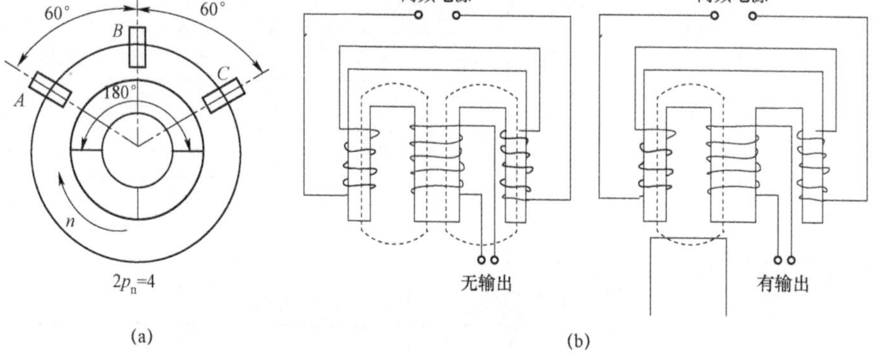

图 3.22　电磁感应式位置检测器及差动变压器

（a）电磁感应式位置检测器；（b）差动变压器

2. 光电式位置检测器

光电式位置检测器由定子和转子两部分组成，转子为一块非导磁的金属或非金属的带有缺口的圆盘，缺口数等于电动机的极对数，而每个缺口宽为 180° 电角度，如图 3.23（a）中灰色部分；定子部分有 3 只光耦，在空间相隔 120° 电角度，当电动机极对数 $p_n=2$ 时，在空间相隔 60° 机械角度，如图 3.23 所示。每只光耦由一只发光二极管和一只光敏三极管组成，发光二极管通电时会发出光线，当转子圆盘的凸起部分处在光耦的槽部时，光缆被圆盘挡住，光敏二极管呈高阻态；反之，当转子圆盘的缺口处在光耦的槽部时，光敏三极管接受光线的照射，呈低阻态。当电动机旋转时，转子圆盘的凸起部分依次扫过光耦，通过变换电路，将光敏三极管高、低电阻转换成相应的高低电平信号输出，3 只光耦发出 3 个相位差 120° 电角度的信号，向逆变器提供驱动信号。这种装置性能较好，但安装较麻烦。

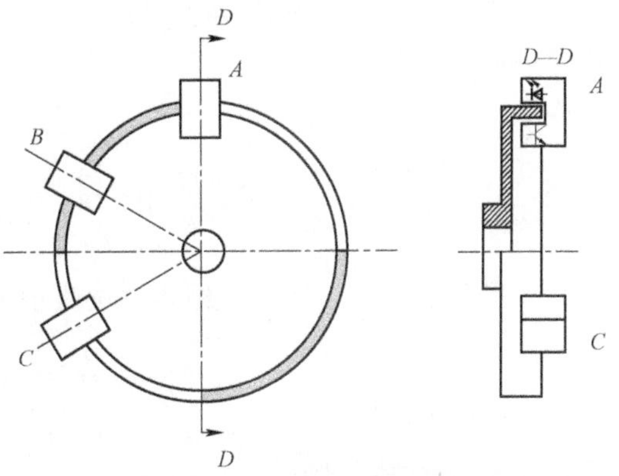

图 3.23　光电式位置检测器原理图

（a）主视图；（b）左视图

3.3.2　无刷直流电动机的数学模型

无刷直流电动机定子电流为方波，转子采用永磁材料，经专门磁路设计可获得梯形波的气隙磁场，定子绕组每相感应电动势为梯形波。同一相的电动势和电流的波形如图 3.24 所示，图中 E_p 为梯形波电动势的幅值，I_p 为方波电流的幅值。由于电流不能突变，实际上只能是梯形波。梯形波的电动势和电流可直接利用电动机原有相变量建立三相静止 *ABC* 坐标系的数学模型，可获得较准确的结果。

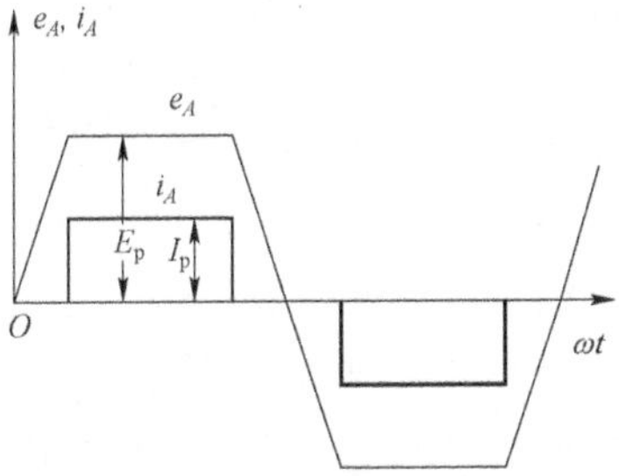

图 3.24　无刷直流电动机的电动势与电流波形图

假定磁路不饱和，不计涡流和磁滞损耗，转子上没有阻尼绕组，由于稀土永磁材料的磁导率低，转子的磁阻很高，故假定永磁体也不起阻尼作用。定子三相绕组的相电压方程可以表示为

$$\begin{bmatrix} u_A \\ u_B \\ u_C \end{bmatrix} = \begin{bmatrix} R_s & 0 & 0 \\ 0 & R_s & 0 \\ 0 & 0 & R_s \end{bmatrix} \begin{bmatrix} i_A \\ i_B \\ i_C \end{bmatrix} + \begin{bmatrix} L_{AA} & M_{AB} & M_{AC} \\ M_{BA} & L_{BB} & M_{BC} \\ M_{CA} & M_{CB} & L_{CC} \end{bmatrix} p \begin{bmatrix} i_A \\ i_B \\ i_C \end{bmatrix} + \begin{bmatrix} e_A \\ e_B \\ e_C \end{bmatrix} \tag{3.101}$$

式中，假定三相定子绕组电阻均为 R_s；e_A、e_B、e_C 为各相电动势；L_{AA}、L_{BB}、L_{CC} 为定子三相绕组自感；M_{AB}、M_{BA} 是 *A*、*B* 二相绕组之间的互感；三相绕组之间的互感 $M_{AB}=M_{BA}, M_{AC}=M_{CA}, M_{BC}=M_{CB}$。忽略凸极效应，则定子对称三相绕组的自感和互感均为常数，与转子位置无关，因此有

$$\left.\begin{aligned} L_{AA}=L_{BB}=L_{CC}=L_s \\ M_{AB}=M_{AC}=M_{BC}=M_m \end{aligned}\right\} \tag{3.102}$$

如果定子绕组按星形连接，且没有中线，则 $i_A+i_B+i_C=0$，将式（3.102）代入式（3.101），电压方程可变为

$$\begin{bmatrix}u_A\\u_B\\u_C\end{bmatrix}=\begin{bmatrix}R_s&0&0\\0&R_s&0\\0&0&R_s\end{bmatrix}\begin{bmatrix}i_A\\i_B\\i_C\end{bmatrix}+\begin{bmatrix}L_s-M_m&0&0\\0&L_s-M_m&0\\0&0&L_s-M_m\end{bmatrix}p\begin{bmatrix}i_A\\i_B\\i_C\end{bmatrix}+\begin{bmatrix}e_A\\e_B\\e_C\end{bmatrix} \tag{3.103}$$

无刷直流电动机定子绕组电动势幅值 E_p 由式（3.104）确定

$$E_P=\omega_r\psi_P=2\pi f_s N_1\Phi=2\pi\frac{p_n}{60}N_1\Phi n=C_e\Phi n \tag{3.104}$$

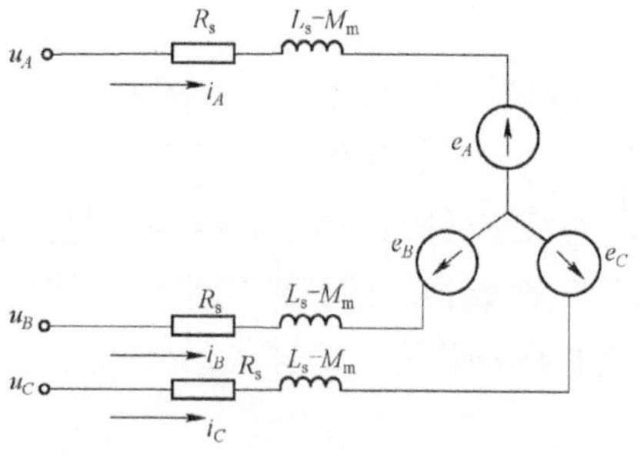

图 3.25　无刷直流电动机等效电路

式中，电势系数 $C_e=2\pi\frac{p_n}{60}N_1$，$N_1$ 代表每相绕组有效匝数；ψ_P 代表梯形波励磁磁链的幅值；Φ 为磁通量。无刷直流电动机的等效电路如图 3.25 所示。

无刷直流电动机在两两通电方式下，同时只有两相导通，从逆变器直流侧看，是两相绕组串联，则电磁功率 $P_m=2E_PI_P$。忽略梯形波两边的影响，电磁转矩为

$$T_e=\frac{p_nP_m}{\omega_r}=\frac{2p_nE_PI_P}{\omega_r}=2p_n\psi_PI_P \tag{3.105}$$

由式（3.105）可见，无刷直流电动机与直流电动机类似，电磁转矩与电流 I_p 成正比，因此控制无刷直流电动机的电磁转矩实现调速的方法也与直流电动机的控制方法相同。

3.3.3　无刷直流电动机的调速控制系统

无刷直流电动机的调速系统可以仿照普通直流电动机调速系统的调速方法，一般的直流调速方法有改变电源电压调速、改变励磁磁场调速、改变电枢绕组调速等，由于无刷直流电动机转子为永磁体，所以一般的无刷直流电动机调速系统不能采用改变励磁磁场调速，也无须专门的励磁电源；因为无刷直流电动机采用自控变频式的控制方法，所以无刷直流调速系统主要的调速方法为调节逆变器输入端电源电压，或者采用 PWM 脉宽调制等方式控制电动机绕组两端的电压。

需要注意的是，与普通直流调速系统不同，无刷直流电动机的四象限运行不是根据电压源的极性进行控制，而是根据无刷直流电动机的换相逻辑进行控制。

图 3.26 所示为无刷直流电动机闭环调速系统的原理框图，变频装置经不可控整流器将交流变换成直流电，而逆变器是 PWM 形式。控制回路与直流双闭环调速系统类似，也是一个转速电流双闭环系统结构；不同点是无刷直流电动机用电子开关代替机械换向装置。因此，在系统中有参考电流生成模块、三个通道的电流调节器、比较器和栅极驱动电路等。

参考电流生成模块的功能是根据输入转子位置检测回路的信号，利用表 3.1 进行逻辑判断，将 ASR 输出的定子电流幅值给定值分配给相应通道的电流调节器，并能综合定子电流幅值给定信号，确定各相电流切换的快慢。电流调节器输出的信号为变频器的参考信号，三角

波产生回路产生调制三角波，二者比较后产生 PWM 波，经栅极驱动电路后控制主电路功率管通断，产生功率放大后的 PWM 波供电给三相无刷直流电动机三相定子电动机。PWM 波的脉宽由电流调节器的幅值给定信号确定，而 PWM 波的频率则由电流调节器的转子磁极位置信号确定。

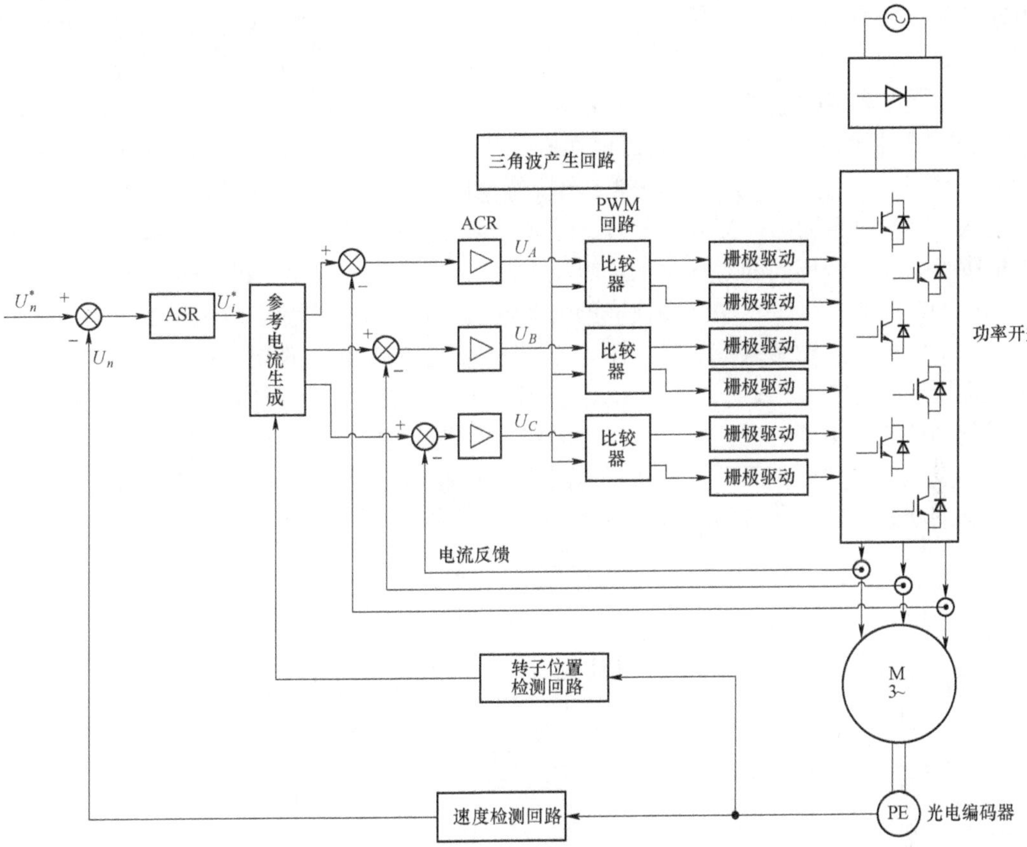

图 3.26　无刷直流电动机闭环调速系统的原理框图

下面分析这种无刷直流电动机调速系统的动态特性。当转速给定值 U_n^* 增大时，由于机械惯性，电动机的转速来不及变化，使得转速调节器 ASR 的输入转速偏差信号 ΔU_n 变大，从而使 ASR 的输出信号 U_i^*——电流调节器的幅值给定信号变大，由于电磁惯性导致电流未能及时变化，故电流调节器 ACR 的输入电流偏差信号 ΔU_i 增大，电流调节器 ACR 的输出信号也增大。和载波三角形比较后，输出 PWM 波的脉宽变大。参考电流生成模块综合转子磁极位置信号和转速调节器的输出信号后，输出信号将加快各相电流的切换速度，使 PWM 波的频率加快，并保证和脉宽增加成比例。PWM 波经过栅极驱动电路后，控制主回路功率管输出 PWM 波的脉宽和频率按比例增加，施加在电动机定子绕组上的电压幅值和电压频率 u/f 成比例增加，使电动机转速增加；反之，当 U_n^* 降低时，电动机的转速会减小。

另外一种典型的无刷直流电动机调速系统的原理框图如图 3.27 所示。该系统的变频装置经过可控整流器将交流电压变换成可调直流电压加在逆变器上，系统的控制回路与直流双闭调速系统类似。转速调节器和电流调节器的作用，以及系统启动、加速、抗负载干扰的过程都与直流电动机双闭环调速系统相似，但在反转和制动时不同。如果给反转指令，即 U_n^* 由正变为负，由于机械惯性，转速来不及变化，所以转速调节器输入偏差信号 ΔU_n 也由正变为负，转矩指令装置 m 动作，使送至转速调节器 ASR 和逆变器正反转逻辑电路 LJ 上的信号极性改变，从而使触发器 GT_2 输出的触发信号顺序改变，即逆变器功率管导通的顺序变反，施加给电动机定子三相绕组的电流相序变反，使电动机反转。无刷直流电动机制动的基本原理仍然是使电动机相电流反向，迫使电磁转矩反向形成制动状态，只不过制动过程与直流电动机双闭环调速系统不同。如给出制动停车指令，即 U_n^* 由正变为零，由于机械惯性，转速来不及变化，所以转速调节器输入极性反向，转矩指令装置 m 动作，使送至转速调节器 ASR 和逻辑电路 LJ 上的信号极性变反。由无刷直流电动机的结构原理图（图 3.19），假设触发装置 GT_2 使原导通的功率管 VT_1、VT_2 截止，使同一条桥臂 VT_4、VT_5 导通，相电流的方向由原来从 A 相绕组流入→C 相绕组流出，变为从 C 相绕组流入→A 相绕组流出。由于电枢绕组电感迫使电流不能突变，相电流变向的过程是从原电流方向逐渐衰减至零，然后负方向增加，续流电流通过相应的续流二极管，将磁能转换成的电能返回电源，而使电流在绕组中的方向不变，即是一种电动状态，此瞬间 VT_4、VT_5 虽然导通但并未流过电流。在电源电压的反作用下，续流电流很快衰减到零后，VT_4、VT_5 才流过电流，电动机的相电流反向，电磁转矩也反向，便形成了制动状态。由于机械惯性，电动机的转速并未改变，故反电势的方向并未改变，在电源电压和反电势的共同作用下，电动机电流反向增加至限幅值，产生恒定的制动转矩，相当于反接制动状态，使电动机的转速降至零。

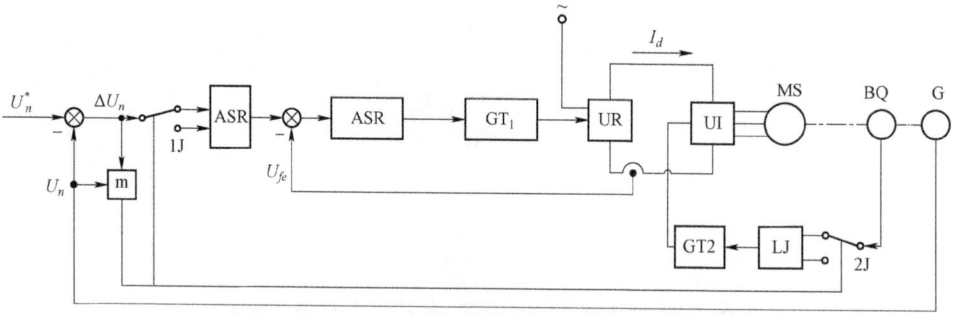

图 3.27　另一种典型无刷直流电动机调速系统的原理框图

ASR—转速调节器；ACR—电流调节器；GT_1、GT_2—触发器；LJ—逻辑电路；
MS—同步电动机；BQ—位置检测器；G—测速发动机；m—转矩指令装置

3.3.4　无刷直流电动机无传感器控制方法

无刷直流电动机的换相导通控制方式需要检测换相位置，但是由于换相传感器是敏感器件，在恶劣工况以及一些特殊场合易受干扰而失灵，另外，传感器的存在会使得电动机与控制系统之间的连线增加且增大电动机体积；传感器机械安装不准确也会引起换相误差。这一系列的因素限制了无刷直流电动机在一些特定场合的应用。因此如果采用无位置传感器的控制方式获取换相位置，不仅可以拓宽无刷直流电动机的应用场合，还可以减小电动机体积，降低成本，具有较好的实用价值。

1. 无位置传感器控制的基本思想

当电动机正常运转时，绕组上的反电势、电流等电信号表现出一定的规律性，根据这种规律性采用适当的方法估算转子实时位置进而用于电动机的闭环控制，这就是无位置传感器的基本思想。由于无刷直流电动机换相控制只需要一个电角度周期内的几个特定位置，因此无刷直流电动机的无位置传感器控制方法就极具可行性和实际意义。目前无位置传感器无刷直流电动机控制中常采用的方法有反电势过零检测法、反电势积分法、反电势三次谐波法、磁链法、电感法、电流法、G 函数法、状态观测器法以及智能控制策略等。

2. 反电动势过零检测法

由图 3.28 可以看出，各相反电势过零点移相 30° 电角度即为换相时刻。反电势过零检测法就是根据该原理实现。

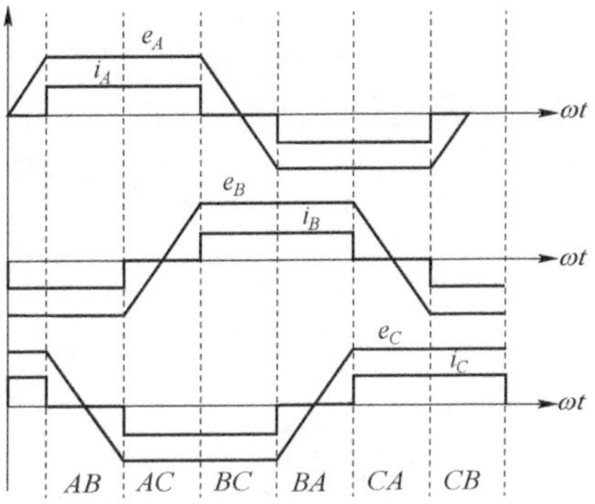

图 3.28　三相绕组反电势波形

反电势过零检测法因其实现简单，是目前应用最广泛的无位置传感器检测方法，其基本原理是通过检测各相绕组反电势的过零时刻来获取转子磁极的换相时刻，从而控制功率器件的开通与关断来实现换相。忽略无刷直流电动机的电枢反应，则定子绕组各相感应电动势可以近似认为是该相绕组的反电势，无刷直流电动机采用三相全控两两导通控制方式运行，任意时刻总有一相悬空，检测悬空相绕组的反电势过零时刻，再经过延迟处理，即可得到功率器件的换相触发时刻。传统的反电势检测方法是将三相端电压合成得到的电压作为参考电压与每相经滤波后的反电势波形进行比较得到过零信号。此种方法实现简单，但存在两个缺点，一是反电势幅值与转速有关，因此在低速和电动机启动时，反电势幅值很低或者为零，无法通过检测反电势幅值从而得到正确的换相信号，所以仅在稳定运行时准确度较高；二是由于此方法在原理上做了近似处理，忽略了无刷直流电动机的电枢反应，而实际反电势的过零点与合成的气隙磁场产生的感应电势的过零点并不完全重合，所以得到的换相信号存在一定误差；另外由于检测到的反电势信号存在较多毛刺与干扰信号，需要进行滤波处理，而滤波电路不可避免地对信号造成相位滞后，使得延迟时间不准确，整个电路需要加上误差补偿。改进办法是将直流母线电压 U_d 分压为 $U_d/2$ 作为参考电压，而非三相端电压合成电压（中性点电压）作为参考电压进行过零比较，所以不需要进行滤波，也没有相位滞后。

3. 反电势积分法

反电势积分法是在传统的反电势过零检测法中加以改进，由于反电势过零点延迟 30° 电角度为电动机的换相点，而无刷直流电动机每隔 60° 电角度换相一次，因此反电势过零点延迟 90° 电角度也是换相时刻，而积分电路恰恰能够满足相位滞后 90° 的关系，所以采用积分电路移相后来检测过零点来判断转子磁极位置。与传统的反电势法相比，反电势积分法因为换相延迟角度与积分电路延迟角度恰好相等，无须像反电势法一样获得过零点后再延迟 30° 电角度后换相。所以这种方法的控制性能更好，电动机的运行特性也更稳定。在低转速或者启动时可以采用倍频倍压的方法使得反电势易于检测。

4. 定子电压三次谐波法

定子电压三次谐波法的原理是将每相反电势通过傅里叶分解，将三相相电压相加，基波电压和偶次谐波相抵消，结果为三次谐波与高次谐波（9 次、15 次……）之和。其中三次谐波占整个基波幅值的大部分，滤除高次谐波即可得到三次谐波信号，将提取的三次谐波信号积分即可得到转子磁通三次谐波信号，转子磁通三次谐波信号过零点就是定子绕组换相时刻。

因为反电势三次谐波频率是基波频率三倍，在低速时更容易检测，因此扩大了电动机的运行范围，改善了电动机低速时的运行特性。三次谐波信号高次谐波的含量少，幅值小，容易滤除，所以滤波器简单，容易实现。但是这种方法必须有中性点电压来获得三次谐波信号，在电动机中性点不便引出的情况下不方便使用此方法。

5. 反电势三次谐波法

采用反电势三次谐波过零点来获取转子换相时刻，不受二极管续流导通及 PWM 斩波的影响，且由于获取的是反电势的三次谐波信号，使其在低速时更有效，能够适应更宽速度范围内位置信号的检测。下面介绍采用一种简单的反电势三次谐波获取方法，并经过带通滤波，积分移相和过零比较得到无刷直流电动机换相点并通过隔离电路送入控制器实现换相控制。

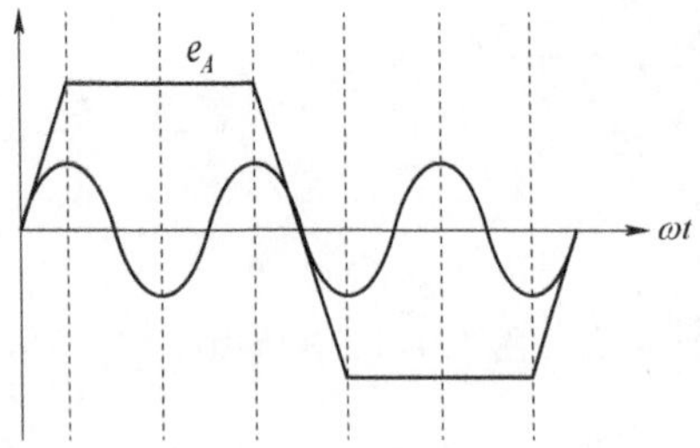

图 3.29　反电势波形与反电势三次谐波波形比较

反电势波形与反电势三次谐波比较如图 3.29 所示，根据比较可知，反电势三次谐波峰值时刻即为换相时刻，因此获取反电势三次谐波后将其积分移相 90° 的波形过零点即为换相时刻。

采用三相电阻网络来提取反电势三次谐波信号，反电势三次谐波信号检测电路框图如图 3.30 所示，在 A、B、C 三相输出端分别串接电阻，将电阻另一端接在一起（如图 3.30 中 S 点），该点电压与电动机中性点之间电压即为反电势三次谐波信号。

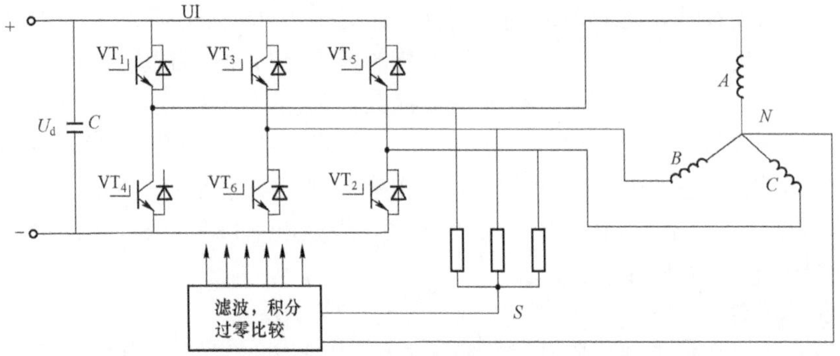

图 3.30　反电势三次谐波检测电路框图

将式（3.103）的三行叠加起来，结合 $i_A+i_B+i_C=0$ 这个条件，不难发现

$$U_A+U_B+U_C=e_A+e_B+e_C \tag{3.106}$$

无刷直流电动机相反电势可由基波和各次谐波的叠加而成，由于相反电势的对称性，因此叠加后只剩基波和奇次谐波，即

$$\begin{aligned} e_A&=e_{A1}+e_{A3}+e_{A5}+e_{A7}+\cdots \\ &=E_{m1}\sin\theta+E_{m3}\sin 3\theta+E_{m5}\sin 5\theta+E_{m7}\sin 7\theta+\cdots \end{aligned} \tag{3.107}$$

$$\begin{aligned} e_B&=e_{B1}+e_{B3}+e_{B5}+e_{B7}+\cdots \\ &=E_{m1}\sin\left(\theta-120^\circ\right)+E_{m3}\sin 3\left(\theta-120^\circ\right)+ \\ &\quad E_{m5}\sin 5\left(\theta-120^\circ\right)+E_{m7}\sin 7\left(\theta-120^\circ\right)+\cdots \end{aligned} \tag{3.108}$$

$$
\begin{aligned}
e_C &= e_{C1} + e_{C3} + e_{C5} + e_{C7} + \cdots \\
&= E_{m1}\sin\left(\theta + 120^{\circ}\right) + E_{m3}\sin 3\left(\theta + 120^{\circ}\right) + \\
&\quad E_{m5}\sin 5\left(\theta + 120^{\circ}\right) + E_{m7}\sin 7\left(\theta + 120^{\circ}\right) + \cdots
\end{aligned} \tag{3.109}
$$

式（3.107）～式（3.109）中 E_{m1}、E_{m3}、E_{m5}、E_{m7} 分别代表基波和 3、5、7 次谐波的幅值。

将式（3.107）、式（3.108）和式（3.109）相加代入式（3.106）可得

$$
U_A + U_B + U_C = 3 \times (e_3 + e_9 + e_{15} + \cdots) \tag{3.110}
$$

三相电阻网络有如下关系

$$
\frac{U_{AS}}{R} + \frac{U_{BS}}{R} + \frac{U_{CS}}{R} = 0 \tag{3.111}
$$

且

$$
\begin{cases}
U_{AS} = U_{AN} - U_{SN} \\
U_{BS} = U_{BN} - U_{SN} \\
U_{CS} = U_{CN} - U_{SN}
\end{cases} \tag{3.112}
$$

于是有

$$
U_{SN} = \frac{U_{AN} + U_{BN} + U_{CN}}{3} \tag{3.113}
$$

即

$$
U_{SN} = e_3 + e_9 + e_{15} + \cdots \tag{3.114}
$$

因为 $e_3 >> e_9 + e_{15} + \cdots$，那么可得

$$
U_{SN} \approx e_3 \tag{3.115}
$$

由式（3.115）可知，通过检测 S 点和 N 点之间的电压即可得到含有三次谐波电压，反电势三次谐波信号与反电势关系如图 3.29 所示，三次谐波信号的频率是基波频率的三倍，因此当反电势过零 30° 电角度时，反电势三次谐波刚好处于过零点后 90° 电角度，因此将滤波得到反电势三次谐波信号利用积分移相电路移相 90° 电角度，则移相后的波形的过零点刚好与换相点对应，这样就能够得到电动机运行的换向点。即电阻网络中性点 S 与电动机中性点 N 间电压即为三相反电势三次谐波及高次谐波之和，因此需要对 u_{sn} 进行高次谐波滤波处理以得到反电势三次谐波波形。

习题与思考题

3.1　三相异步电动机和三相凸极同步电动机的多变量数学模型有什么相同处和不同处？

3.2　隐极同步电动机在按气隙磁场定向时，定子电流矢量的相角是如何确定的？

3.3　内置式永磁同步电动机结构模型和凸极同步电动机结构模型有什么不同之处？

3.4　为什么永磁同步电动机的转子磁场定向相对三相异步电动机的转子磁场定向要容易得多？

3.5　表贴式永磁同步电动机是如何等效成一台直流电动机的？

3.6　永磁同步电动机的直接转矩控制和异步电动机的直接转矩控制有何异同？

3.7　永磁无刷直流电动机主要由哪几部分组成？它与普通的直流电动机相比有何优点？

3.8　无刷直流电动机是如何实现转子反转的？

3.9　位置传感器在无刷直流电动机中起到什么作用？如果采用光电式位置传感器，当其转子上有 p 对磁极时，如何设计位置传感器结构？

3.10　分析说明无刷直流电动机调速系统和双闭环直流调速系统在启动、调速和制动过程中的异同点。

附录　本书常用符号一览

i_A，i_B，i_C	定子 A 相、B 相和 C 相的电流
i_a，i_b，i_c	转子 a 相、b 相和 c 相的电流
i_α，i_β	在 $\alpha\beta$ 坐标系中电流的 α 轴和 β 轴分量
i_d，i_q	在 dq 坐标系中电流的 d 轴和 q 轴分量
$i_{\mathrm{s}\alpha}$，$i_{\mathrm{s}\beta}$	在 $\alpha\beta$ 坐标系中定子电流的 α 轴和 β 轴分量
$i_{\mathrm{r}\alpha}$，$i_{\mathrm{r}\beta}$	在 $\alpha\beta$ 坐标系中转子电流的 α 轴和 β 轴分量
$i_{\mathrm{s}d}$，$i_{\mathrm{s}q}$	在 dq 坐标系中定子电流的 d 轴和 q 轴分量
$i_{\mathrm{r}d}$，$i_{\mathrm{r}q}$	在 dq 坐标系中转子电流的 d 轴和 q 轴分量
$i_{\mathrm{s}M}$，$i_{\mathrm{s}T}$	在 MT 坐标系中定子电流的 M 轴和 T 轴分量
$i_{\mathrm{f}M}$，$i_{\mathrm{f}T}$	在 MT 坐标系中励磁电流的 M 轴和 T 轴分量
i_{f}	同步电动机励磁电流；永磁同步电动机等效励磁电流
$\boldsymbol{i}_{\mathrm{s}}$	定子电流矩阵；定子电流空间向量
$\boldsymbol{i}_{\mathrm{r}}$	转子电流矩阵；转子电流空间向量
$\boldsymbol{i}_{\mathrm{f}}$	同步电动机励磁电流矢量
$\boldsymbol{i}_{\mathrm{m}}$	同步电动机忽略铁损时的等效励磁电流矢量
I_{p}	无刷直流电动机方波电流幅值
J	机组的转动惯量
L_{AA}、L_{BB}、L_{CC}	同步电动机三相定子绕组的自感
L_{s}	计及定子相邻两相的互感作用后，定子每相的总自感（即同步电感）
L_{r}	计及转子相邻两相的互感作用后，转子每相的总自感
L_{ss}	定子绕组每相的自感
L_{rr}	转子绕组每相的自感
$L_{\mathrm{s}\sigma}$	定子绕组的漏感
$L_{\mathrm{r}\sigma}$	转子绕组的漏感
$L_{\mathrm{s}0}$	同步电动机定子绕组自感
$L_{\mathrm{s}2}$	同步电动机定子绕组自感二次谐波幅值
$L_{\mathrm{s}d}$	同步电动机 d 轴同步电感
$L_{\mathrm{s}q}$	同步电动机 q 轴同步电感
M_{AB}、M_{AC}、M_{BA}、M_{BC}、M_{CA}、M_{CB}	同步电动机定子各相绕组间的互感
M_{s}	定子三相绕组间互感
M_{r}	转子三相绕组间互感

M_{s0}	同步电动机定子绕组互感
M_{s2}	同步电动机定子绕组互感二次谐波幅值
M_m	M_{sr} 的 $\frac{3}{2}$ 倍；隐极同步电动机电枢反应电感
M_{sr}	定、转子绕组间互感的幅值
M_{md}	同步电动机 d 轴定子与转子绕组之间的互感，相当于 d 轴电枢反应电感
M_{mq}	同步电动机 q 轴定子与转子绕组之间的互感，相当于 q 轴电枢反应电感
p	时间的微分算子 $\left(p=\frac{d}{dt}\right)$
p_n	极对数
R	电阻
R_s	定子的每相电阻
R_r	转子的每相电阻
R_f	励磁绕组电阻
R_d	d 轴阻尼绕组电阻
R_q	q 轴阻尼绕组电阻
$\boldsymbol{R}$	整个电动机的电阻矩阵
$\boldsymbol{R}_s$	定子绕组的电阻矩阵
$\boldsymbol{R}_r$	转子绕组的电阻矩阵
T	采样时间
T_r	转子时间常数
T_e	电磁转矩
T_L	负载转矩
t	时间
u_A，u_B，u_C	定子 A 相、B 相和 C 相绕组的电压
u_a，u_b，u_c	转子 a 相、b 相和 c 相绕组的电压
$u_{s\alpha}$，$u_{s\beta}$	在 $\alpha\beta$ 坐标系中定子电压的 α 轴和 β 轴分量
$u_{r\alpha}$，$u_{r\beta}$	在 $\alpha\beta$ 坐标系中转子电压的 α 轴和 β 轴分量
u_{sd}，u_{sq}	在 dq 坐标系中定子电压的 d 轴和 q 轴分量
u_{sM}，u_{sT}	在 MT 坐标系中定子电压的 M 轴和 T 轴分量
u_f	同步电动机励磁电压
$\boldsymbol{u}$	整个电动机的电压矩阵
$\boldsymbol{u}_s$	定子电压矩阵；定子电压空间向量
$\boldsymbol{u}_r$	转子电压矩阵；转子电压空间向量
E_P	无刷直流电动机梯形波反电势幅值
e_A、e_B、e_C	无刷直流电动机各相反电动势
θ	转子 a 相轴线与定子 A 相轴线的夹角（电角）
θ_0	$t=0$ 时 θ 角的初值
θ_m	用机械角表示时的 θ 角

θ_d	同步电动机 d 轴轴线与 A 相轴线的夹角（电角）
θ_{md}	同步电动机气隙磁链矢量与 d 轴的夹角（电角）
θ_1	同步电动机 $\boldsymbol{i}_s$ 与 $\boldsymbol{i}_m$ 之间的夹角是 θ_1
δ	同步电动机磁通角或转矩角
σ	漏磁系数，$\sigma=1-M_m^{\ 2}/L_sL_r$
ψ_A，ψ_B，ψ_C	定子 A 相、B 相和 C 相绕组的磁链
ψ_a，ψ_b，ψ_c	转子 a 相、b 相和 c 相绕组的磁链
$\psi_{s\alpha}$，$\psi_{s\beta}$	在 $\alpha\beta$ 坐标系中定子磁链的 α 轴和 β 轴分量
$\psi_{r\alpha}$，$\psi_{r\beta}$	在 $\alpha\beta$ 坐标系中转子磁链的 α 轴和 β 轴分量
ψ_{sd}，ψ_{sq}	在 dq 坐标系中定子磁链的 d 轴和 q 轴分量
ψ_{rd}，ψ_{rq}	在 dq 坐标系中转子磁链的 d 轴和 q 轴分量
ψ_{sM}，ψ_{sT}	在 MT 坐标系中定子磁链的 M 轴和 T 轴分量
$\boldsymbol{\psi}_s$	定子绕组磁链矩阵；定子磁链空间向量
$\boldsymbol{\psi}_r$	转子绕组磁链矩阵；转子磁链空间向量
$\boldsymbol{\psi}_m$	同步电动机气隙磁链矢量
ψ_f	同步电动机励磁磁链
ω	电动机的机械转速
ω_r	转子旋转角速度（以电角度计）
ω_k	通用坐标系旋转角速度（以电角度计）
ω_{sl}	转差角速度

参 考 文 献

［1］阮毅，陈伯时. 电力拖动自动控制系统——运动控制系统（第 4 版）［M］. 北京：机械工业出版社，2009.
［2］廖晓钟. 感应电动机多变量控制［M］. 北京：科学出版社，2014.
［3］彭志瑾. 电气传动与调速系统［M］. 北京：北京理工大学出版社，1988.
［4］葛伟亮. 电磁控制元件［M］. 北京：北京理工大学出版社，1994.
［5］顾绳谷. 电动机及拖动基础（上、下册）［M］. 北京：机械工业出版社，1980.
［6］陈坚. 交流电动机数学模型及调速系统［M］. 北京：国防工业出版社，1989.
［7］李夙. 异步电动机直接转矩控制［M］. 北京：机械工业出版社，1998.
［8］廖晓钟. 电力电子技术与电气传动［M］. 北京：北京理工大学出版社，2000.
［9］姜泓，赵洪恕. 电力拖动交流调速系统［M］. 武汉：华中理工大学出版社，1996.
［10］唐永哲. 电力传动自动控制系统［M］. 西安：西安电子科技大学出版社，1998.
［11］范正翘. 电力传动与自动控制系统［M］. 北京：北京航空航天大学出版社，2003.
［12］张琛. 直流无刷电动机原理及应用［M］. 北京：机械工业出版社，1996.
［13］杨兴瑶. 电动机调速原理及系统［M］. 北京：水利电力出版社，1995.
［14］李永东. 交流电动机数字控制系统［M］. 北京：机械工业出版社，2002.
［15］李华德. 交流调速控制系统［M］. 北京：电子工业出版社，2003.
［16］马志源. 电力拖动控制系统［M］. 北京：科学出版社，2003.
［17］周希章，周全. 电动机的启动、制动和调速［M］. 北京：机械工业出版社，2003.
［18］王成元，周美文，郭庆鼎. 矢量控制交流伺服驱动电动机［M］. 北京：北京机械工业出版社，1995.
［19］Trzynadlowski A M. 异步电动机的控制［M］. 李鹤轩，李杨，译.北京：机械工业出版社，2003.
［20］Bose B K. 电力电子学与交流传动［M］. 西安：西安交通大学出版社，1990.
［21］Leonhord W. 电气传动控制［M］. 北京：科学出版社，1988.
［22］夏超英. 交直流传动系统的自适应控制［M］. 北京：机械工业出版社，1998.
［23］王万良. 自动控制原理［M］. 北京：科学出版社，2001.
［24］苏彦民，李宏. 交流调速电动机控制策略［M］. 北京：机械工业出版社，1998.
［25］胡崇岳. 现代交流调速技术［M］. 北京：机械工业出版社，2003.
［26］杨兴瑶. 电气传动及应用［M］. 北京：化学工业出版社，1994.
［27］王成元，夏加宽，孙宜标. 现代电动机控制技术［M］. 北京：机械工业出版社，2008.

［28］李崇坚. 交流同步电动机调速系统（第二版）［M］. 北京：科学出版社，2013.
［29］刘锦波，张承慧. 电动机与拖动（第二版）［M］. 北京：清华大学出版社，2015.
［30］孙建忠，白凤仙. 特种电动机及其控制（第二版）［M］. 北京：中国水利水电出版社，2013.
［31］王兆安，刘进军. 电力电子技术（第五版）［M］. 北京：机械工业出版社，2000.